高等院校互联网+新形态创新系列教材·计算机系列

鸿蒙——嵌入式系统设计与应用

金维宏　江渝川　黄一鸥　孙宝刚　主　编

张　强　蔡　宇　向　飞　刘　莉　副主编

清華大學出版社

北　京

内 容 简 介

本书系统地介绍了嵌入式系统的基本原理和基础知识，详细讲述了 ARM 处理器、ARM 指令集、鸿蒙应用程序开发基础、DevEco Studio 开发平台应用基础及嵌入式系统开发等相关知识，包括处理器架构、存储器管理、内核介绍、ARM 指令的寻址方式、ARM 指令简介、常见嵌入式操作系统介绍、原子化服务、DevEco Studio 应用服务开发、Ability 框架、媒体开发、AI 开发等内容。同时，对嵌入式操作系统、鸿蒙OS 数据库开发等做了简明阐述，最后还列举了嵌入式系统设计开发案例。

本书以鸿蒙操作系统为基础，列举了大量实例及源代码，并配有完整的教学资源，包括 PPT 课件、习题集及参考答案、程序源代码等。

本书可作为高等院校计算机、电子、自动化、仪器仪表等专业嵌入式系统、物联网、移动终端开发、鸿蒙应用程序设计等课程的教材，也可作为广大从事 ARM 和物联网应用系统开发的工程技术人员的参考用书。

图书在版编目(CIP)数据

鸿蒙：嵌入式系统设计与应用/金维宏等主编. —北京：清华大学出版社，2023.4 (2025.1重印)
高等院校互联网+新形态创新系列教材. 计算机系列
ISBN 978-7-302-63013-5

Ⅰ. ①鸿… Ⅱ. ①金… Ⅲ. ①微处理器—系统设计—高等学校—教材 Ⅳ. ①TP332.021

中国国家版本馆 CIP 数据核字(2023)第 040571 号

责任编辑：孟 攀
封面设计：杨玉兰
责任校对：吕丽娟
责任印制：沈 露
出版发行：清华大学出版社
网 址：https://www.tup.com.cn，https://www.wqxuetang.com
地 址：北京清华大学学研大厦 A 座　　邮 编：100084
社 总 机：010-83470000　　邮 购：010-62786544
投稿与读者服务：010-62776969, c-service@tup.tsinghua.edu.cn
质量反馈：010-62772015, zhiliang@tup.tsinghua.edu.cn
课件下载：https://www.tup.com.cn，010-62791865
印 装 者：三河市天利华印刷装订有限公司
经 销：全国新华书店
开 本：185mm×260mm　　**印 张**：18.5　　**字 数**：477 千字
版 次：2023 年 5 月第 1 版　　**印 次**：2025 年 1 月第 2 次印刷
定 价：59.00 元

产品编号：097345-01

前　言

在当前国际、国内形势下，我国进一步强化了高新技术及产品的自主可控，基于我国自主研发的鸿蒙操作系统的开发及应用范围会越来越广、越来越深，市场及岗位需求也会越来越旺盛。在计算机领域中，操作系统、嵌入式开发工具的国产化需求越来越强，所以这方面的人才培养需求也更加迫切。

随着物联网、互联网技术的发展和普及，嵌入式系统的应用领域越来越广泛，并逐渐渗透到我们日常生活的方方面面，小到手机、手环、MP3、可视电话等电子产品，大到汽车电子、医疗器械、航空航天等，都离不开嵌入式系统。

嵌入式系统的技术也在不断完善，功能不断增多。相关数据显示，目前我国嵌入式行业人才需求巨大，至少存在 30 万～50 万的人才缺口。随着人工智能和汽车电子嵌入式开发业务需求量的增加，未来嵌入式专业的岗位需求还将持续增加。

此外，嵌入式系统行业也呈现出与以往不同的发展趋势，主要表现在以下几方面。

(1) 目前的嵌入式开发更倾向于智能化，即智能硬件(硬件+软件)，嵌入式产品的一个发展趋势是更倾向于自动化控制和人机交互。想要做到人机交互，首先必须提供精巧的多媒体人机界面。想要嵌入式设备被人们乐于接受，就必须提供友好的人机界面，增加机器的亲和力。如司机操纵高度自动化的汽车，主要还是通过习惯的方向盘、脚踏板和操纵杆；人们与信息终端交互要求以 GUI 屏幕为中心的多媒体界面，手写文字输入、语音拨号上网、收发电子邮件以及彩色图形、图像已取得不错成效。针对这些需求，鸿蒙面向全场景的分布式操作系统能很好地适用于一系列设备，从真正意义上体现了万物互联的理念。

(2) 嵌入式应用软件的开发需要强大的开发工具和操作系统。随着嵌入式电子设备的功能越来越丰富，电气结构也日渐复杂。为了满足应用功能的升级，设计师们一方面采用更强大的嵌入式处理器如 32 位、64 位 RISC 芯片或信号处理器 DSP 增强处理能力；同时还采用实时多任务编程技术和交叉开发技术来控制功能复杂性，简化应用程序设计，保障软件质量和缩短开发周期，例如鸿蒙系统具有的“分布式软总线”概念以及 DevEco Studio 开发平台。

(3) 随着互联网的不断发展，嵌入式设备要连上互联网，此时就必须要提供网络通信接口，不仅要支持 TCP/IP，有些还需要支持 IEEE 1394、USB、蓝牙、IrDA 等无线传感网，同时还要提供相应的通信组网协议软件和物理层驱动软件。

(4) 为了减少资源浪费，充分利用资源，要在小型电子设备中装入嵌入式系统，这就要求设计时尽量精简系统内核、算法，降低功耗和软硬件成本。嵌入式产品要降低处理器的性能，限制内存容量，复用接口芯片，这也要求软件开发人员有丰富的嵌入式编程经验和硬件知识。鸿蒙凭借多终端开发 IDE、多语言统一编译、分布式架构 Kit 提供屏幕布局控件以及交互的自动适配，支持控件拖曳，面向预览的可视化编程，从而使开发者可以基于同一工程高效构建多端自动运行 App，实现真正的一次开发、多端部署，在跨设备之间实现共享生态。

(5) 利用通信、嵌入式计算和传感器等技术，人们研制出了各种具有感知、计算和通信等能力的微型传感器。通过这些无线传感器网络，人们可以在任何时间、任何地点和任何环境条件下实时监测、感知、采集网络分布区域内的各种环境或监测对象的信息，并对这些信息进行处理，获得详尽准确的信息，传送给需要这些信息的用户。因此，这种网络系统被广泛地应用于国防军事、国家安全、环境监测、交通管理、医疗卫生、制造业、反恐抗灾等领域。嵌入式系统正是以其组网灵活、可靠性高、抗干扰能力强、功耗低和网络容量大等特点在计算机应用领域发挥着显著的作用。

鸿蒙的诞生拉开了永久性改变操作系统全球格局的序幕，全世界都看到鸿蒙凭借一己之力度过了建立生态的早期阶段，并且在国内迅速站稳阵脚。对国内市场来说，各家厂商彼此之间既是竞争对手，也在某种程度上组成一个微妙的利益共同体；对外部环境来说，由于鸿蒙的存在，就不能再随意以非公平手段影响正常的商业环境，可以说鸿蒙的存在是极具重大战略意义的。

鸿蒙系统支持多种设备，从智能手表、手机、平板，再到车载屏、智能家居，均可以升级为鸿蒙系统，从 128KB 内存到高内存，均适用于鸿蒙系统。鸿蒙系统在软件层面实现了各硬件设备的整合，构筑起了一个庞大的物联网群体世界，这恰好贴合万物互联的发展趋势。由此来看，鸿蒙系统的覆盖范围颇广。

基于此，我们编写了这本基于鸿蒙的嵌入式系统设计与应用教材，本书贯彻党的二十大精神和习近平新时代中国特色社会主义思想，坚持正确的政治方向和价值导向，遵循高等教育教学规律和人才成长规律，落实课程思政要求，以满足当今社会对这方面的人才需求。

本书配套资源丰富，内容包括工程文件及源代码、教学课件、习题答案等。

本书由金维宏、江渝川、黄一鸥、孙宝刚担任主编；张强、蔡宇、向飞、刘莉担副主副。其中，金维宏负责第 2、4 章的编写和全书的统稿工作；江渝川负责第 3 章的编写工作；黄一鸥负责第 1 章的编写及全书的第一次审校工作；孙宝刚负责第 6 章的编写工作；张强负责第 8 章的编写工作；蔡宇负责第 7 章的编写工作；向飞负责第 5 章的编写工作；刘莉负责第 9 章的编写及全书的第二次审校工作；金宇浩负责全书的第三次及第四次审校工作。同时在本书的编写过程中，金宇浩、谭杨欢和孙佳在收集整理资料、习题课件制作方面，也花费了大量的时间和精力，在此表示衷心的感谢。

由于编者水平有限，疏漏在所难免，欢迎批评指正。

编　者

目录

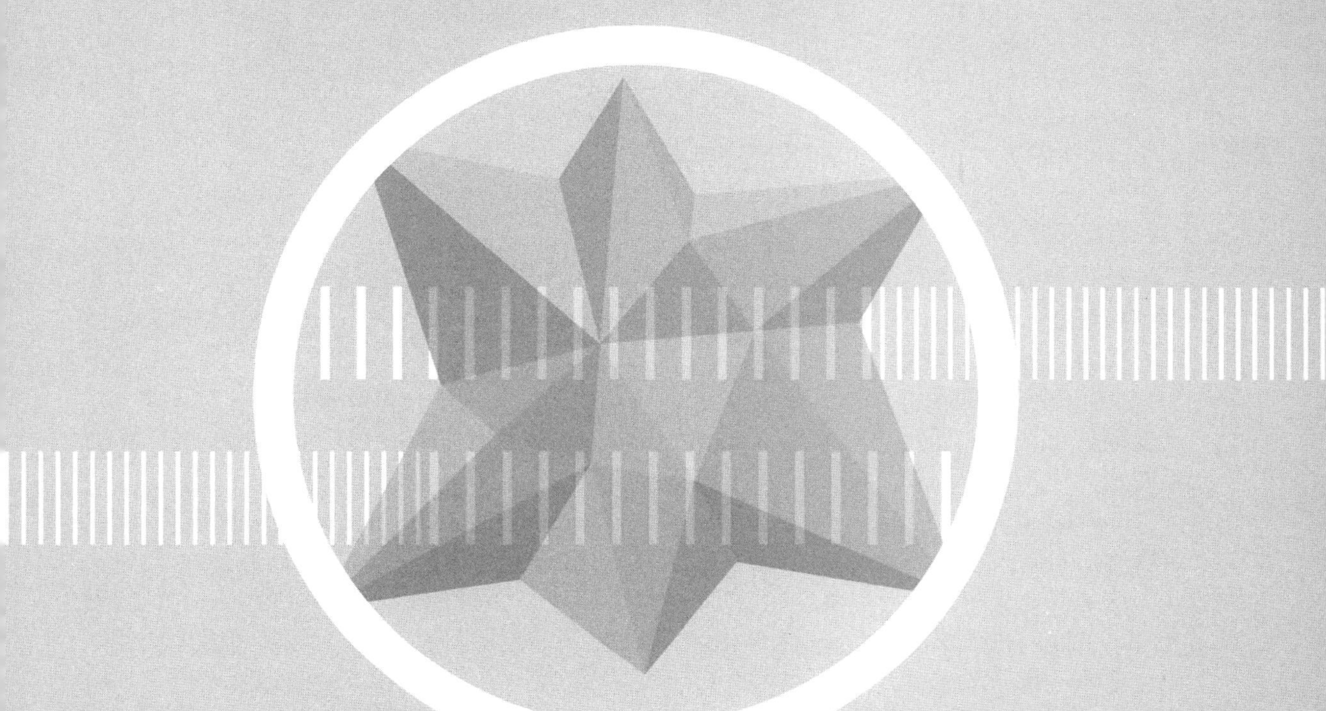

第 1 章

嵌入式系统概述

1.1 嵌入式系统简介

1.1.1 嵌入式系统的定义及特点

1. 嵌入式系统的定义

嵌入式系统的核心是由一个或几个预先编好程序以执行少数几项任务的微处理器或者单片机组成。与通用计算机能够运行用户选择的软件不同，嵌入式系统上的软件通常是暂时不变的，所以经常称为“固件”。

(1) 传统定义(狭义嵌入式)：嵌入式系统是以应用为中心，以计算机技术为基础，并且软硬件可裁剪，适用于对功能、可靠性、成本、体积、功耗有严格要求的专用计算机系统。

(2) IEEE 定义：嵌入式系统是用于控制、监视或者辅助操作机器和设备的装置。从中可以看出，嵌入式系统是软件和硬件的综合体，同时还可以涵盖机械等附属装置。

这主要是从产品的应用角度加以定义的。因为不同专业的人士在从各自不同的角度思考和定位嵌入式系统，如系统设计人员更多地从系统架构考虑，电子工程师更多地从硬件设计考虑，软件工程师更多地从软件设计和优化考虑，经营者和用户更多地从实用和市场应用考虑，所以目前对嵌入式系统的定义非常多。

2. 嵌入式系统的特点

从嵌入式系统的定义我们可以看出嵌入式系统的几个重要特征。

1) 实时性

在信息时代，人们需要在有效的时间里对接收的信息进行处理，为进一步的工作和决策争取时间，这就要求工作系统具有很高的实时性。所谓实时性，其核心含义在于操作系统在规定时间内准确地完成应该做的事情，并且操作系统的执行线是确定的，而不是单纯的速度快。

大多数嵌入式操作系统工作在对实时性要求极高的场合，如对仪器设备的动作进行检测控制，这种动作具有严格的、机械的时序；而一般的桌面操作系统基本上是根据人在键盘和鼠标中发出的命令进行工作，人的动作和反应在时序上并不是很严格。比如，用于控制火箭发动机的嵌入式系统，它所发出的指令不仅要求执行速度快，而且多个发动机之间的时序要求非常严格，否则就会失之毫厘，谬以千里。在这样的应用环境中，非实时的普通操作系统是非常难以适应的。即使我们所开发的并不是生命攸关的或者生产控制那样的关键任务系统，如对嵌入式操作系统应用来说很有前途的领域——消费电子产品，设备的高可靠性可以有效地降低维护成本，软件运行效率高会降低对 CPU 的要求，从而降低硬件成本。对于此类价格十分敏感的产品，实时性、可靠性仍然是非常值得重视的问题。因此，实时性是嵌入式系统最大的优点，在嵌入式软件中最核心的部分莫过于嵌入式 RTOS 实时操作系统。

2) 可裁剪性

能否根据用户的需求对系统的功能模块进行配置，是嵌入式系统与普通系统的另一区别，这可从以下几个方面分析。

(1) 从硬件环境来看，普通系统具有标准化的 CPU 存储和 I/O 架构，而嵌入式环境的硬件环境只有标准化的 CPU，没有标准的存储、I/O 和显示器单元。

(2) 从应用环境来看，普通系统面向复杂多变的应用，而嵌入式操作系统面向单一设备的固定应用。

(3) 从开发界面来看，普通系统给开发人员提供一个“黑箱”，让开发人员通过一系列标准的系统调用来使用操作系统的功能，而嵌入式系统为开发人员提供一个“白箱”，让开发人员可以自主控制系统的所有资源。普通系统的研究开发是尽可能在不改变自身的前途下具有广泛的适应性，也就是说，不论应用环境怎么变化，都不应对自身做太多的改变。而应用于嵌入式环境的 RTOS，在研发的时候就必须立足于面向对象，改变自身、开放自身，让开发人员可以根据硬件环境和应用环境的不同而对操作系统进行灵活的裁剪和配置，因为对于任何一个具体的嵌入式设备，它的功能是确定的，只要从原有操作系统中把这个特定应用所需的功能拿来即可。可裁剪性在软件工程阶段指利用软件配置方法实现软件构件的“即插即用”。

3) 可靠性

一般来说，嵌入式系统一旦开始运行就不需要人过多干预。在这个条件下，要求负责系统管理的嵌入式操作系统具有较高的稳定性和可靠性。而普通操作系统则不具备这个特点，这导致桌面操作环境与嵌入式环境在设计思路上有重大的不同。

(1) 桌面环境假定应用软件与操作系统相比是不可靠的，而嵌入式环境假定应用软件与操作系统一样可靠。运行于嵌入式环境中的 RTOS 要求应用软件具有与操作系统同样的可靠性，这种设计思路对应用开发人员提出了更高的要求，同时也要求操作系统自身足够开放。

(2) 桌面操作系统庞大复杂，而嵌入式系统提供的资源有限——由于硬件的限制，嵌入式操作系统必须小巧简捷。对于系统来说，组成越简单，性能越可靠，组成越复杂，故障概率越大是一个常理。局部的不足会导致整体的缺陷，系统中任何部分的不可靠都会导致系统整体的不可靠。

4) 面向特定应用

嵌入式系统是面向用户、面向应用的，一般会与用户和应用相结合，以其中的某个专用系统或模块形式出现。嵌入式系统和具体应用有机地结合在一起，它的升级换代也是和具体产品同步进行，因此嵌入式系统产品一旦进入市场，就具有较长的生命周期。

5) 对成本、体积、功耗严格要求

成本、体积、功耗是嵌入式系统软件开发人员最关注的问题。仍以手机为例，当选定硬件平台之后，处理器的性能已经被限定了，怎样使得手机的操作更人性化、菜单响应更快捷并具备更多、更好的功能，这完全取决于软件。系统需要驱动程序和应用程序的配合，从而最大限度地发挥硬件的性能。

1.1.2　嵌入式系统的相关概念

嵌入式系统中有许多非常重要的概念。

1. 嵌入式处理器

嵌入式处理器是控制、辅助系统运行的硬件单元，其范围极其广阔，包括最初的 4 位处理器、目前仍在大规模应用的 8 位单片机，到最新的受到广泛青睐的 32 位、64 位嵌入式处理器。目前，市面上流行的嵌入式处理器有 ARM、PowerPC 及 MIPS。

根据嵌入式处理器的集成规模及功能大小，可将其分为以下几类。

1) 嵌入式微处理器(embedded microprocessor unit，EMPU)

嵌入式微处理器的基础是通用计算机中的 CPU。在应用中，将微处理器装配在专门设计的电路板上，只保留和嵌入式应用有关的母板功能，这样可以大幅度减小系统体积和功耗。为了满足嵌入式应用的特殊要求，嵌入式微处理器虽然在功能上和标准微处理器基本是一样的，但在工作温度、抗电磁干扰、可靠性等方面一般都做了各种增强。和工业控制计算机相比，嵌入式微处理器具有体积小、重量轻、成本低、可靠性高的优点，但是在电路板上必须包括 ROM、RAM、总线接口、各种外设等器件，从而降低了系统的可靠性，技术保密性也较差。

嵌入式处理器目前主要有 Advanced Risc Machines 的 ARM、Silicon Graphics 的 MIPS、IBM 和 Motorola 的 Power PC、Intel 的 x86 和 i960、AMD 的 AM386EM、Hitachi 的 SH RISC。

嵌入式微处理器具备以下 4 个特点。

(1) 实时多任务性。对实时多任务有很强的支持能力，能完成多任务并且有较短的中断响应时间，从而使内部代码和实时内核的执行时间减少到最低。

(2) 强大的存储保护能力。具有功能很强的存储区保护功能。这是由于嵌入式系统的软件结构已模块化，而为了避免在软件模块之间出现错误的交叉作用，需要设计强大的存储区保护功能，同时也有利于软件诊断。

(3) 可扩展性。可扩展的处理器结构能迅速地开发出满足应用的最高性能嵌入式微处理器。

(4) 低功耗性。嵌入式微处理器必须功耗很低，尤其是用于便携式的无线及移动的计算和通信设备的靠电池供电的嵌入式系统更是如此，功耗只有 mW 甚至μW 级。

2) 嵌入式微控制器(microcontroller unit，MCU)

嵌入式微控制器又称单片机。嵌入式微控制器一般以某一种微处理器内核为核心，芯片内部集成 ROM、EPROM、RAM、Flash RAM、总线、总线逻辑、定时/计数器、WatchDog、串行口、脉宽调制输出、A/D 等各种必要功能和外设。与嵌入式微处理器相比，微控制器的最大特点是单片化，体积大大减小，从而使功耗和成本下降、可靠性提高。

微控制器是目前嵌入式系统工业的主流，占整个嵌入式市场份额的 70%。微控制器的片上外设资源一般比较丰富，适合于控制，因此称微控制器。

微控制器主要有以下系列。

(1) 通用系列：8051、P51XA、MCS-251、MCS-96/196/296、C166/167、MC68HC05/11/ 12/16、68300 等。

(2) 半通用系列：支持 USB 接口的 MCU 8XC930/931、C540、C541。

(3) 专用系列：支持 I2C、CAN-Bus、LCD 的 MCU 及兼容系列。

目前有许多微处理器逐渐演化为微控制器比如 ARM，因此这些概念开始交叉融合。

3) 嵌入式 DSP 处理器(embedded digital signal processor，EDSP)

DSP 处理器对系统结构和指令进行了特殊设计，使其适合于执行 DSP 算法，编译效率较高，指令执行速度也较快。在数字滤波、FFT、谱分析等方面，DSP 算法正在大量进入嵌入式领域，DSP 应用正在从通用单片机中以普通指令实现 DSP 功能，逐渐过渡到采用嵌入式 DSP 处理器。

嵌入式系统的智能化是推动嵌入式 DSP 处理器发展的另一个因素，如各种带有智能逻辑的消费类产品、生物信息识别终端、带有加解密算法的键盘、ADSL 接入、实时语音解压系统、虚拟现实显示等。这类智能化算法一般运算量较大，特别是向量运算、指针、线性寻址等较多，而这些正是 DSP 处理器擅长的，有代表性的嵌入式 DSP 处理器是 TI 的 TMS320 系列和 Motorola 的 DSP56000 系列。

4) 嵌入式片上系统(system on chip，SOC)

SOC 是嵌入式系统的一种新形式，是将微处理器、模拟 IP 核、数字 IP 核和存储器(或片外存储控制接口)集成在单一芯片上。它通常是客户定制的，或是面向特定用途的标准产品，在一块硅片里实现了能完成一个计算机系统功能所需要的硬件集成电路和嵌入式软件，属于计算机与微电子的新兴交叉学科。SOC 的设计基础是 IP(intellectual property)复用技术。

SOC 的优势如下。

(1) 降低功耗。

(2) 减少体积。

(3) 丰富系统功能。

(4) 提高速度。

(5) 节省成本。

2. 嵌入式开发板

嵌入式开发板是半导体行业分工合作的载体之一，它为开发产品的厂商提供基本的底层硬件、系统和驱动等资源，使得用户不需要再投入人力和时间来完成这些底层的工作。

嵌入式开发板，从概念上来讲，与软件外包非常类似(软件外包是指软件外包提供商为了集中精力从事核心竞争力业务，降低项目成本，同时提高项目实施的质量，将自己软件项目中的全部或部分工作发包给合适的软件企业去完成)。

嵌入式开发板涉及的软件工作分工像嵌入式产品的硬件、引导代码、驱动程序、文件系统、协议层、基本应用软件这些方面，都是电子产品的公共和通用部分，并不是产品能够形成差异化的关键技术。在这个讲求分工合作的时代，如果这部分的工作量比较大，或者是厂商没有相关开发人员的时候，就能够选择由第三方完成这些软件开发的工作，加快产品研发的进程，实现产品的迅速上市，抢占市场先机。

作为“发包方”的开发板用户，选择开发板的时候，实际上选择的不仅是一个硬件板子、开发板提供的源代码等资源，而是选择一个合作伙伴，一个为用户提供软硬件服务的合作伙伴。与软件外包这种合作方式类似，用户和供应商之间的合作更多是软件方面的合作，需要用户和供应商之间根据产品的具体需求进行充分沟通，供应商要根据用户的需求不断地调用人员进行配合。在支持客户进行产品开发的过程中，遇到的比如更改文件系统、串口测试、64MB Flash 换成 128MB Flash 等问题，大多情况都是要通过软件方式来解决的，这就形成了嵌入式行业供应商的售后支持和客户研发的高度互动性。

也就是说，嵌入式开发板是用户软件外包的载体，相对于传统的软件外包业务，开发板实际上能够为用户提供硬件实物和软件服务两方面的价值。

目前，在嵌入式行业中，除了嵌入式开发板，外包的形式也趋向多样化，用户能够根据自己的产品需要，向供应商提出定制要求，由供应商提供硬件设计和驱动移植等方面的服务；有的电子厂商会自己设计硬件，由嵌入式系统厂商帮助其完成系统的移植、驱动的完善工作。从行业链上的作用来看，嵌入式系统厂商能够采用灵活的服务方式，利用自己的技术优势帮助电子产品厂商缩短开发周期、节省设计资源方面的投资，促进了电子产品厂商的快速发展。

3. CISC 和 RISC 指令集

1) CISC(complex instruction set computer，复杂指令集计算机)

复杂指令集，也称为 CISC 指令集)。在 CISC 微处理器中，程序的各条指令是按顺序串行执行的，每条指令中的各个操作也是按顺序串行执行的。顺序执行的优点是控制简单，但计算机各部分的利用率不高，执行速度慢。其实它是 Inter 生产的 x86 系列(也就是 IA-32 架构)CPU 及其兼容 CPU，如 AMD、VIA；即使是现在的 x86-64(也被称为 AMD64)也属于 CISC 的范畴。

在 CISC 指令集的各种指令中，大约有 20%会被反复使用，占整个程序代码的 80%。而余下的指令却不经常使用，在程序设计中只占 20%。

从计算机诞生以来，人们一直沿用 CISC 指令集方式：早期的桌面软件是按 CISC 设计的，并一直沿用；桌面计算机流行的 x86 体系结构即使用 CISC；微处理器(CPU)厂商一直在走 CISC 的发展道路，包括 Intel、AMD，还有其他一些现在已经更名的厂商，如 TI(德州仪器)、Cyrix 以及 VIA(威盛)等。CISC 架构的服务器主要以 IA-32 架构(Intel Architecture，英特尔架构)为主，而且多数为中低档服务器所采用。

CISC 具有以下特点。

(1) 具有大量的指令和寻址方式。

(2) 8/2 原则：80%的程序只使用 20%的指令。

(3) 大多数程序只使用少量的指令就能够运行。

(4) CISC CPU 包含有丰富的单元电路，因而其功能强、面积大、功耗大。

2) RISC(reduced instruction set computer，精简指令集计算机)

RISC 是在 CISC 指令系统基础上发展起来的。有人对 CISC 机进行测试后发现，各种指令的使用频度相当悬殊，最常使用的是一些比较简单的指令，它们仅占指令总数的 20%，但在程序中出现的频度却占 80%。复杂的指令系统必然增加微处理器的复杂性，使处理器的研制时间变长，成本增加，并且复杂指令需要复杂的操作，必然会降低计算机的速度。基于上述原因，在 20 世纪 80 年代，RISC 型 CPU 诞生了。相对于 CISC 型 CPU，RISC 型 CPU 不仅精简了指令系统，还采用了一种叫作“超标量和超流水线结构”，大大提高了并行处理能力。RISC 指令集是高性能 CPU 的发展方向，相比传统的 CISC(复杂指令集)，RISC 的指令格式统一，种类比较少，寻址方式也比复杂指令集少，处理速度提高了很多。RISC 型 CPU 与 Intel、AMD 的 CPU 在软件和硬件上都不兼容。

RISC 具有以下特点。

(1) 在通道中只包含最有用的指令，只提供简单的操作。

(2) 确保数据通道快速地执行每一条指令。

(3) Load/Store 结构：处理器只处理寄存器中的数据，Load/Store 指令用来完成数据在寄存器和外部存储器之间的传送。

(4) 使 CPU 硬件结构设计变得更为简单。RISC CPU 包含较少的单元电路，因而面积小、功耗低。

CISC 和 RISC 指令对比如表 1-1 所示。

表 1-1　CISC 和 RISC 指令对比

对比项目	CISC	RISC
指令系统	复杂，庞大	简单，精简
指令数目	一般大于 200 条	一般小于 100 条
指令字长	不固定	定长
可访存指令	不加限制	只有 Load/Store 指令
各种指令执行时间	相差较大	绝大多数在一个周期内完成
各种指令使用频度	相差很大	都比较常用
通用寄存器数量	较少	多
目标代码	难以用优化编译生成高效的目标代码程序	采用优化的编译程序，生成代码较为高效
控制方式	绝大多数为微程序控制	绝大多数为组合逻辑控制
指令流水线	可以通过一定方式实现	必须实现

4. 实时操作系统

实时操作系统(real time operating system，RTOS)是嵌入式系统目前最主要的组成部分。根据操作系统的工作特性，实时是指物理进程的真实时间。实时操作系统是具有实时性、能从硬件方面支持实时控制系统工作的操作系统。其实时性是第一要求，需要调度一切可利用的资源完成实时控制任务，其次才着眼于提高计算机系统的使用效率，重点是要满足对时间的限制和要求。

1) 实时操作系统中 3 个重要的参数指标

(1) 系统响应时间(system response time)：系统发出处理要求到系统给出应答信号的时间。

(2) 任务换道时间(Context-Switching Time)：任务之间切换而使用的时间。

(3) 中断延迟(Interrupt Latency)：计算机接收到中断信号到操作系统做出响应，并完成换道转入中断服务程序的时间。

2) 实时操作系统的工作状态

实时系统中的任务有四种状态：运行(Executing)、就绪(Ready)、挂起(Suspended)和冬眠(Dormant)。

(1) 运行：获得 CPU 控制权。

(2) 就绪：进入任务等待队列，通过调度转为运行状态。

(3) 挂起：任务发生阻塞，移出任务等待队列，等待系统实时事件的发生而唤醒，从而转为就绪或运行。

(4) 冬眠：任务完成或错误等原因被清除的任务，也可以认为是系统中不存在的任务。

任何时刻系统中只能有一个任务处于运行状态，各任务按级别通过时间片分别获得对 CPU 的访问权。

5. 分时操作系统

从操作系统能否满足实时性要求来区分，可把操作系统分为分时操作系统和实时操作系统。对于分时操作系统，软件的执行在时间上的要求并不严格，时间上的错误一般不会造成灾难性的后果。目前分时系统的强项在于多任务的管理，而实时操作系统的重要特点是具有系统的可确定性，即系统能对运行情况的最好和最坏等情况做出精确的估计。

分时操作系统和实时操作系统的区别如下。

(1) 分时操作系统按照相等的时间片调度进程轮流运行。分时操作系统由调度程序自动计算进程的优先级，而不是由用户控制进程的优先级，这样的系统无法实时响应外部异步事件。

(2) 实时操作系统能够在限定的时间内执行完所规定的功能，并能在限定的时间内对外部的异步事件做出响应。

(3) 分时操作系统主要应用于科学计算和实时性要求不高的场合。实时操作系统主要应用于过程控制、数据采集、通信、多媒体信息处理等对时间敏感的场合

6. 多任务操作系统

多任务操作系统支持多任务管理与任务间的同步和通信。传统的单片机系统和 DOS 系统对多任务支持的功能很弱，而目前的 Windows 是典型的多任务操作系统。在嵌入式应用领域，多任务是一个普遍的要求。

7. 冯·诺依曼体系

冯·诺依曼体系结构模型如图 1-1 所示。

冯·诺依曼体系的特点如下。

(1) 数据与指令都存储在同一存储区中，取指令与取数据使用同一数据总线。

(2) 被早期大多数计算机所采用。

(3) ARM7 是冯·诺依曼体系，模型结构简单，但速度较慢，取指的同时不能取数据。

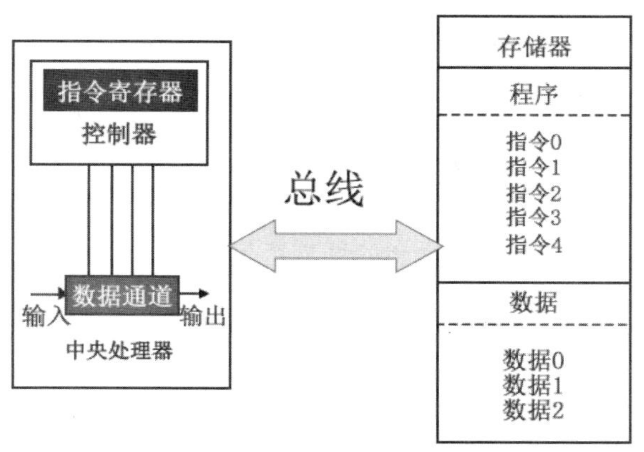

图 1-1　冯·诺依曼体系模型结构

8. 哈佛体系

哈佛体系结构模型如图 1-2 所示。

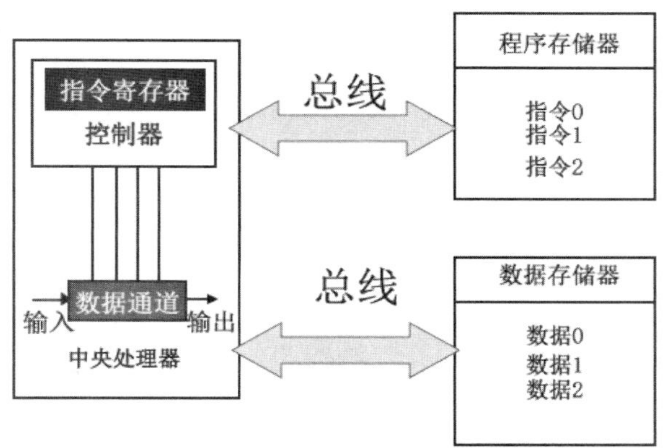

图 1-2　哈佛体系结构模型

哈佛体系结构的特点如下。

(1) 程序存储器与数据存储器分开。

(2) 提供了较大的存储器带宽，有自己的总线。

(3) 适合于数字信号处理。

(4) 大多数 DSP 都是哈佛结构。

(5) ARM9 是哈佛结构，取指和取数在同一周期进行，提高了速度。改进的哈佛体系结构分成三个存储区，即程序、数据、程序和数据共用。

1.1.3　嵌入式系统的组成

嵌入式系统的组成如图 1-3 所示。

应用软件层
操作系统层
硬件抽象层
硬件层

图 1-3　嵌入式系统的组成

从整体上看，嵌入式系统由硬件层、硬件抽象层、操作系统层和应用软件层组成。下面我们对嵌入式系统的组成进行详细的介绍。

1. 硬件层

硬件层中包含嵌入式微处理器、存储器(SDRAM、ROM、Flash 等)、通用设备接口和I/O 接口(A/D、D/A、I/O 等)。在一片嵌入式处理器基础上添加电源电路、时钟电路和存储器电路，就构成了一个嵌入式核心控制模块，其中操作系统和应用程序都可以固化在ROM 中。

1)　嵌入式微处理器

嵌入式系统硬件层的核心是嵌入式微处理器。嵌入式微处理器与通用 CPU 最大的不同在于，嵌入式微处理器大多工作在为特定用户群专门设计的系统中，它将通用 CPU 由板卡完成的任务集成在芯片内部，从而有利于嵌入式系统的设计趋于小型化，同时还具有极高的效率和可靠性。

嵌入式微处理器的体系结构可以采用冯 • 诺依曼结构(程序和数据不分开存储)或哈佛结构(程序和数据分开存储)；指令系统可以选用精简指令系统 RISC 和复杂指令系统CISC。RISC 计算机在通道中只包含最有用的指令，确保数据通道快速地执行每一条指令，从而提高了执行效率并使 CPU 硬件结构设计变得更为简单。

嵌入式微处理器有各种不同的体系，即使在同一体系中也可能具有不同的时钟频率和数据总线宽度，或集成了不同的外设和接口。据不完全统计，目前全世界嵌入式微处理器已经超过 1000 种，体系结构有 30 多个系列，其中主流的体系有 ARM、MIPS、Power PC、x86 和 SH 等。但与全球 PC 市场不同的是，没有一种嵌入式微处理器可以主导市场，仅以 32 位的产品而言，就有 100 种以上的嵌入式微处理器。嵌入式微处理器的选择是由具体应用决定的。

2)　存储器

嵌入式系统需要存储器来存放和执行代码。若考虑寄存器，按照存储器作用来分类，嵌入式系统的存储器包含寄存器、Cache、主存储器和辅助存储器几种，如图 1-4 所示。

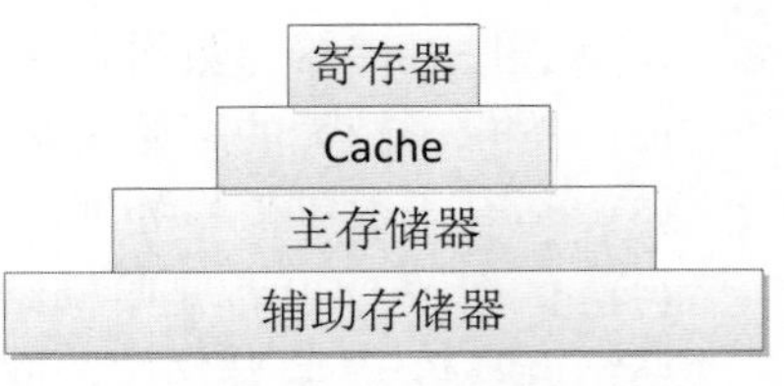

图 1-4　嵌入式系统的存储器

(1)　寄存器。我们常说的寄存器又叫内部寄存器，是嵌入式微处理器内的组成部分。寄存器是有限存储容量的高速存储部件，它们可用来暂存指令、数据和地址。在嵌入式微处理器的控制部件中，包含的寄存器有指令寄存器(IR)和程序计数器(PC)。在中央处理器的算术及逻辑部件中，寄存器有累加器(ACC)。CPU 对存储器中的数据进行处理时，往往先把数据取到内部寄存器中，然后再做处理。

外部寄存器一般是指具有某一特殊功能的物理地址。外部寄存器的物理地址为 0x48000000～0x5FFFFFFF，比如 STM32 中，GPIO、I^2C、SPI、CAN 都叫作外设寄存器。嵌入式系统通过编程来控制外设寄存器，从而控制芯片外部的外设。外部寄存器是计算机中一些部件上用于暂存数据的寄存器，它与 CPU 之间通过“端口”交换数据。外部寄存器具有寄存器和内存储器的双重特点。

外部寄存器虽然也用于存放数据，但是它保存的数据具有特殊的用途。某些寄存器中各位的 0、1 状态反映了外部设备的工作状态或方式；还有一些寄存器中的各位可对外部设备进行控制；也有一些端口是 CPU 同外部设备交换数据的通路，所以说端口是 CPU 和外设间的联系桥梁。

CPU 对端口的访问也是依据端口的“编号”，这一点又和访问存储器一样。不过考虑到机器所连接的外设数量并不多，所以在设计机器的时候仅安排了 1024 个端口地址，端口地址范围为 0～3FFH。

(2) Cache(高速缓冲存储器)。Cache 是一种容量小、速度比主存高得多的存储器阵列，由静态存储芯片(SRAM)组成。它位于主存和嵌入式微处理器内核之间，存放的是最近一段时间微处理器使用最多的程序代码和数据。在需要进行数据读取操作时，微处理器尽可能地从 Cache 中读取数据，而不是从主存中读取数据，这样就大大改善了系统的性能，提高了微处理器和主存之间的数据传输速率。Cache 的主要目标就是减小存储器(如主存和辅助存储器)给微处理器内核造成的存储器访问瓶颈，使处理速度更快，实时性更强。

在嵌入式系统中，Cache 全部集成在嵌入式微处理器内，可分为数据 Cache、指令 Cache 或混合 Cache，Cache 的大小依不同处理器而定。一般中高档的嵌入式微处理器才会把 Cache 集成进去。

(3) 主存储器。主存储器是嵌入式微处理器能直接访问的存储器，用来存放系统和用户的程序及数据。它可以位于微处理器的内部或外部，其容量大小根据具体的应用而定：一般片内存储器容量小，速度快；片外存储器容量大。

常用的主存储器如下。

- ROM 类：NOR Flash、EPROM 和 PROM 等。
- RAM 类：SRAM、DRAM 和 SDRAM 等。

其中 NOR Flash 凭借其可擦写次数多、存储速度快、存储容量大、价格便宜等优点，在嵌入式领域得到了广泛应用。

(4) 辅助存储器。辅助存储器用来存放大数据量的程序代码或信息，它的容量大，但读取速度与主存储器相比慢很多，用来长期保存用户的信息。

嵌入式系统中常用的辅助存储器有硬盘、NAND Flash、CF 卡、MMC 和 SD 卡等。

3) 通用设备接口和 I/O 接口

嵌入式系统和外界交互，需要一定形式的通用设备接口，如 A/D、D/A、I/O 等，外设通过和片外其他设备或传感器的连接来实现微处理器的输入/输出功能。每个外设通常都只有唯一的功能，它可以在芯片外也可以内置在芯片中。外设的种类很多，有简单的串行通信设备，也有非常复杂的 802.11 无线设备。

目前嵌入式系统中常用的通用设备接口有 A/D(模/数转换接口)、D/A(数/模转换接口)，I/O 接口有 RS-232 接口(串行通信接口)、Ethernet(以太网接口)、USB(通用串行总线接口)、音频接口、VGA 视频输出接口、I^2C(现场总线)、SPI(串行外围设备接口)和 IrDA(红外线接口)等。

2. 硬件抽象层(Hardware Abstract Layer，HAL)

硬件抽象层也称为板级支持包(board support package，BSP)，它将系统上层软件与底层硬件分离开来，使系统的上层软件与硬件无关，上层软件开发人员无须关心底层硬件的具体情况，根据 BSP 层提供的接口进行开发即可。该层一般包含相关底层硬件的初始化、数据的输入/输出操作和硬件设备的配置等功能。

BSP 具有以下两个特点。

- 硬件相关性：因为嵌入式实时系统的硬件环境具有应用相关性，作为上层软件与硬件平台之间的接口，BSP 需要为操作系统提供操作和控制具体硬件的方法。
- 操作系统相关性：不同的操作系统具有各自的软件层次结构，因此，不同的操作系统具有特定的硬件接口形式。

实际上，BSP 是一个介于操作系统和底层硬件之间的软件层次，包括了系统中大部分与硬件联系紧密的软件模块。设计一个完整的 BSP，需要完成两部分工作：嵌入式系统的硬件初始化以及 BSP 功能，设计硬件相关的设备驱动。

1) 嵌入式系统硬件初始化

系统初始化过程可以分为 3 个主要环节，按照自底向上、从硬件到软件的次序依次为：片级初始化、板级初始化和系统级初始化。

(1) 片级初始化。指完成嵌入式微处理器的初始化，包括设置嵌入式微处理器的核心寄存器和控制寄存器、嵌入式微处理器的核心工作模式和嵌入式微处理器的局部总线模式等。片级初始化把嵌入式微处理器从上电时的默认状态逐步设置成系统所要求的工作状态。这是一个纯硬件的初始化过程。

(2) 板级初始化。指完成嵌入式微处理器以外的其他硬件设备的初始化。另外，还需设置某些软件的数据结构和参数，为随后的系统级初始化和应用程序的运行建立硬件和软件环境。这是一个同时包含软、硬件两部分内容的初始化过程。

(3) 系统级初始化。过程以软件初始化为主，主要进行操作系统的初始化。BSP 将嵌入式微处理器的控制权转交给嵌入式操作系统，由操作系统完成余下的初始化操作，包含加载和初始化与硬件无关的设备驱动程序，建立系统内存区，加载并初始化其他系统软件模块，如网络系统、文件系统等。最后，操作系统创建应用程序环境，并将控制权交给应用程序的入口。

2) 硬件相关的设备驱动程序

BSP 的另一个主要功能是硬件相关的设备驱动。硬件相关的设备驱动程序初始化通常是一个从高到低的过程。尽管 BSP 中包含硬件相关的设备驱动程序，但是这些设备驱动程序通常不直接由 BSP 使用，而是在系统初始化过程中由 BSP 将它们与操作系统中通用的设备驱动程序关联起来，并在随后的应用中由通用的设备驱动程序调用，实现对硬件设备的操作。与硬件相关的驱动程序是 BSP 设计与开发中另一个非常关键的环节。

3. 操作系统层

嵌入式操作系统层也叫嵌入式系统软件层，不同功能的嵌入式系统，复杂程度有很大不同。简单的嵌入式系统仅仅具有单一的功能，存储器中的程序就是为了这一功能设计的，其系统处理核心也是单一任务处理器。复杂的嵌入式系统不仅功能强大，往往还配有嵌入式操作系统，如功能强大的智能手机几乎具有与微型计算机一样的功能。

嵌入式操作系统(embedded operation system，EOS)是一种用途广泛的系统软件，过去它主要应用于工业控制和国防系统领域。EOS 负责嵌入式系统的全部软、硬件资源的分配，任务调度，控制、协调并发活动。它必须体现其所在系统的特征，能够通过装卸某些模块来实现系统所要求的功能。目前，已推出一些应用比较成功的 EOS 产品系列。随着 Internet 技术的发展、信息家电的普及以及 EOS 的微型化和专业化，EOS 开始从单一的弱功能向高专业化的强功能方向发展。嵌入式操作系统在系统实时的高效性、硬件的相关依赖性、软件固化、应用的专用性等方面具有较为突出的优势。

4. 应用软件层

应用软件(Application)是和系统软件相对应的，是用户可以使用的各种程序设计语言，以及用各种程序设计语言编制的应用程序的集合，分为应用软件包和用户程序。应用软件包是为了利用计算机解决某类问题而设计的程序的集合，多供用户使用。

应用软件是为满足用户不同领域、不同问题的应用需求而提供的软件。它可以拓宽计算机系统的应用领域，放大硬件的功能。

1.1.4 嵌入式系统的种类

按照所使用的操作系统，可以将嵌入式系统分成三类：Rich OS 类、RTOS 类、Bare-metal 类。

1. Rich OS 类(全能操作系统)

这类嵌入式系统运行功能非常齐全的操作系统，例如 Linux、Android、iOS 等。这类系统通常使用应用处理器，例如 Cortex-A、x86 等架构的处理器，智能手机、平板电脑、智能电视、车载娱乐系统等属于这类系统。

2. RTOS 类(实时操作系统)

这类嵌入式系统运行功能紧凑但具有很强实时性的 RTOS，例如 FreeRTOS、RT-Threads、uC/OS-II 等。这类系统通常使用微控制器，也就是俗称的单片机，例如 Cortex-M、MSP430、AVR、PIC 等架构的微控制器，有些高性能的应用场合可能会选用这类处理器。

3. Bare-metal 类

这类嵌入式系统不包含任何操作系统，可能会包含事件调度器。这类系统也使用微控制器，主要用于功能比较单一的应用。

1.2 嵌入式系统的应用领域和发展趋势

1.2.1 嵌入式系统的应用领域

嵌入式系统技术具有非常广阔的应用前景，其应用领域如下。

1. 工控设备

基于嵌入式芯片的工业自动化设备获得长足的发展，目前已经有大量的 8 位、16 位、32 位嵌入式微控制器处于应用中。网络化是提高生产效率和产品质量、减少人力资源需求的主要途径，如工业过程控制、数字机床、电力系统、电网安全、电网设备监测、石油化工系统。就传统的工业控制产品而言，低端型采用的往往是 8 位单片机。但是随着技术的发展，32 位、64 位的处理器逐渐成为工业控制设备的核心，在未来几年内必将获得长足的发展。

工业、医疗卫生、国防等部门对智能控制需求的不断增长，也对嵌入式微处理器的运算速度、可扩充能力、系统可靠性、功耗和集成度等方面提出了更高的要求。

2. 交通管理

在车辆导航、流量控制、信息监测与汽车服务方面，嵌入式系统已经获得了广泛的应用，内嵌 GPS 模块、GSM 模块的移动定位终端已经在各种运输行业获得了成功应用。

3. 信息家电

这将成为嵌入式系统最大的应用领域，冰箱、空调等的网络化、智能化将引领人们的生活步入一个崭新的空间。即使你不在家里，也可以通过网络进行远程控制。在这些设备中，嵌入式系统发挥了极大的作用。

4. 智能仪器

水、电、煤气表可实现远程自动抄表，防火、防盗系统中嵌有的专用控制芯片代替了传统的人工检查，并实现更高、更准确和更安全的性能。目前，在服务领域已经体现了嵌入式系统的优势。

5. 电子商务

公共交通无接触智能卡(contactless smartcard，CSC)、自动售货机、各种智能 ATM 终端将全面走入人们的生活，手持一卡就可以行遍天下。

6. 环境监测

在很多环境恶劣、地况复杂的地区，嵌入式系统在水文资料实时监测、防洪体系及水土质量监测、堤坝安全监控、地震监测、实时气象监测、水源和空气污染监测这些领域将实现无人监测。

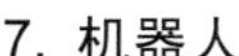

7. 机器人

嵌入式芯片的发展将使机器人在微型化、高智能方面的优势更加明显，同时会大幅度降低机器人的价格，使其在工业领域和服务领域获得更广泛的应用。

8. 移动计算

移动计算设备包括手机、PDA、掌上电脑等。中国拥有最大的手机用户群，而掌上电脑和 PDA 等因为易于使用、携带方便、价格便宜而得到了快速发展，PDA 与手机已呈现融合趋势。用掌上电脑或 PDA 上网，人们可以随时随地获取信息。

新的手持设备将使无线互联访问成为更加普遍的现象。与互联网连接，结合音频应用，如 MP3 功能，促使移动计算设备市场创造新的销售纪录。整合手机模块，为移动计算设备提供语音功能，也是大势所趋。

9. 军事电子

嵌入式系统主要用于各种武器控制(火炮控制、导弹控制、智能炸弹制导引爆装置)、坦克、舰艇、轰炸机等陆海空军用电子装备，雷达、电子对抗军事通信装备，野战指挥作战用各种专用设备等。

在这些应用中，可以着重于控制方面的应用。就远程家电控制而言，除了开发出支持 TCP/IP 的嵌入式系统之外，也要制定和统一家电产品控制协议，这由家电生产厂家来做。同样的道理，所有基于网络的远程控制器件都需要与嵌入式系统之间实现接口，然后再由嵌入式系统来控制并通过网络实现控制。所以，开发和探讨嵌入式系统有着十分重要的意义。

1.2.2　嵌入式系统的发展趋势

信息时代使得嵌入式产品获得了巨大的发展契机，为嵌入式市场展现了美好的前景，同时也对嵌入式生产厂商提出了新的挑战，从中我们可以看出未来嵌入式系统的几大发展趋势。

1. 开发工具更加强大

嵌入式开发是一项系统工程，因此嵌入式系统厂商不仅要提供嵌入式软硬件系统本身，同时还要提供强大的硬件开发工具和软件包支持。

目前，很多厂商已经充分考虑到这一点，在主推系统的同时，将开发环境也作为重点进行推广。比如，Window CE 在主推系统时，也提供 Embedded VC++作为开发工具，Vxworks 的 Tonado 开发环境、DeltaOS 的 Limda 编译环境也都是这一趋势的典型体现。当然，这也是市场竞争的结果。

2. 部分嵌入式系统功能更加丰富

网络化、信息化的要求随着因特网技术的成熟、带宽的提高日益提高，使得以往单一功能的设备如电话、手机、冰箱、微波炉等功能不再单一，结构更加复杂。

这就要求芯片设计厂商在芯片上集成更多的功能。为了满足应用功能的升级，设计师一方面采用更强大的嵌入式处理器如 32 位、64 位 RISC 芯片或信号处理器 DSP 增强处理能力，同时增加功能接口(如 USB)，扩展总线类型(如 CAN BUS)，加强对多媒体、图形等的处理，逐步实施片上系统(SOC)的概念。软件方面，采用实时多任务编程技术和交叉开发技术来控制功能复杂性，简化应用程序设计，保障软件质量和缩短开发周期。

3. 部分嵌入式系统精简系统内核、算法，降低功耗和软硬件成本

未来的嵌入式产品是软硬件紧密结合的设备，为了降低功耗和成本，需要尽量精简系统内核，只保留和系统功能紧密相关的软硬件，利用最低的资源实现最适当的功能，这就要求设计者选用最佳的编程模型和不断改进算法，优化编译器性能。因此，既要求软件人员有丰富的硬件知识，又需要发展先进的嵌入式软件技术，如 Java、Web 和 WAP 等。

4. 网络互联成为必然趋势

未来的嵌入式设备为了适应网络发展的要求，必然要求在硬件上提供各种网络通信接口。传统的单片机对于网络支持不足，而新一代的嵌入式处理器已经开始内嵌网络接口，除了支持 TCP/IP 协议，有的还支持 IEEE 1394、USB、CAN、Bluetooth 或 IrDA 通信接口中的一种或者几种，同时也需要提供相应的通信组网协议软件和物理层驱动软件。软件方面，系统内核支持网络模块，甚至可以在设备上嵌入 Web 浏览器，真正实现随时随地用各种设备上网。

5. 提供友好的多媒体人机界面

嵌入式设备能与用户亲密接触，最重要的因素就是它能提供非常友好的用户界面。直观的图像界面，灵活的控制方式，使得人们感觉嵌入式设备就像是一个熟悉的老朋友。这个要求使得嵌入式软件设计者要在图形界面、多媒体技术上痛下苦功。手写文字输入、语音拨号、收发电子邮件以及彩色图形图像都会令使用者获得自由的感受。

习　　题

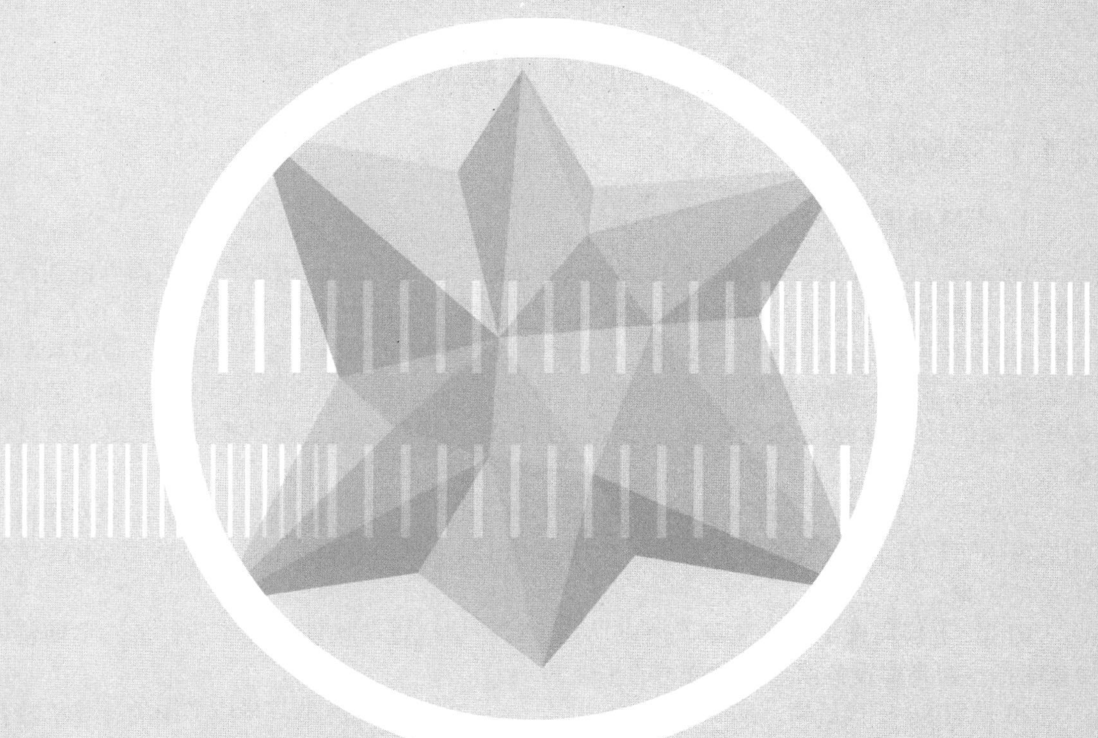

第 2 章

ARM 处理器

2.1 ARM 处理器概述

2.1.1 ARM 处理器简介

1. ARM 处理器的来历

1978 年 12 月 5 日，物理学家 Hermann Hauser 和工程师 Chris Curry 在英国剑桥创办了 CPU 公司(Cambridge Processing Unit)，主要业务是为当地市场供应电子设备。1979 年，CPU 公司改名为 Acorn 公司。起初，Acorn 公司打算使用 Motorola 公司的 16 位芯片，但是发现这种芯片太慢也太贵——一台售价 500 英镑的机器，不可能使用价格 100 英镑的 CPU。他们转而向 Intel 公司索要 80286 芯片的设计资料，但是遭到拒绝，于是被迫自行研发。

1985 年，工程师 Roger Wilson 和 Steve Furber 设计了第一代 32 位、6MHz 的处理器，用它做出了一台 RISC 指令集计算机，简称 ARM(Acorn RISC Machine)。这就是 ARM 这个名字的由来。

RISC 支持的指令比较简单，所以功耗小、价格便宜，特别适合移动设备。早期使用 ARM 芯片的典型设备就是苹果公司的牛顿 PDA。

20 世纪 80 年代后期，ARM 很快开发成 Acorn 的台式机产品，形成英国的计算机教育基础。

ARM 处理器外观如图 2-1 所示。

图 2-1　ARM 处理器

1990 年 11 月 27 日，Acorn 公司正式改组为 ARM 计算机公司。Apple 公司出资 150 万英镑，芯片厂商 VLSI 出资 25 万英镑，Acorn 本身则以 150 万英镑的知识产权和 12 名工程师入股。公司的办公地点非常简陋，就是一个谷仓。20 世纪 90 年代，ARM 32 位嵌入式 RISC 处理器扩展到世界范围，占据了低功耗、低成本和高性能的嵌入式系统应用领域的领先地位。ARM 公司既不生产芯片也不销售芯片，它只出售芯片技术授权。

2. ARM 处理器的特征

ARM 处理器是英国 Acorn 公司设计的低功耗的第一款 RISC 微处理器。ARM 处理器本身是 32 位设计，但也配备 16 位指令集，一般来讲比等价的 32 位代码节省约 35%，却能保留 32 位系统的所有优势。

ARM 的 Jazelle 技术使 Java 加速得到比基于软件的 Java 虚拟机(JVM)高得多的性能，和同等的非 Java 加速核相比功耗降低 80%，ARM 的 CPU 增加了 DSP 指令集，提供了增强的 16 位和 32 位算术运算能力，提高了性能和灵活性。ARM 还提供两个前沿特性来辅助带深嵌入处理器的高集成 SOC 器件的调试，它们是嵌入式 ICE-RT 逻辑和嵌入式跟踪宏核(ETMS)系列。

ARM 处理器具有以下特点。

(1) 体积小、低功耗、低成本、高性能。

(2) 支持 Thumb(16 位)/ARM(32 位)双指令集，能很好地兼容 8 位/16 位器件。

(3) 大量使用寄存器，指令执行速度更快。

(4) 大多数数据操作都在寄存器中完成。

(5) 寻址方式灵活简单，执行效率高。

(6) 指令长度固定。

3. ARM 处理器和 Intel 处理器的区别

ARM 处理器和 Intel 处理器之间有很多的差异，其中最大的不同点就是它们的指令集。

Intel 是一个 CISC 处理器，因此具有体积更庞大、功能更丰富的指令集，并且允许指令进行一些复杂的访存操作。它支持更多的复杂操作和寻址方式，并且寄存器的数量比 ARM 要少得多。CISC 处理器一般用在通用 PC、工作站和服务器中。

ARM 是一个 RISC 处理器。它拥有一套精简的指令集(100 个左右，甚至更少的指令)以及比 CISC 处理器更多的通用寄存器。与 Intel 处理器不同，ARM 指令只处理寄存器中的数据，并使用了 Load/Store 结构访问存储器，也就是说只有 Load/Store 指令可以访问存储器。如果要增加某个内存地址中保存的值，至少需要三种类型的指令(Load 指令、加法指令和 Store 指令)，即首先使用 Load 指令将指定地址内存中的值加载到寄存器中，再使用加法指令增加寄存器中的值，然后用 Store 指令将寄存器中的值写回内存。

硬币有两面，精简指令集也有它的优势和劣势。其中一个重要的优势是指令可以被更快地执行(RISC 处理器引入流水线机制，通过减少每个指令占用 CPU 的时钟周期来缩短执行时间)。它的劣势也很明显，较少的指令增加了软件(事实上是编译器)的复杂性。另一个重要事实是，ARM 具有两种运行模式(可以类比 x86 的实模式和保护模式)：ARM 模式和 Thumb 模式。Thumb 指令可以是 2 字节或 4 字节的。

ARM 和 x86/x64 之间更多的区别还包括以下各项。

(1) ARM 中大多数指令可以用于分支跳转的条件判断。

(2) Intel 的 x86/x64 系列 CPU 是小端序的。

(3) ARM 架构在 ARMv3 之前是小端序的，之后 ARM 处理器提供了一个配置项，可以通过配置在大端和小端之间切换。

事实上，不仅 ARM 平台和 Intel 平台之间存在差异，ARM 平台内部的不同版本之间也存在很多差别。

2.1.2　ARM 指令集架构及其发展

ARM 处理器采用 RISC 体系结构，在较新的 RISC 体系结构中支持两种指令集：ARM 指令集和 Thumb 指令集。其中，ARM 指令集为 32 位长度，Thumb 指令集为 16 位长度。Thumb 指令集是 ARM 指令集的功能子集，但与等价的 ARM 代码相比较，可节省 30%～40%的存储空间，同时具备 32 位代码的所有优点。

ARM 体系结构发展过程如表 2-1 所示。

表 2-1　ARM 体系结构发展过程

体系结构	ARM 内核版本
v1	ARM1
v2	ARM2
v2a	ARM2aS、ARM3
v3	ARM6、ARM600、ARM610、ARM7、ARM700、ARM710
v4	Strong ARM、ARM8、ARM810
v4T	ARM7TDMI、ARM720T、ARM740T、ARM9TDMI、ARM920T、ARM940T
v5TE	ARM9E-S、ARM10TDMI、ARM1020E
v6	ARM11、ARM1156T2-S、ARM1156T2F-S、ARM1176JZF-S、ARM11JZF-S
v7	ARM Cortex-M、ARM Cortex-R、ARM Cortex-A
v8	Cortex-A53/57、Cortex-A72 等
v9	Cortex-X2、Cortex-A710 和 Cortex-A510

ARM 架构自诞生至今，已经发生了很大的演变，至今已定义的版本有 v1～v9 版架构。

1. v1 版架构

该版架构只在原型机 ARM1 出现过，其基本性能如下。

(1) 基本的数据处理指令(无乘法)。

(2) 字节、半字和字的 Load/Store 指令。

(3) 转移指令，包括子程序调用及链接指令。

(4) 软件中断指令。

(5) 寻址空间：64MB。

2. v2 版架构

该版架构对 v1 版进行了扩展，增加了以下功能。

(1) 乘法和乘加指令。

(2) 支持协处理器操作指令。

(3) 快速中断模式。

(4) SWP/SWPB 基本存储器与寄存器交换指令。

(5) 寻址空间：64MB。

3. v3 版架构

该版架构增加了以下功能。

(1) 把寻址空间增至 32 位(4GB)。

(2) 增加了当前程序状态寄存器 CPSR 和程序状态保存寄存器 SPSR，以便异常的处理。

(3) 增加了中止和未定义两种处理器模式。

(4) 指令集变化：增加了 MRS/MSR 指令，以访问新增的 CPSR/SPSR 寄存器，修改了从异常处理程序返回的指令功能。

4. v4 版架构

v4 版架构是目前应用最广的 ARM 体系结构，对 v3 版架构进行了进一步扩充，有的还引进了 16 位的 Thumb 指令集，使 ARM 更加灵活。ARM7、ARM8、ARM9 和 StrongARM 都采用该版架构。

指令集中增加了以下功能。

(1) 增加有符号、无符号的半字和有符号字节的 Load/Store 指令。

(2) 增加了 16 位 Thumb 指令集。

(3) 完善了软件中断 SWI 指令的功能。

(4) 增加了处理器的特权模式。

5. v5 版架构

这是 v4 版本后推出的 ARM 架构，它在 v4 版基本上增加了一些新的指令，ARM10 系列和 XScale 都采用该版架构。这些新增指令如下。

(1) 带有链接和交换的转移 BLX 指令。

(2) 计数前导零指令 CLZ。

(3) 软件断点指令 BKPT。

(4) 信号处理指令。

(5) 为协处理器增加更多可选择的指令。

6. v6 版架构

ARM 体系架构 v6 是 2001 年发布的，基本特点如下。

(1) 适合使用电池供电的便携式设备。

(2) 增加了 SIMD 功能扩展，提高了嵌入式应用系统的音频、视频处理能力，使媒体处理速度快 1.75 倍。

(3) 100%与以前的体系兼容。

(4) 改进了内存管理，使系统性能提高 30%。

(5) 改进了混合端(Endian)与不对齐数据支持，使得小端系统支持大端数据(如 TCP/IP)，许多 RTOS 是小端的，为实时系统改进了中断响应时间，将最坏情况下的 35 个周期改进到了 11 个周期。

7. v7 版架构

ARM 体系架构 v7 是 2005 年发布的。

ARMv7 架构是在 ARMv6 架构的基础上诞生的，它使用了能够带来更高的性能、功耗效率和代码密度的 Thumb-2 技术。Thumb-2 技术是在 ARM 的 Thumb 代码压缩技术基础上发展起来的，并且保持了对现存 ARM 解决方案的完整代码兼容性。它首次采用了强大的信号处理扩展集，对 H.264 和 MP3 等媒体编解码提供加速。Thumb-2 技术比纯 32 位代码少使用 31%的内存，降低了系统开销，同时能够提供比已有的基于 Thumb 技术的解决方案高出38%的性能。ARMv7架构还采用了NEON技术，将DSP和媒体处理能力提高了近4倍，支持改良的浮点运算，满足下一代3D图形、游戏物理应用以及传统嵌入式控制应用的需求。此外，ARMv7还支持改良的运行环境，以满足不断增加的JIT(Just In Time)和DAC(Dynamic Adaptive Compilation)技术的使用。另外，ARMv7架构对于早期的ARM处理器软件也提供了很好的兼容性。Cortex-M3处理器采用的就是v7版的结构。

ARMv7架构定义了三大分工明确的系列：A系列面向尖端的基于虚拟内存的操作系统和用户应用；R系列针对实时系统；M系列对微控制器和低成本应用提供优化。

8. v8版架构

ARMv8-A将64位架构支持引入ARM架构中，其中包括以下两个方面。

(1) 64位通用寄存器、SP(堆栈指针)和PC(程序计数器)。

(2) 64位数据处理和扩展的虚拟寻址。

其两种主要执行状态如下。

(1) AArch64：64位执行状态，在AArch64状态下执行的是A64指令集，包括该状态的异常模型、内存模型、程序员模型和指令集支持。

(2) AArch32：32位执行状态，在AArch32状态下执行的是与ARMv7前向兼容的A32/T32指令集，包括该状态的异常模型、内存模型、程序员模型和指令集支持。

这些执行状态支持以下三个主要指令集。

(1) A32(或ARM)：32位固定长度指令集，通过不同架构变体增强部分32位架构执行环境，现在称为AArch32。

(2) T32 (Thumb)：是以16位固定长度指令集的形式引入的，随后在引入Thumb-2技术时增强为16位和32位混合长度指令集。部分32位架构执行环境现在称为AArch32。

(3) A64：提供与ARM和Thumb指令集类似功能的32位固定长度指令集。随ARMv8-A一起引入，它是一种AArch64指令集。

ARMv8之所以“统治”市场十年之久，最大的升级点便是引入了64位架构，即AArch64，这也是ARM版本升级改变最大的一次。除此之外，AArch64摒弃了此前的处理器模式、优先级级别等传统概念，提出了EL(Exception Level)，并在兼容设计上定义了两套运行环境(Execution State，ES)。

自从ARMv8出现以后，ARM的寄存器就全面进入了64位时代，通用寄存器的数量从13个(R0～R12)变成了30个(X0～X29)，其名称中的R也被X所取代了。但为了保持和32位系统的兼容性，每个ARMv8/ARM64通用寄存器都可被当作两个32位寄存器来使用，这样的32位寄存器用Wn来表示，如图2-2所示。

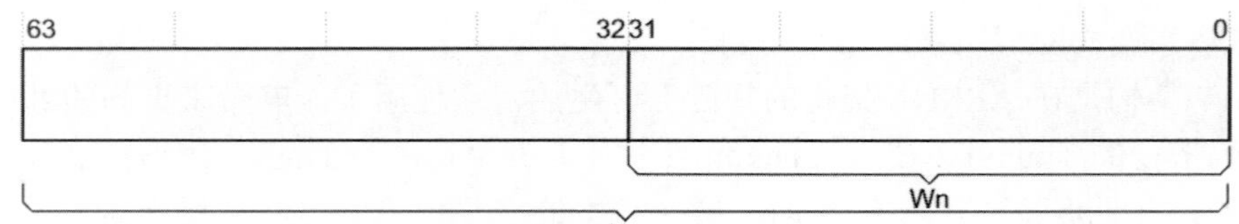

图2-2 ARMv8寄存器

A64 指令集看起来和前代的指令集差别不大，但其具有更高的编码效率。不要以为它叫 A64，指令长度就是 64 位的，其实指令长度依然是 32 位，也就是 4 个字节。通常一条指令不会占据太多字节，为了方便流水线的操作，ARM 中指令的字节数通常是保持一致的(最多就是 T32/Thumb-2 这种 2 字节和 4 字节混合的指令)，若都设计成 8 个字节的话，会浪费代码空间。

9. v9 版架构

ARM 于 2021 年 3 月 30 日发布了其最新处理器架构——ARMv9，这是 ARM 近 10 年来推出的首个新架构，该架构将定义未来 10 年的下一代移动设备处理器。ARMv9 架构是基于 ARMv8，并增添了针对矢量处理的 DSP、机器学习(ML)、安全等三个技术特性。

矢量处理的 DSP、机器学习处理能力提升要归功于可伸缩矢量扩展(SVE2)和矩阵乘法指令的引入。相比 SVE 的 128 位矢量，SVE2 可以支持多倍 128 位运算，最多达 2048 位，可以增强 CPU 上本地运行的 5G 系统、虚拟和增强现实以及 ML 工作负载的处理能力。SVE2 增强了多项 DSP 和机器学习处理能力，例如 Scatter-Gather DMA 能直接访问存储器，把它放到 CPU 架构中，可实现更多的循环、更大的 DSP 处理能力，从而支持更多的并行化。

安全能力提升则主要是通过 ARM 推出的全新的机密计算架构 CCA(Confidential Compute Architecture)实现。根据介绍，CCA 通过打造基于硬件的安全运行环境来执行计算，保护部分代码和数据免于被存取或修改，甚至不受特权软件的影响。同时还将基于 TrustZone 安全技术引入动态创建机密领域(Realms)的概念中，机密领域面向所有应用，运行在独立于安全或非安全环境之外的环境中，以实现保护数据安全的目的。

ARMv9 作为处理器基础架构的升级，是一个比任何单个 CPU 内核架构更深层次的功能。此架构定义了处理器的工作方式、功能和内存访问，其升级无疑代表着一个里程碑式的变化，将对芯片的整体设计产生重大影响。基本的 ARMv8 架构和经过修改的处理器已经在智能手机产品中使用了近 10 年。ARMv9 的到来预计将使下一代移动处理器能够使用新内核，并且它们的性能升级可能会超过任何上一代。据 ARM 称，除了性能升级，ARMv9 还在机器学习和硬件安全方面进行了重大升级。至于 ARMv9 处理器产品，ARM 表示，新架构将首先用于 Cortex——智能手机的 SOC 系列产品，然后用于服务器芯片产品。

ARM v9 的移动处理器产品包括 Cortex-X2、Cortex-A710 和 Cortex-A510，分别对应前代的 Cortex-X1、Cortex-A78 和 Cortex-A55。在本次升级中，Cortex-X2 和 Cortex-A510 将不再支持 AArch32。二者仅支持 AArch64 微体系结构，不过 Cortex-A710 仍然支持 AArch32。

ARM ISA(Instruction Set Architecture)指令集架构不断改进，以满足应用程序开发人员日益增长的要求，同时保留了必要的向后兼容性，以保护软件开发投资。在 ARMv8-A 中，对 A32 和 T32 进行了一些增补，以保持与 A64 指令集一致。

2.1.3 ARM 处理器工作模式

ARM 的处理器模式在 ARM 的每个系列中是不同的，就现在的系列来说，其有九种模式，这九种模式如表 2-2 所示。

表 2-2 ARM 处理器模式

序号	处理器模式	模式标识符	备　注
1	用户(User)模式	USR	正常程序执行模式
2	系统(System)模式	SYS	使用和用户模式相同的寄存器组，用于运行特权级操作系统任务
3	管理(Supervisor)模式	SVC	系统复位或软件中断时进入该模式，供操作系统使用
4	外部中断(IRQ)模式	IRQ	低优先级中断发生时进入该模式，用于普通的外部中断处理
5	快速中断(FIQ)模式	FIQ	高优先级中断发生时进入该模式，用于高速数据传输和通道处理
6	数据访问中止(Abort)模式	ABT	当存取异常时进入该模式，用于虚拟存储和存储保护
7	未定义指令中止(Undefined)模式	UND	当执行未定义指令时进入该模式，用于支持硬件协处理器的软件仿真
8	安全监控(Monitor)模式	MON	可在安全模式和非安全模式下转换
9	超级监视者(HYP)模式	HYP	超级监视者，比超级管理员模式要稍微低一点，主要用来做一些虚拟化的扩展

(1) User 模式：用户模式，大部分程序运行时候的非特权模式。

(2) FIQ 模式：快速中断模式，进入 FIQ 中断异常。中断也会分类，除了硬件中断外还有软件中断。中断的时候也会有消息传过来，这个消息可能数据量比较大，也可能数据量比较小，这种数据量比较大的中断称为快速中断，数据量比较小的中断就称为一般中断。

(3) IRQ 模式：一般中断模式。

(4) Supervisor(SVC)模式：超级管理员模式，主要用来管理指令执行或者重置。这个模式的权限级别非常大，一般情况下是不能随便使用的。

(5) Monitor(MON)模式：监视模式，如后台服务或监测网络信号，这个模式属于安全扩展模式。

(6) Abort(ABT)模式：数据访问终止模式，用于虚拟存储器及存储器保护，通常发生了用户级别的访问，就会出现这样的退出。

(7) Hyp(HYP)模式：这是一个超级监视者，它比超级管理员稍微低一点，主要用来做一些虚拟化的扩展。

(8) Undef(UND)模式：它在执行未定义的指令的时候，CPU 是不能识别的。

(9) System(SYS)模式：系统模式，当系统发生异常的时候，就会进入这个模式。它的特点是可以进行各个模式的切换，在不同状态的时候，访问的寄存器中有可能不一样。这个模式用到的寄存器与用户模式是共享的，只是访问级别不一样。

这九种模式中，User 模式称为非特权模式，其他的全部称为特权模式。这里的特权模式指的是，处于这种模式下程序可以访问所有的系统资源，以及任意进行处理器模式的切换。用户模式和系统模式之外的 7 种模式称为异常模式。

不同处理器模式，可以通过软件修改相应的标志位(CPSR)来切换，也可以通过外部中断或异常处理来切换。当系统发生异常中断时，处理器进入相应的异常模式，每一种异常模式中都有一组寄存器，供相应的异常处理程序使用，这样可以保证用户模式下的寄存器不被破坏。

运行在用户模式下的程序想要访问系统资源，只能通过软中断(SWI)来实现。而系统调用都是通过 SWI 来访问系统资源的。

ARMv7-A 在设计之初，就有和之前的处理器(比如以 ARMv9 系列为代表的 ARMv5)兼容的七种处理器模式，后来在向 ARMv8 过渡的过程中，又增加了 MON 和 HYP 模式。

为了减少模式切换时的寄存器保存和恢复工作，同名寄存器在多种模式下各有一份，称为 bank register。某些模式会有自己专有的寄存器，比如 FIQ 就比 IRQ 多一些寄存器(R8～R12)，这样 FIQ 在进入和退出中断的时候，所需要做的寄存器保存和恢复操作就少，这也是它比 IRQ 模式更快的原因。

不同处理器模式的寄存器如图 2-3 所示。

User	SYS	FIQ	IRQ	ABT	SVC	UND	MON	HYP
R0	R0	R0	R0	R0	R0	R0	R0	R0
R1	R1	R1	R1	R1	R1	R1	R1	R1
R2	R2	R2	R2	R2	R2	R2	R2	R2
R3	R3	R3	R3	R3	R3	R3	R3	R3
R4	R4	R4	R4	R4	R4	R4	R4	R4
R5	R5	R5	R5	R5	R5	R5	R5	R5
R6	R6	R6	R6	R6	R6	R6	R6	R6
R7	R7	R7	R7	R7	R7	R7	R7	R7
R8	R8	R8_fiq	R8	R8	R8	R8	R8	R8
R9	R9	R9_fiq	R9	R9	R9	R9	R9	R9
R10	R10	R10_fiq	R10	R10	R10	R10	R10	R10
R11	R11	R11_fiq	R11	R11	R11	R11	R11	R11
R12	R12	R12_fiq	R12	R12	R12	R12	R12	R12
R13 (sp)	R13 (sp)	SP_fiq	SP_irq	SP_abt	SP_svc	SP_und	SP_mon	SP_hyp
R14 (lr)	R14 (lr)	LR_fiq	LR_irq	LR_abt	LR_svc	LR_und	LR_mon	LR_hyp
R15 (pc)	R15 (pc)	R15 (pc)	R15 (pc)	R15 (pc)	R15 (pc)	R15 (pc)	R15 (pc)	R15 (pc)
(A/C)PSR	CPSR	CPSR	CPSR	CPSR	CPSR	CPSR	CPSR	CPSR
		SPSR_fiq	SPSR_irq	SPSR_abt	SPSR_svc	SPSR_und	SPSR_mon	SPSR_hyp
								ELR_hyp

图 2-3　不同处理器模式的寄存器

2.2 ARM 处理器的架构

ARM 架构，曾称精简指令集机器(Advanced RISC Machine)，更早称作 Acorn RISC Machine，是一个 32 位精简指令集(RISC)处理器架构。ARM 家族占所有 32 位嵌入式处理器的 75%，是全世界最多的 32 位架构。

ARM 处理器架构具有以下特点。

(1) 单周期的执行：它统一用单周期指令，从根本上克服了 CISC 指令周期数有长有短，导致运行偶发性使运行失常的问题。

(2) 采用高效的流水线操作：使指令在流水线中并行地操作，从而提高处理数据和指令的速度。

(3) 无微代码的硬连线控制：微代码的使用会增加指令复杂性和每条指令的执行周期。

(4) 指令格式的规格化和简单化：为与流水线结构相适应且提高流水线的效率，指令的格式必须趋于简单和固定的规式，比如指令采用 16 位或 32 位的固定长度，并且指令中的操作码字段、操作数字段都尽可能具有统一的格式。此外，尽量减少寻址方式，从而使硬件逻辑部件简化且缩短译码时间，同时也提高了机器执行效率和可靠性。

(5) 采用面向寄存器堆的指令：RISC 结构采用大量的寄存器操作指令，使指令系统更为精简。控制部件更为简化，指令执行速度大大提高。由于 VLSI 技术的迅速发展，使得在一个芯片上做大量的寄存器成为可能。这也促成了 RISC 结构的实现。

(6) 采用 Load/Store 指令结构：在 CISC 结构中，大量的存储器操作指令频繁访问内存，会使执行速度降低。RISC 结构的指令系统中，只有 Load/Store 指令可以访问内存，而其他指令均在寄存器之间对数据进行处理。用 Load 指令从内存中将数据取出，送到寄存器；在寄存器之间对数据进行快速处理，并将它暂存，这样需要时不必再次访问内存。在适当的时候，使用一条 Store 指令将这个数据送回内存。采用这种方法可以提高指令的执行速度。

除此以外，ARM 体系结构还采用了一些特别的技术，在保证高性能的前提下尽量缩小芯片的面积，并降低功耗。

这个架构使用协处理器提供一种非侵入式的方法来延伸指令集，可通过软件使用 MCR、MRC、MRRC 和 MCRR 等指令来对协处理器寻址。协处理器在空间逻辑上通常分成 16 个协处理器，编号为 0～15，而第 15 号协处理器(CP15)保留用作某些常用的控制功能，如使用高速缓存和记忆管理单元运算。

2.3 ARM 处理器的存储器管理

2.3.1 ARM 的基本数据类型

在 ARM 体系中存在双字、字、半字、字节。在存储时，最好是字单元遵守字对齐，半字单元遵守半字对齐。对于非对齐的存储，在访问时可能出现执行的结果不可预知或者是访问地址中的低位被忽略(半字低 1bit，字低 2bit)等问题。各数据类型的长度如下。

- 字节(byte)：8 位。
- 半字(half word)：16 位。
- 字(word)：32 位。
- 双字(double word)：64 位。

当数据是无符号数时，用二进制格式存储，数据范围为 0～2^{N-1}，其中 N 为数据类型长度；当数据是有符号数时，用二进制补码格式存储，数据范围为-2^{N-1}～$2^{N-1}-1$，其中 N 为数据类型长度。

ARM 的体系结构将存储器看成是从 0x00000000 地址开始的按字节编码的线性存储结构，每个字节都有对应的地址编码。由于数据有不同的字节大小(1 字节、2 字节、4 字节等)，导致数据在存储器中不是连续存放的，这样就降低了存储系统的效率，甚至会引起数据读写错误。因此数据必须按照以下方式对齐：

- 以字为单位，按 4 字节对齐，地址最末两位为 00。
- 以半字为单位，按 2 字节对齐，地址最末一位为 0。
- 以字节为单位，按 1 字节对齐。

2.3.2 大/小端存储模式

ARM 存储器以 8 位为一个单元存储数据(一个字节)，每个单元分配一个存储地址。

ARM 将存储器看作从零地址开始的字节的线性组合。作为 32 位的微处理器，ARM 体系结构所支持的最大寻址空间为 4GB(2^{32}字节)。从 0 到 3 字节放置第一个字数据，从第 4～7 个字节放置第二个字数据，依次排列。32 位的字数据要使用 4 个地址单元，16 位的数据要使用 2 个地址单元。这样，就存在一个所存储的字或半字数据的排列顺序问题。ARM 体系结构可以用两种方法存储字数据，称为大端格式和小端格式。

- 大端格式(big-endian)：字数据的高字节存储在低地址中，而字数据的低字节则存放在高地址中。
- 小端格式(low-endian)：与大端存储格式相反。低地址中存放的是字数据的低字节，高地址中存放的是字数据的高字节。默认设置为小端格式。

例如，存储一个 32 位的字数据：0x12345678，大小端存储模式示意如图 2-4 所示。

	大端存储模式		小端存储模式
高地址	78	高地址	12
	56		34
	34		56
低地址	12	低地址	78

图 2-4 大小端存储模式

判断大小端

判断处理器使用大端还是小端最简单的方法是使用 C 语言中的 union，右侧二维码程序段中的 IsBigEndian()函数可以简单地判断该处理器是否为大端模式。

2.3.3 寄存器组

ARM 处理器共有 37 个寄存器，被分为若干个组(BANK)。

1. 31 个通用寄存器

包括程序计数器(PC 指针)，均为 32 位的寄存器。ARM 处理器的寄存器如图 2-5 所示。

系统和用户模式	快速中断模式	管理模式	数据访问中止模式	外部中断模式	未定义指令中止模式	安全监控模式
r0	r0	r0	r0	r0	r0	r0
r1	r1	r1	r1	r1	r1	r1
r2	r2	r2	r2	r2	r2	r2
r3	r3	r3	r3	r3	r3	r3
r4	r4	r4	r4	r4	r4	r4
r5	r5	r5	r5	r5	r5	r5
r6	r6	r6	r6	r6	r6	r6
r7	r7	r7	r7	r7	r7	r7
r8	r8_fiq	r8	r8	r8	r8	r8
r9	r9_fiq	r9	r9	r9	r9	r9
r10	r10_fiq	r10	r10	r10	r10	r10
r11	r11_fiq	r11	r11	r11	r11	r11
r12	r12_fiq	r12	r12	r12	r12	r12
r13	r13_fiq	r13_svc	r13_abt	r13_irq	r13_und	r13_mon
r14	r14_fiq	r14_svc	r14_abt	r14_irq	r14_und	r14_mon
r15	r15 (PC)	r15 (PC)	r15 (PC)	r15 (PC)	r15 (PC)	r15 (PC)

◺ = 特权模式

图 2-5　ARM 处理器的寄存器

在 ARM 状态下，任何时刻，16 个数据寄存器 R0～R15 和 1～2 个状态寄存器是可访问的。在特权模式中，特定模式下的寄存器阵列才是有效的。

(1) 未备份寄存器 R0～R7 是不分组的通用寄存器，所有的模式通用，存在竞争关系。在模式切换的时候，里面的数据会被改变。

(2) 备份寄存器 R8～R14 是分组的通用寄存器，其中只有在快速中断模式下有独立的 R8～R14，其他模式共用。其中，R13 常用来做栈指针(stack pointer，SP)，R14 用来做子程序链接寄存器(link register，LR)。R14 可用来保存异常的返回地址以及当前子程序的返回地址，该寄存器由 ARM 编译器自动使用；在执行 BL 和 BLX 指令时，R14 保存返回地址。R13 和 R14 寄存器在每种模式下都有相应的物理寄存器。R8～R12 寄存器对应两种不同的物理寄存器，分别是快速中断模式下的响应存储器和非快速中断模式下的响应存储器。

(3) 程序计数器 PC(R15)，用于记录程序当前的运行地址。ARM 处理器每执行一条指令，都会为 PC 增加 4 字节(Thumb 模式为两个字节)。此外，相应的分支指令(如 BL 等)也会改变 PC 的值。在 ARM 状态下，PC 字对齐；在 Thumb 和 ThumbEE 状态下，PC 半字对齐。

FIQ 模式下有 7 个分组寄存器映射到 R8～R14，即 R8_fiq～R14_fiq，所以很多快速中断处理不需要保存任何寄存器。不管在何种模式下，都只有一个程序计数器 R15，因为这个是程序获取需要运行指令的寄存器。ARM 处理器中采取了流水线机制，所以 PC 寄存器中的地址和当前执行指令存在偏差，具体多少需要参考 ARM 处理器的架构。

赋值 PC 时需要特别注意，运行 ARM 指令集时，ARMv4 及更高的指令集版本中只能赋值以字对齐(即低两位是 00)的数据，否则会出现错误。而低版本的指令集中可以随意赋值(最好别太随意，养成好的习惯)，ARM 会自动忽略低两位。运行 Thumb 指令集时，系统将忽略第 0 位的数据。BX 指令还会利用 PC 的第 0 位来区分是 Thumb 指令集还是 ARM 指令集。

2. 6 个状态寄存器

用于标识 CPU 的工作状态及程序的运行状态，均为 32 位，现只使用了其中的一部分。ARM 处理器有两类程序状态寄存器：1 个当前程序状态寄存器 CPSR 和 6 个备份程序状态寄存器 SPSR，它们的主要功能有以下两个。

- 保存最近执行的算术或逻辑运算的信息。
- 控制中断的允许或禁止。

设置处理器工作模式。

ARM 处理器程序状态寄存器如图 2-6 所示。

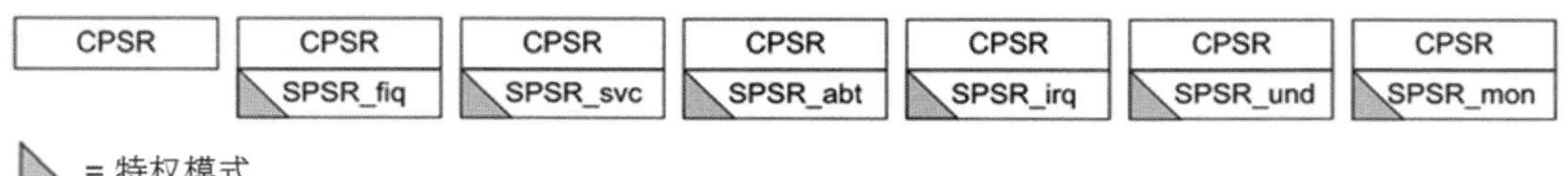

图 2-6　ARM 处理器程序状态寄存器

每一种处理器模式都使用专用的备份程序状态寄存器。当特定的中断或异常发生时，处理器切换到对应的工作模式下，该模式下的备份程序状态寄存器保存当前程序状态寄存器的内容。当异常处理程序返回时，再将其内容从备份程序状态寄存器恢复到当前程序状态寄存器。

程序状态寄存器的格式如图 2-7 所示，32 位寄存器会被分成以下四个域。

- 标志位域 f (flag field)，PSR[31:24]。
- 状态域 s (status field)，PSR[23:16]。
- 扩展域 x (extend field)，PSR[15:8]。
- 控制域 c (control field)，PSR[7:0]。

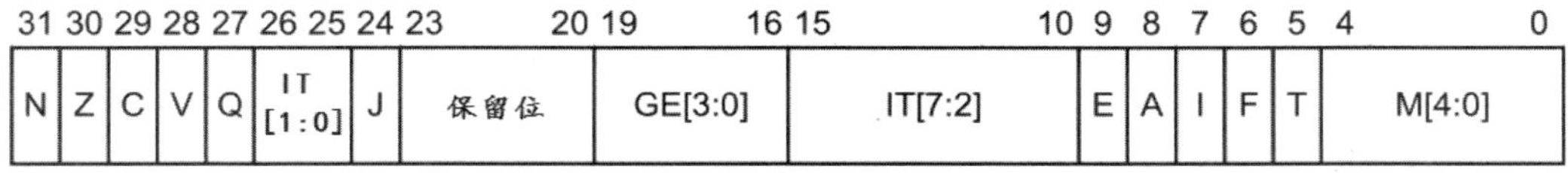

图 2-7　程序状态寄存器的格式

(1)　条件标志位：N、Z、C 和 V 统称为条件标志位，这些标志位会根据程序中的算术和逻辑指令的执行结果修改。处理器则通过测试这些标志位来确定一条指令是否执行。

- N(negative)：N=1 表示运算的结果为负数，N=0 表示结果为正数或零。
- Z(zero)：Z=1 表示运算的结果为零，Z=0 表示运算的结果不为零。
- C(carry)：在加法指令中，当结果产生了进位 C=1，其他情况 C=0；在减法指令中，当运算发生了借位 C=1，其他情况 C=0；在移位运算指令中，C 被设置成移位寄存器最后移出去的位。
- V(overflow)：对于加/减法运算指令，当操作数和运算结果为二进制补码表示的带符号数时，V=1 表示符号位溢出。

(2) Q 标志位：在带有 DSP 指令扩展的 ARMv5 及以上版本中，Q 标志位用于指示增强的 DSP 指令是否发生了溢出。Q 标志位具有黏性，当某条指令将其设置为 1 时，它将一直保持为 1，直到通过 MSR 指令写 CPSR 寄存器明确地将该位清零。不能根据 Q 标志位的状态来有条件地执行某条指令。

(3) IT 块：IT 块用于对 Thumb 指令集中 if-then-else 这一类语句块进行控制。如果有 IT 块，则 IT[7:5]为当前 IT 块的基本条件码。在没有 IT 块处于活动状态时，该 3 位为 000。IT[4:0]表示条件执行指令的数量，不论指令的条件是基本条件码还是基本条件的逆条件码，在没有 IT 块处于活动状态时，该 5 位为 00000。当处理器执行 IT 指令时，通过指令的条件和指令中 Then、Else(T 和 E)参数来设置这些位。

(4) J 标志位：用于表示处理器是否处于 ThumbEE 状态。

T=1 时，J=0，表示处理器处于 Thumb 状态，J=1，表示处理器处于 ThumbEE 状态。

T=0 时，不能够设置 J=1；当 T=0 时，J=0，不能通过 MSR 指令来改变 CPSR 的 J 标志位。

(5) GE[3:0]位：该位用于表示 SIMD 指令集中的大于、等于标志。在任何模式下都可读可写。

(6) E 标志位：该标志位控制存取操作的字节顺序。0 表示小端操作，1 表示大端操作。ARM 和 Thumb 指令集都提供指令用于设置和清除 E 标志位。当使用 CF、GE、N、D0 信号复位时，E 标志位将被初始化。

(7) A 标志位：表示异步异常禁止。该位自动置为 1，用于禁止不精确的数据中止。

(8) 控制位：程序状态寄存器的低 8 位是控制位。当异常发生时，这些位的值将发生改变。在特权模式下，可通过软件编程来修改这些标志位的值。

- 中断屏蔽位：I=1，IRQ 中断被屏蔽；F=1，FIQ 中断被屏蔽。
- 状态控制位：T=0，处理器处于 ARM 状态；T=1，处理器处于 Thumb 状态。
- 模式控制位：M[4:0]为模式控制位，用于决定处理器的工作模式。

2.4 ARM 处理器内核及典型技术

2.4.1 ARM 处理器内核

1. Classic 处理器

1) ARM7 微处理器系列

ARM7 微处理器于 1994 年推出，是使用范围最广的 32 位嵌入式处理器系列，它使用 0.9MIPS/MHz 的三级流水线和冯·诺依曼结构。ARM7 系列包括 ARM7TDMI、ARM7TDMI-S、带有高速缓存处理器宏单元的 ARM720T。该系列处理器提供 Thumb 16 位压缩指令集和 EmbededICE 软件调试方式，适用于更大规模的 SOC 设计。ARM7TDMI 基于 ARM 体系结构 v4 版本，是目前低端的 ARM 核。

ARM 处理器使用的简单三级流水线如下。

(1) 取指级。取指级完成程序存储器中指令的读取，并放入指令流水线中。

(2) 译码级。对指令进行译码，为下一个周期准备数据路径需要的控制信号。这一级指令“占有”译码逻辑，而不“占有”数据路径。

(3) 执行级。指令“占有”数据路径，寄存器堆被读取，操作数在桶式移位器中被移位，ALU 产生相应的运算结果并保存目的寄存器，ALU 结果根据指令需要更改状态寄存器的条件位。

在任意时刻，可能有 3 种不同的指令占用着 3 级中的某一级，因此流水线正常的条件是在任意时刻，每一级中的硬件必须能够独立操作，而不能两级或多级占用同一硬件资源。

当处理器执行简单的数据处理指令时，流水线使得每个时钟周期能完成一条指令。一条指令用 3 个周期来完成，因此有 3 个周期的执行时间，但吞吐率是每个周期一条指令。

当执行多周期指令时，指令的执行流程不规则，图 2-8 中表示了一组单周期指令 ADD，而在第一个 ADD 指令的后面出现一个数据存储指令 STR。访问主存储器的周期用浅阴影表示，在每一个周期都使用了存储器。同样，在每一个周期中都使用了数据路径，这涉及所有执行周期、地址计算和数据传送。译码逻辑总是产生数据路径在下一个周期使用的控制信号，因此除译码周期外，在 STR 地址计算中也产生数据传送所需的控制信号。

这样，在这个指令序列中，处理器的所有部件在每个时钟周期中都要执行相应的操作。对于 ARM7，不可能同时占用冯·诺依曼存储器结构的端口，因此不可能同时访问数据存储器和程序存储器。存储器是一个限制因素，导致 ARM 流水线中断。

理想的无访存操作的三级流水线示意图如图 2-8 所示。

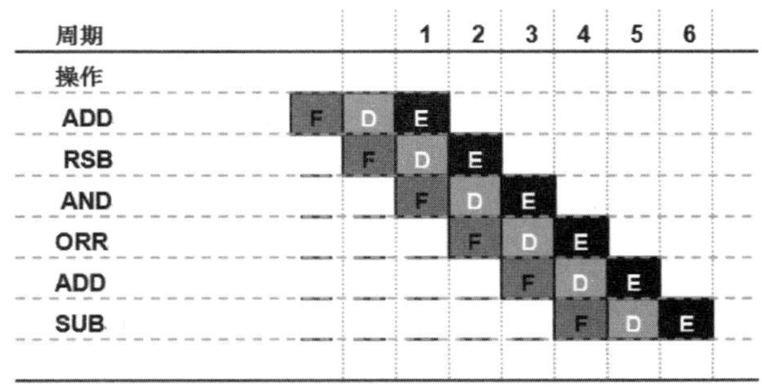

图 2-8　ARM 处理器理想的无访存操作的三级流水线示意图

ARM 处理器三级流水线下 PC 的行为是：在三级流水线的执行过程中，当通过 R15 寄存器直接访问 PC 时，必须考虑此时流水线执行过程的真实情况。

流水线处理器的执行使得程序计数器 PC 必须在当前指令之前计数。对于图 2-8 所示的三级 ARM，在以当前 PC+4 取得指令(取得指令 2 时，当前的 PC+4 送到 PC，当前的 PC 相对于第一条 PC 为 PC+4，即 PC+8)，PC 值都要增加，因此在第一条指令执行周期的开始即 E1 时，得到 PC+8；第二条指令执行周期的开始即 E2 时(也就是第三条指令 3 取指时)，得到 PC+12。

2) ARM9 微处理器系列

ARM9 采用哈佛体系结构，指令和数据分属不同的总线，可以并行处理。在流水线上，ARM7 是三级流水线，ARM9 是五级流水线。由于结构不同，ARM7 的执行效率低于 ARM9。基于 ARM9 内核的处理器，是具有低功耗、高效率的开发平台，广泛用于各种嵌入式产品。它主要应用于音频技术以及高档工业级产品，可以运行 Linux 以及 Wince 等高级嵌入式系统，可以设计出人性化的人机互动界面。

ARM9 处理器使用的简单五级流水线如下。

(1) 取指：取指令(instruction fetch)是指将指令从存储器中读取出来的过程。

(2) 译码：指令译码(instruction decode)是指将存储器中取出的指令进行翻译的过程。经过译码，得到指令需要的操作数寄存器索引，可以使用此索引从通用寄存器组(Register File，Regfile)中将操作数读出。

(3) 执行：指令译码之后需要进行的计算类型都已得知，并且已经从通用寄存器组中读取出了所需的操作数，那么接下来便可以执行指令(instruction execute)。执行指令是指对指令进行真正运算的过程。比如，如果是一条加法运算指令，则对操作数进行加法操作；如果是一条减法运算指令，则进行减法操作。

在“执行”阶段中最常见的部件为算术逻辑部件运算器(arithmetic logical unit，ALU)，它是实施具体运算的硬件功能单元。

(4) 访存：存储器访问指令往往是指令集中最重要的指令类型之一，访存(memory access)是指存储器访问指令将数据从存储器中读出或者写入存储器的过程。

(5) 写回：写回(write-back)是指将指令执行的结果写回通用寄存器组的过程。如果是普通运算指令，该结果值来自“执行”阶段计算的结果；如果是存储器读指令，该结果来自“访存”阶段从存储器中读取出来的数据。

ARM 处理器的简单五级流水线如图 2-9 所示。

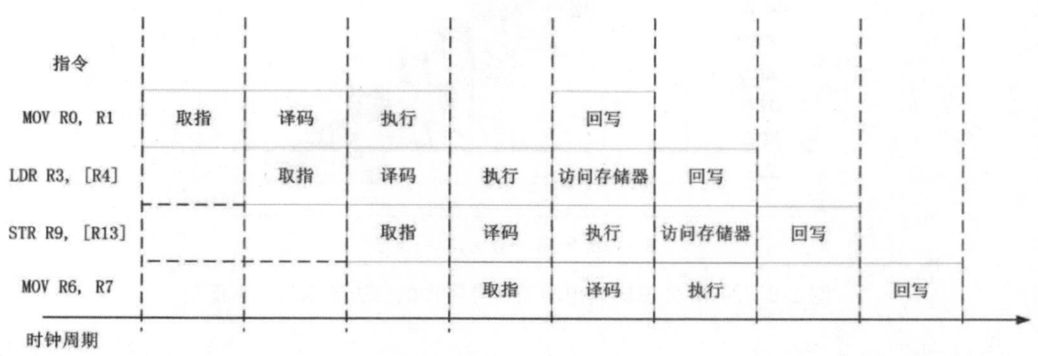

图 2-9 ARM 处理器的简单五级流水线

3)　ARM9E 微处理器系列

ARM9E 中的 E 就是 enhance instrctions，意思是增强型 DSP 指令，说明了 ARM9E 其实就是 ARM9 的一个扩充、变种。ARM9E 系列微处理器为可综合处理器，用一个处理器内核提供了微控制器、DSP、Java 应用系统的解决方案，极大地减少了芯片的面积和系统的复杂程度。ARM9E 系列微处理器提供了增强的 DSP 处理能力，适合同时使用 DSP 和微控制器的应用场合。

4)　ARM10E 微处理器系列

ARM10E 系列微处理器为可综合处理器，使用一个处理器内核提供了微控制器、DSP、Java 应用系统的解决方案，极大地减少了芯片的面积和系统的复杂程度。ARM10E 与 ARM9E 的区别在于，ARM10E 使用哈佛结构，六级流水线，主频最高可达 325MHz，1.35MIPS/Hz。

5)　ARM11 微处理器系列

ARM 公司推出的 RISC 处理器，是 ARM 新指令架构——ARMv6 的第一代设计实现。该系列主要有 ARM1136J、ARM1156T2 和 ARM1176JZ 三个内核型号，分别针对不同的应用领域。ARM11 的媒体处理能力和低功耗特点，特别适用于无线和消费类电子产品；其高数据吞吐量和高性能的结合则非常适合网络应用。另外，在实时性能和浮点处理等方面可以满足汽车电子应用的需求。

6)　SecureCore 系列

专为安全需要设计，主要应用在电子商务、电子政务、电子银行业务、网络论证等领域。

2. Cortex 系列

ARM 公司在经典处理器 ARM11 以后的产品改用 Cortex 命名，并分成 A、R 和 M 三类，旨在为各种不同的市场提供服务。Cortex 系列属于 ARMv7 架构，由于应用领域不同，基于 v7 架构的 Cortex 处理器系列所采用的技术也不相同：基于 v7A 的称为 Cortex-A 系列，基于 v7R 的称为 Cortex-R 系列，基于 v7M 的称为 Cortex-M 系列。

3. 处理器系列

(1)　application processors(应用处理器)：面向移动计算、智能手机、服务器等市场的高端处理器。这类处理器运行在很高的时钟频率(超过 1GHz)，支持像 Linux、Android、MS Windows 和移动操作系统等完整操作系统需要的内存管理单元(MMU)。如果规划开发的产品需要运行上述操作系统，需要选择 ARM 应用处理器。

(2)　real-time processors(实时处理器)：面向实时应用的高性能处理器系列，例如硬盘控制器、汽车传动系统和无线通信的基带控制。多数实时处理器不支持 MMU，不过通常具有 MPU、Cache 和其他针对工业应用设计的存储器功能。实时处理器运行在比较高的时钟频率(例如 200MHz～1GHz)，响应延迟非常低。虽然实时处理器不能运行完整版本的 Linux 和 Windows 操作系统，但是支持大量的实时操作系统(RTOS)。

(3)　microcontroller processors(微控制器处理器)：微控制器处理器通常面积很小，能效比很高。这些处理器的流水线很短，最高时钟频率很低，新的 Cortex-M 处理器家族非常容易使用。因此，ARM 微控制器处理器在单片机和深度嵌入式系统市场非常成功和受欢迎。

三个处理器系列的主要特征如表 2-3 所示。

表 2-3　三个处理器系列的主要特征

	application processors	real-time processors	microcontroller processors
设计特点	高时钟频率、长流水线、高性能、对媒体处理支持(NEON 指令集扩展)	高时钟频率、较长的流水线、高确定性(中断延迟低)	较短的流水线、超低功耗
系统特征	内存管理单元(MMU)、Cache memory、ARM TrustZone 安全扩展	内存保护单元(MPU)、Cache Memory、紧耦合内存(TCM)	内存保护单元(MPU)、嵌套的量中断控制器(NVIC)、唤醒中断控制器(WIC)、最新 ARM TrustZone 安全扩展
目标市场	移动计算、智能手机、高能效服务器、高端微处理器	工业微控制器、汽车电子、硬盘控制器、基带	微控制器、深度嵌入系统(例如传感器、MEMS、混合信号 IC、loT)

3. ARM 内核一览表

ARM 内核如表 2-4 所示。

表 2-4　ARM 内核

家　族	架　构	特　色	常规 MIPS@MHz
ARM1	ARMv1		
ARM2	ARMv2	Architecture 2 加入了 MUL(乘法)指令	4 MIPS @ 8MHz
ARM3	ARMv2a	首次在 ARM 架构上使用处理器高速缓存	12 MIPS @ 25MHz
ARM6	ARMv3	v3 架构首创支援寻址 32 位的内存(针对 26 位)	28 MIPS @ 33MHz
ARM7TDMI	ARMv4T	三级流水线	15 MIPS @ 16.8 MHz
ARM9TDMI	ARMv4T	五级流水线	
ARM9E	ARMv5TE		
ARM10E	ARMv5TE	(VFP)向量浮点运算单元、六级流水线	
XScale	ARMv5TE	I/O 处理器	
ARM11	ARMv6	SIMD、Jazelle DBX、向量浮点运算单元(VFP)、八级流水线	从 350 MHz 到 1 GHz
Cortex	ARMv7-A	Application profile、VFP、NEON、Jazelle RCT、Thumb-2、13-stage pipeline	up to 2000(2.0 DMIPS/MHz 从 600 MHz 到超过 1 GHz 的速度)
	ARMv7-R	支持 Embedded profile、浮点运算单元(FPU)	600 DMIPS
	ARMv7-M	支持 microcontroller profile	120 DMIPS @ 100MHz

2.4.2　ARM 处理器采用的其他指令集

ARM 处理器除了采用 ARM 指令集外，还采用了以下指令集。

1. Thumb

ARM 的 RISC 体系结构中已经提供了低功耗、小体积、高性能的方案。而为了解决代码长度的问题，ARM 体系结构又增加了 T 变种，开发了一种新的指令体系，这就是 Thumb 指令集，它是 ARM 技术的一大特色。

Thumb 是 ARM 体系结构的扩展。它有从标准 32 位 ARM 指令集抽出来的 36 条指令格式，可以重新编成 16 位的操作码，这能带来很高的代码密度。

支持 Thumb 的 ARM 体系结构处理器状态可以方便地切换、运行到 Thumb 状态，在该状态下指令集是 16 位的 Thumb 指令集。

与 ARM 指令集相比，Thumb 指令集具有以下局限性。

(1) 完成相同的操作，Thumb 指令通常需要更多的指令，因此在对系统运行时间要求苛刻的应用场合，ARM 指令集更为适合。

(2) Thumb 指令集没有包含异常处理需要的一些指令，因此在异常中断时需要使用 ARM 指令，这种限制决定了 Thumb 指令需要和 ARM 指令配合使用。

首颗具备 Thumb 技术的处理器是 ARM7TDMI。所有 ARM9 和后来的家族，包括 XScale 都纳入了 Thumb 技术。

2. Thumb-2

Thumb-2 技术首见于 ARM1156 核心，并于 2003 年发表。Thumb-2 扩充了受限的 16 位 Thumb 指令集，以额外的 32 位指令让指令集的使用更广泛。因此，Thumb-2 的预期目标是要达到近乎 Thumb 的编码密度，但能表现出近乎 ARM 指令集在 32 位内存下的效能。

Thumb-2 也从 ARM 和 Thumb 指令集中派生出多种指令，包含位栏(bit-field)操作、分支建表(table branches)和条件执行等功能。

3. Thumb execution environment(ThumbEE)

ThumbEE，也就是所谓的 Thumb-2EE，业界称为 Jazelle RCT 技术，于 2005 年发表，首见于 Cortex-A8 处理器。ThumbEE 扩充了 Thumb-2 的功能，在所处的执行环境(execution environment)下，使得指令集特别适用于执行阶段(runtime)的编码产生(例如即时编译)。Thumb-2EE 是专为一些语言而产生，如 Limbo、Java、C#、Perl 和 Python，并能让即时编译器可以输出更小的编译码却不会影响效能。

ThumbEE 所提供的新功能，包括在每次存取指令时自动检查是否有无效指标，可以执行阵列范围检查的指令，并能够分支到分类器(handlers)，其包含一小部分经常呼叫的编码，通常用于高阶语言功能的实作，例如对一个新物件做内存配置。

2.4.3　ARM 处理器内核应用选型

(1) ARM 微处理器包含一系列内核结构，以适应不同的应用领域，用户如果希望使用 Windows CE 或标准 Linux 等操作系统以减少软件开发时间，就需要选择 ARM720T 以上带有 MMU 功能的 ARM 芯片，如 ARM720T、ARM920T、ARM922T、ARM946T、Strong-ARM 都带有 MMU 功能。而 ARM7TDMI 则没有 MMU，不支持 Windows CE 和标准 Linux；但目前有 uCLinux 等不需要 MMU 支持的操作系统可运行于 ARM7TDMI 硬件平台之上。事实上，uCLinux 已经成功移植到多种不带 MMU 的微处理器平台上，并在稳定性和其他方面都有上乘表现。

(2) 系统的工作频率在很大程度上决定了 ARM 微处理器的处理能力。ARM7 系列微处理器的典型处理速度为 0.9MIPS/MHz，常见的 ARM7 芯片系统主时钟为 20MHz～133MHz；ARM9 系列微处理器的典型处理速度为 1.1MIPS/MHz，常见的 ARM9 系统主时钟频率为 100MHz～233MHz；ARM10 最高可以达到 700MHz。不同芯片对时钟的处理不同，有的芯片只需要一个主时钟频率，有的芯片内部时钟控制器可以分别为 ARM 核和 USB、UART、DSP、音频等功能部件提供不同频率的时钟。

(3) 大多数的 ARM 微处理器片内存储器的容量都不太大，需要用户在设计系统时外扩存储器。但也有部分芯片具有相对较大的片内存储空间，如 ATMEL 的 AT91F40162 就具有高达 2MB 的片内程序存储空间。用户在设计时可考虑选用这种类型，以简化系统的设计。

(4) 除 ARM 微处理器核以外，几乎所有的 ARM 芯片均根据各自不同的应用领域，扩展了相关功能模块，并集成在芯片之中，我们称之为片内外围电路，如 USB 接口、IIS 接口、LCD 控制器、键盘接口、RTC、ADC 和 DAC、DSP 协处理器等。设计者应分析系统的需求，尽可能地采用片内外围电路完成所需的功能，这样既可简化系统的设计，同时又能提高系统的可靠性。

习 题

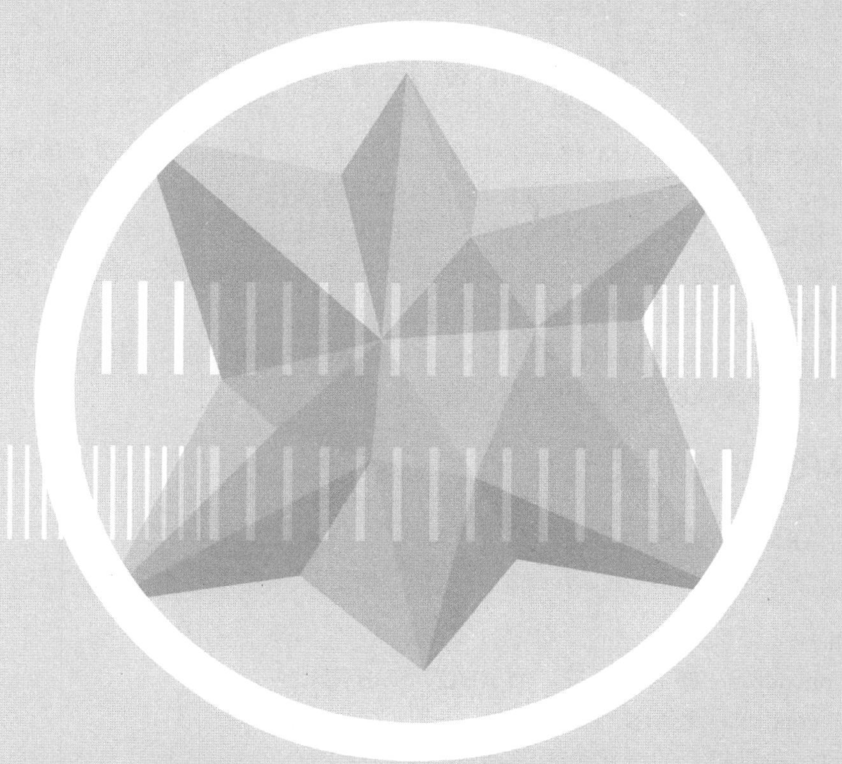

第 3 章

ARM 指令集

3.1 ARM 指令集概述

ARM 指令集是针对 ARM 体系架构设计的指令。在 BootLoader 引导的第一阶段以及内核引导的第一阶段，都会有一个用汇编语言编写的文件，在不运行操作系统的裸板中也有一段用来初始化开发板环境的汇编代码。所以无论是开发带操作系统的板子，还是开发裸板，都很有必要学习汇编语言，至少要了解一些常用的汇编指令。同时，要想设计出性能超强的系统，ARM 的工作原理是必须掌握的。

ARM 虽说是 RISC 架构的，但 RISC 和 CISC 并不是泾渭分明的，双方都在互相学习，取长补短。现在 ARM 支持的指令也越来越多。

3.1.1 ARM 指令格式

典型的 ARM 指令语法如下：

```
< opcode > {< cond >} {s} < Rd >, < Rn >, < shifter_operand >
```

解释如下。

- < opcode >：指令助记符，如 ADD、SUB 等指令。
- {< cond >}：表示执行条件。
- {s}：决定指令的操作是否影响 CPSR 的值。
- < Rd >：目标寄存器。
- < Rn >：表示包含第一个操作数的寄存器。
- < shifter_operand >：表示第二个操作数。

3.1.2 ARM 指令的条件码

当处理器工作在 ARM 状态时，几乎所有的指令均根据 CPSR 中条件码的状态和指令的条件域有条件地执行。当指令的执行条件满足时，指令被执行，否则指令被忽略。每一条 ARM 指令包含 4 位的条件码，位于指令的最高 4 位[31:28]。条件码共有 16 种，每种条件码可用两个字符表示，这两个字符可以添加在指令助记符的后面和指令同时使用。

例如，跳转指令 B 可以加上后缀 EQ 变为 BEQ，表示“相等则跳转”，即当 CPSR 中的 Z 标志位置为 1 时发生跳转。

在 16 种条件标志码中，只有 15 种可以使用，如表 3-1 所示。

表 3-1 ARM 指令的条件码

操作码	条件码助记符	标志	含 义
0	EQ	Z=1	相等
1	NE	Z=0	不相等
10	CS/HS	Z=1	无符号数大于或等于
11	CC/LO	C=0	无符号数小于

续表

操作码	条件码助记符	标志	含　义
100	MI	N=1	负数
101	PL	N=0	正数或零
110	VS	V=1	溢出
111	VC	V=0	没有溢出
1000	HI	C=1，Z=0	无符号数大于
1001	LS	C=0，Z=1	无符号数小于或等于
1010	GE	N=V	有符号数大于或等于
1011	LT (Less Than)	N!=V	有符号数小于
1100	GT (Greater Than)	Z=0，N=V	有符号数大于
1101	LE	Z=1，N!=V	有符号数小于或等于
1110	AL	任意	无条件执行(指令默认条件)
1111	NV	任意	从不执行(不要使用)

3.2　ARM 指令的寻址方式

寻址方式，就是处理器根据指令中给出的地址信息来寻找物理地址的方式。

目前，ARM 处理器支持 9 种寻址方式，分别是立即寻址、寄存器寻址、寄存器间接寻址、寄存器移位寻址、变址寻址、多寄存器寻址、相对寻址、堆栈寻址和块复制寻址。

3.2.1　立即寻址

立即寻址也叫立即数寻址，这是一种特殊的寻址方式，操作数本身就在指令中给出，只要取出指令也就取到了操作数。这个操作数叫作立即数。例如：

```
MOV R0, #64      ; R0  ← 64
ADD R0, R0, #1  ;  R0   ← R0 + 1
SUB R0, R0, #0X3D  ;  R0   ← R0 - 0X3D
```

在立即数寻址中，要求立即数以“#”为前缀。对于以十六进制表示的立即数，还要求在“#”后加上“0X”或“&”或“0x”。

在 ARM 处理器中，立即数必须对应 8 位格式，即立即数是由一个保存在 16 位或 32 位寄存器中的 8 位常数，经循环移动偶数位得到。合法的立即数必须能够找到获得它的那个常数，否则这个立即数就是非法的。

例如，0X80 是合法的，它可以通过 0X80 向左或向右移动 0 位得到。由于 8 位的常数都可以由其自身移动 0 位得到，因此 8 位的立即数都是合法的。

0X03F8 也是合法的，把它写成二进制形式为 0011 1111 1000，如果使用 0XFE 这个 8 位常数在 16 位寄存器中循环左移 2 位就可以得到 0X03F8。

判断一个立即数是否合法可以用以下的办法，即对于这个立即数进行循环左移或右移操作，看看经过移动偶数位后，是否可以得到一个不大于 0XFF 的立即数(即不超过 8 位的立即数)，如果可以得到，这个立即数就是合法的，否则就是非法的。像 0X1010、0X1FA、0X1FF 都是不合法的立即数。

3.2.2 寄存器寻址

寄存器寻址就是将寄存器中的数值作为操作数，也称为寄存器直接寻址。例如：

```
ADD R0,R1,R2          ;R0 ← R1 + R2
```

该指令的执行效果是将寄存器 R1 和 R2 的内容相加，其结果存放在寄存器 R0 中。

这种寻址方式是各类微处理器经常采用的一种方式，也是执行效率较高的寻址方式。

3.2.3 寄存器间接寻址

寄存器间接寻址就是把寄存器中的值作为地址，再通过这个地址去取得操作数，操作数本身存放在存储器中。例如：

```
LDR R0,[R1]; R0 ←[R1]，以寄存器 R1 的值作为操作数的地址，把取得的操作数传送到 R0 中
ADD R0,R1,[R2]; R0 ←R1 + [R2]，以寄存器 R2 的值作为操作数的地址，取得操作数后与 R1
                相加，结果存入寄存器 R0 中
```

3.2.4 寄存器移位寻址

这是 ARM 指令集特有的寻址方式，它是在寄存器寻址得到操作数后再进行移位操作，得到最终的操作数。例如：

```
MOV R0,R2,LSL  #3    ; R0 ← R2 * 8，即 R2 的值左移 3 位，结果赋给 R0
MOV R0,R2,LSL  R1    ; R2 的值左移 R1 位，结果放入 R0
```

可采用的移位操作如下。

- LSL：逻辑左移(logical shift left)，寄存器中字的低端空出的位补 0。
- LSR：逻辑右移(logical shift right)，寄存器中字的高端空出的位补 0。
- ASL：算术左移(arithmetic shift left)，和逻辑左移 LSL 相同。
- ASR：算术右移(arithmetic shift right)，移位过程中符号位不变，即如果源操作数是正数，则字的高端空出的位补 0，否则补 1。
- ROR：循环右移(rotate right)，由字的低端移出的位填入字的高端空出的位。
- RRX：带扩展的循环右移(rotate right eXtended)，操作数右移一位，高端空出的位用进位标志 C 的值来填充，低端移出的位填入进位标志位。

3.2.5 变址寻址

寄存器变址寻址又称为基址变址寻址，它是在寄存器间接寻址的基础上扩展来的。它将寄存器(该寄存器一般称作基址寄存器)中的值与指令中给出的地址偏移量相加，从而得到一个地址，通过这个地址取得操作数。例如：

```
LDR R0, [R1, #4]; R0 ←[R1 + 4]，将 R1 的内容加上 4 形成操作数的地址，取得的操作数
                  存入寄存器 R0 中
LDR R0, [R1, #4]! ; R0 ←[R1 + 4]、R1 ←R1 + 4，将 R1 的内容加上 4 形成操作数的地
                   址，取得的操作数存入寄存器 R0 中，然后，R1 的内容自增 4 个字节。
                   其中“！”表示指令执行完毕把最后的数据地址写到 R1
LDR R0,[R1, R2];   R0 ←[R1 + R2]，将寄存器 R1 的内容加上寄存器 R2 的内容形成操作
                   数的地址，取得的操作数存入寄存器 R0 中
STR R0, [R1, #-4]; R0→[R1 -4]，将 R1 中的数值减 4 作为地址，把 R0 中的数据存放到
                   这个地址中
LDR R0, [R1], #4;  R0 ←[R1]、R1 ←R1+4
```

3.2.6　多寄存器寻址

采用多寄存器寻址方式，一条指令可以完成多个寄存器值的传送。这种寻址方式可以用一条指令完成传送最多 16 个通用寄存器的值。例如：

```
LDMIA  R0,{R1,R2,R3,R4}
; R1←[R0],R2←[R0+4],R3←[R0+8],R4←[R0+12]
```

LDMIA 指令的后缀 IA 表示在每次执行完 Load/Store 操作后，R0 按字长度增加，因此指令可将连续存储单元的值传送到 R1～R4。

```
LDMIA  R0,{R1-R4}  ;功能同上。
```

使用多寄存器寻址指令时，寄存器子集的顺序如果是按由小到大的顺序排列，可以使用“－”连接，否则用“，”分隔。

3.2.7　相对寻址

与变址寻址方式类似，相对寻址以程序计数器 PC 的当前值作为基地址，指令中的地址标号作为偏移量，将两者相加之后得到操作数的有效地址。用法如下：

```
BL  NEXT ; 相对寻址，跳转到 NEXT 处执行
…
…
NEXT
…
```

3.2.8　堆栈寻址

堆栈是一种数据结构，按先进后出(first in last out，FILO)的方式工作，使用堆栈指针(stack pointer，SP)指示当前的操作位置，堆栈指针总是指向栈顶。

根据堆栈的生成方式不同，可以把堆栈分为递增堆栈和递减堆栈两种类型。

- 递增堆栈：向堆栈写入数据时，堆栈由低地址向高地址生长。
- 递减堆栈：向堆栈写入数据时，堆栈由高地址向低地址生长。

同时，根据堆栈指针(SP)指向的位置，又可以把堆栈分为满堆栈(full stack)和空堆栈(empty stack)两种类型。

- 满堆栈：堆栈指针指向最后压入堆栈的数据。满堆栈在向堆栈存放数据时的操作是先移动 SP 指针，然后存放数据。在从堆栈取数据时，先取出数据，随后移动 SP 指针。这样保证了 SP 一直指向有效的数据。
- 空堆栈：堆栈指针 SP 指向下一个将要放入数据的空位置。空堆栈在向堆栈存放数据时，是先放数据，然后移动 SP 指针。在从堆栈取数据时，先移动指针，再取数据。这种操作方式保证了堆栈指针一直指向一个空地址(没有有效数据的地址)。

上述两种堆栈类型的组合，可以得到四种基本的堆栈类型。

- 满递增堆栈(FA)：堆栈指针指向最后压入的数据，且由低地址向高地址生长。
- 满递减堆栈(FD)：堆栈指针指向最后压入的数据，且由高地址向低地址生长。
- 空递增堆栈(EA)：堆栈指针指向下一个将要压入数据的地址，且由低地址向高地址生长。
- 空递减堆栈(ED)：堆栈指针指向下一个将要压入数据的地址，且由高地址向低地址生长。

堆栈寻址举例如下：

```
STMFD  SP! ,  {R1－R7, LR} ; 将 R1～R7、LR 压入堆栈。满递减堆栈
LDMED  SP! ,  {R1－R7, LR} ; 将堆栈中的数据取回到 R1～R7、LR 寄存器。空递减堆栈
```

3.2.9 块复制寻址

块复制寻址用于寄存器数据的批量复制，它实现从基址寄存器指示的一片连续存储器到寄存器列表指示的多个寄存器传送数据。块复制寻址与堆栈寻址类似，两者的区别在于：堆栈寻址中数据的存取是面向堆栈的，块复制寻址中数据的存取是面向寄存器指向的存储单元的。

在块复制寻址方式中，基址寄存器传送一个数据后有 4 种增长方式。

- IA：每次传送后地址增加 4。
- IB：每次传送前地址增加 4。
- DA：每次传送后地址减少 4。
- DB：每次传送前地址减少 4。

对于 32 位的 ARM 指令，每次地址增加和减少的单位都是 4 个字节单位。例如：

```
STMIA  R0!,{R1-R7} ;将 R1～R7 的数据保存到 R0 指向的存储器中，存储器指针在保存第一个
                    值之后增加 4，向上增长。R0 作为基址寄存器
STMIB  R0!,{R1-R7} ;将 R1～R7 的数据保存到存储器中，存储器指针在保存第一个值之前增
                    加 4，向上增长。R0 作为基址寄存器
STMDA  R0!,{R1-R7} ;将 R1～R7 的数据保存到 R0 指向的存储器中，存储器指针在保存第一个
                    值之后减少 4，向下减少。R0 作为基址寄存器
STMDB  R0!,{R1-R7} ;将 R1～R7 的数据保存到存储器中，存储器指针在保存第一个值之前减
                    少 4，向下减少。R0 作为基址寄存器
```

ARM 指令中可选后缀有以下两个。

- {!} 为可选后缀。若选用该后缀，则当数据传送完毕之后，将最后的地址写入基

址寄存器，否则基址寄存器的内容不改变。基址寄存器不允许为 R15，寄存器列表可以为 R0～R15 的任意组合。

- {^} 为可选后缀，当指令为 LDM 且寄存器列表中包含 R15，选用该后缀时表示：除了正常的数据传送之外，还将 SPSR 复制到 CPSR。同时，该后缀还表示传入或传出的是用户模式下的寄存器，而不是当前模式下的寄存器。

"LDMIA　R0,{R1,R2,R3,R4}"与"ldm ia　r0!,{r1,r2,r3,r4}"的区别是，前一条指令执行完毕之后，R0 的值保持不变；后一条指令执行完毕之后，R0 的值发生了变化。

3.3　ARM 指令简介

ARM 指令集仅能处理寄存器中的数据，而且处理结果都要放回寄存器中，而对系统存储器的访问则需要通过专门的 Load/Store 指令来完成。

ARM 指令集可以分为数据处理指令、跳转指令、程序状态寄存器(PSR)处理指令、加载/存储(Load/Store)指令、协处理器指令和异常产生指令六大类。

3.3.1　数据处理指令

数据处理指令可以分为 3 类：数据传送指令、比较指令、算术逻辑指令。其中算术逻辑指令会将结果存入目标寄存器，同时更新 CPSR 中的条件标志位。而比较指令不保存运算结果，只更新 CPSR 中相应的条件标志位。

1. 数据传输指令 MOV、MVN

命令格式如下：

```
MOV|MVN {< cond >} {s} < Rd >, < shifter-operand >
```

MOV(MVN)指令是将<shifter_operand>表示的数据传送到目标寄存器< Rd>中。

注意："MOVS PC, LR"指令可以实现从某些异常中断中返回。PC 为目标寄存器并且 S 位被设置，指令执行时会将当前处理器模式对应的 SPSR 值复制到 CPSR 中。

2. 比较指令 CMP、CMN、TST、TEQ

命令格式如下：

```
< opcode > { < cond >} < Rn > ,< shifter_operand >
```

CMP 指令是将<Rn>中的数值减去<shifter_operand>中的值，根据操作结果更新 CPSR 中相应的条件标志位。

CMN 指令是将<Rn>中的数值加上<shifter_operand>中的值，根据操作结果更新 CPSR 中相应的条件标志位。

TST 指令是将<Rn>中的数值与<shifter_operand>的值做按位与操作，根据操作结果更新 CPSR 中相应的条件标志位。

TEQ 指令是将<Rn>中的数值与<shifter_operand>的值按位做异或操作，根据操作结果更新 CPSR 中相应的条件标志位。

3. 算术逻辑指令 ADD、SUB、RSB、ADC、SUC、RSC、AND、BIC、EOR、ORR

命令格式如下：

```
< opcode > {< cond >} {s} < Rd >, < Rn >, < shifter_operand >
```

ADD 将操作数与寄存器<Rn>中的值相加，并把结果保存到目标寄存器。

ADC 是带位加法指令，在 ADD 的基础上再加上 CPSR 中的 C 条件标志位的值。

例如，64 位操作数相加时，R0 和 R1 中放置一个 64 位的源操作数，R0 中放置低 33 位；R2 和 R3 中也是一个 64 位的源操作数，R2 中存放低 32 位。执行下列语句：

```
ADDS R4, R0,R2
ADC R5, R1,R3 ==>R5R4 就是计算出来的结果
```

SUB、SUC 是减法指令和带位减法指令。SUC 是在 SUB 的基础上再减去 CPSR 中 C 条件标志位的反码。这两个指令联合使用，同样也可以进行 64 位数的减法操作。例如：

```
SUBS R4,R0,R2
SUC R5,R1,R3
```

RSB、RSC 是逆向减法指令以及带位逆向减法指令。

```
< Rd > = < shifter_operand > - < Rn >
```

乘法指令有 MUL(32 位乘法指令)、MLA(32 位带加数的乘法指令)、SMULL(64 位有符号数乘法指令)、SMLAL(64 位带加数的有符号数乘法指令)、UMULL(64 位无符号数乘法指令)、UMLAL(64 位带加数的无符号数乘法指令)等。

CLZ 指令用于计算寄存器中操作数最高端 0 的个数。

ARM 指令集中的除法运算是通过协处理器来实现的，所以没有除法算术指令。

AND、ORR、EOR、BIC 分别是按位逻辑与、或、异或、清除操作。

3.3.2 跳转指令

ARM 指令集是指计算机 ARM 操作指令系统。在 ARM 中有两种方式可以实现程序的跳转：一种是跳转指令；另一种是直接向 PC 寄存器(R15)中写入目标地址值。

ARM 指令集中的跳转指令可以完成从当前指令向前或向后的 32MB 地址空间的跳转，包括以下 4 条指令。

- B：跳转指令。
- BL：带返回的跳转指令。
- BLX：带返回和状态切换的跳转指令。
- BX：带状态切换的跳转指令。

1. B 指令

```
B{条件} 目标地址
```

B 指令是最简单的跳转指令。注意，存储在跳转指令中的实际值是相对当前 PC 值的一个偏移量，而不是一个绝对地址，它的值由汇编器来计算。它是一个 24 位有符号数，

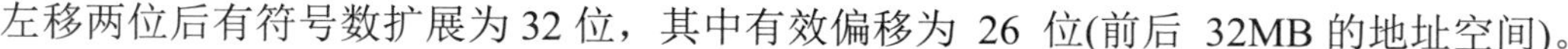

左移两位后有符号数扩展为 32 位，其中有效偏移为 26 位(前后 32MB 的地址空间)。

2. BL 指令

命令格式以下：

```
BL{条件} 目标地址
```

BL 是另一个跳转指令，但跳转之前会在寄存器 R14 中保存 PC 的当前内容，因此可以通过将 R14 的内容重新加载到 PC 中，来返回到跳转指令之后的那个指令处执行。该指令是实现子程序调用的一个基本但常用的手段。例如：

```
BL Label; 程序无条件跳转到标号 Label 处执行，同时将当前的 PC 值保存到 R14 中
```

3. BLX 指令

BLX 指令跳转到指令中所指定的目标地址，并将处理器由 ARM 状态切换到 Thumb 状态。该指令同时将 PC 的当前内容保存到寄存器 R14 中。

4. BX 指令

BX 指令跳转到指令中所指定的目标地址，目标地址处的指令既可以是 ARM 指令，也可以是 Thumb 指令。

3.3.3 程序状态寄存器(PSR)处理指令

程序不能通过直接修改 CPSR 中的 T 控制位直接将程序状态切换到 Thumb 状态，必须通过 BX 等指令完成程序状态的切换。通常程序状态寄存器修改是通过“读→改→写”的方式来实现的。

ARM 中有两条指令用于在状态寄存器和通用寄存器之间传送数据。

- MSR：通用寄存器到状态寄存器的传送指令，即写入。
- MRS：状态寄存器到通用寄存器的传送指令，即读取。

1. MRS 指令

命令格式如下：

```
MRS{条件}通用寄存器，程序状态寄存器(CPSR 或 SPSR)
```

例如：

```
MRS R0,CPSR      ; 传送 CPSR 的内容到 R0
MRS R0,SPSR      ; 传送 SPSR 的内容到 R0
```

2. MSR 指令

命令格式如下：

```
MSR{条件} 程序状态寄存器(CPSR 或 SPSR)_<域>,操作数
```

MSR 指令用于将操作数的内容传送到程序状态寄存器的特定域中。其中，操作数可以为通用寄存器或立即数。<域>用于设置程序状态寄存器中需要操作的位，32 位的程序

状态寄存器可分为以下 4 个域。

- 位[31:24]为条件标志位域，用 f 表示。
- 位[23:16]为状态位域，用 s 表示。
- 位[15:8]为扩展位域，用 x 表示。
- 位[7:0]为控制位域，用 c 表示。

该指令通常用于恢复或改变程序状态寄存器的内容，在使用时，一般要在 MSR 指令中指明将要操作的域。例如：

```
MSR CPSR_c,R0 ;传送 R0 的内容到 SPSR，但仅仅修改 CPSR 中的控制位域
```

3.3.4 加载/存储(Load/Store)指令

Load 指令用于从内存中读取数据放入寄存器中，Store 指令用于将寄存器中的数据保存到内存。ARM 有两大类 Load/Store 指令：一类用于操作 32 位的字类型数据以及 8 位无符号的字节类型数据；另一类用于操作 16 位半字类型的数据以及 8 位有符号字节类型的数据。这里介绍的是第 1 种类型的 Load/Store 指令的寻址方式。

Load/Store 指令的寻址方式由两部分组成：一部分为一个基址寄存器；另一部分为一个地址偏移量。基址寄存器可以是任一通用寄存器；地址偏移量可以有 3 种格式：立即数、寄存器、寄存器和一个移位常数。

同样，寻址方式的地址计算方法有以下 3 种。

- 偏移量方法。基址寄存器中的值和地址偏移量作加减运算，生成操作数的地址。
- 事先更新方法。基址寄存器中的值和地址偏移量作加减运算，生成操作数的地址。指令执行后，这个生成的操作数地址被写入基址寄存器。
- 事后更新方法。指令将基址寄存器的值作为操作数的地址执行内存访问。基址寄存器中的值和地址偏移量做加减运算，生成操作数的地址。指令执行后，这个生成的操作数地址被写入基址寄存器。

1. LDR 指令

命令格式如下：

```
LDR{条件} 目的寄存器,<存储器地址>
```

“立即数”示例如下：

```
LDR R0, [R1, #4]     ;将内存单元 R1 + 4 中的字读取到寄存器 R0 中
LDR R0, [R1, #-4]    ;将内存单元 R1 - 4 中的字读取到寄存器 R0 中
```

“寄存器”示例如下：

```
LDR R0, [R1, R2]     ;将内存单元 R1 + R2 中的字读取到寄存器 R0 中
LDR R0, [R1, -R2]    ;将内存单元 R1 - R2 中的字读取到寄存器 R0 中
```

“寄存器和一个移位常数”示例如下：

```
LDR R0, [R1, R2, LSL #2]     ;将 R1 + R2 * 4 中的数据读取到 R0 中
```

“事先访问方式+立即数”示例如下：

```
LDR R0, [R1, #4]!   ; 将内存单元(R1+4)中的数据读取到 R0 中，同时 R1 = R1 + 4
```

指令的内存访问完成后进行基址寄存器内容更新的方式为事先访问方式。

“事先访问方式+寄存器”示例如下：

```
LDR R0, [R1, R2]!   ;将内存单元(R1+R2)中的数据读取到 R0 中，同时 R1 = R1 + R2
```

“事先访问方式+寄存器和一个移位常数”示例如下：

```
LDR R0, [R1, R2, LSL #2]!   ; 将内存单元 (R1 + R2 * 4) 中的数据读取到 R0 中，
                            ; 同时 R1 = R1 + R2  * 4
```

“事后访问方式+立即数”示例如下：

```
LDR R0, [R1], #4; 将地址为 R1 的内存单元数据读取到 R0 中，然后 R1 = R1 + 4
```

指令使用基址寄存器 Rn 的值作为实际内存访问的地址。访问完成后，将基址寄存器的值 +/- offset 写入基址寄存器 Rn 中。这种在指令的内存访问完成计算新地址的方式称为事后访问方式。

“事后访问方式+寄存器”示例如下：

```
LDR R0, [R1], R2    ; 将地址为 R1 的内存单元数据读取到 R0 中，然后 R1 = R1 + R2
```

“事后访问方式+寄存器和一个移位常数”示例如下：

```
LDR R0, [R1], R2, LSL #2    ; 将地址为 R1 的内存单元数据读取到 R0 中，然后
                            ; R1 = R1 + R2 * 4
```

2. LDM(或 STM)指令

命令格式如下：

```
LDM(或 STM){条件}{类型} 基址寄存器{!},寄存器列表{ }
```

LDM(或 STM)指令用于从基址寄存器所指示的一片连续存储器到寄存器列表所指示的多个寄存器之间传送数据，该指令的常见用途是将多个寄存器的内容入栈或出栈。其中，“{类型}”为以下 8 种情况。

- IA：每次传送后加 1 个单位地址。
- IB：每次传送前加 1 个单位地址。
- DA：每次传送后减 1 个单位地址。
- DB：每次传送前减 1 个单位地址。
- FD：满递减堆栈。
- ED：空递减堆栈。
- FA：满递增堆栈。
- EA：空递增堆栈。

{!}为可选后缀，若选用该后缀，则当数据传送完毕，将最后的地址写入基址寄存器，否则基址寄存器的内容不改变。基址寄存器不允许为 R15，寄存器列表可以为 R0～R15

的任意组合。

如果要复制大批量的数据，ARMv7 还提供了 LDM 和 STM 指令(M 代表 Multiple)。STM 是把多个寄存器的值传送到内存相邻的位置，LDM 反之。多个寄存器在 ARM 汇编语言中用“{}”圈起来，表示待传送的寄存器列表。

比如“STM R0, {R4,R5}”表示将 R4 的值传送到 R0 指向的内存单元，R5 的值传送到下一个内存单元。

批量传输其实是存在方向问题的，为了区分下一个内存单元是在上一个单元的后面还是前面(地址更大还是更小)，需要加上前缀 I 和 D 来分别表示 Increase 和 Decrease。

此外，要将 R5 的值传送到下一个内存单元，需要首先获得“下一个”内存单元的地址，这就涉及地址的增减。假设 R0 的值是 0，如果先增加 0 这个值(在 32 位系统中，一次增加的值是 4)再传送 R4，那么就是[0x4]=R4, [0x8]=R5；如果是传送完 R4 后再增加 0 这个值，那么就是[0x0]=R4, [0x4]=R5。所以还需要加上后缀 A 和 B 来分别表示 After(传送后增加)和 Before(传送前增加)。

因此，LDM/STM 家族一共有 IA、IB、DA 和 DB 四个变种(variant)，LDM 和 STM 没有后缀也可以直接使用，默认为 IA。也就是说，LDM 和 STM 其实分别等同于 LDMIA 和 STMIA，如图 3-1 所示。

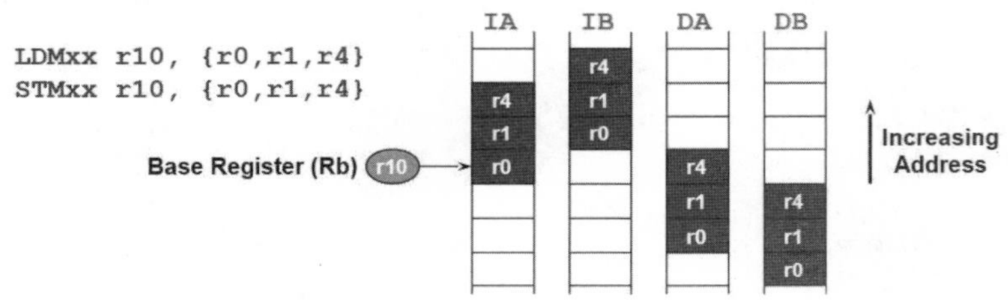

图 3-1　LDM 和 STM 指令

在函数调用中，进入子函数的时候要用 PUSH 指令，把存储在 CPU 寄存器中的局部变量/上下文保存到内存的栈中；退出子函数的时候要用 POP 指令，将栈中保存的内容恢复到对应的寄存器中。因为栈通常是自顶向下生长的，所以 PUSH 和 POP 可以分别用 STMDB 和 LDMIA 来替代。

```
STMDB  SP!, {R0-R3,  LR} ⇔  PUSH  {R0-R3, LR}
LDMIA  SP!, {R0-R3,  PC}  ⇔   POP  {R0-R3, PC}
```

其中的“!”符号就是要解决的第三个问题：在增加/减少 SP 表示的数值(比如前面假设的 0)时，SP 本身存储的内容是否跟着一起变化。加上“!”就表示在传送过程中 SP 会自增/自减，传送完成后 SP 的值已经不再是传送前的那个值了；不加“!”就是在传送前后保持 SP 的内容不变。SP 作为堆栈指针，在入栈和出栈的时候自然是要移动的，所以这里用了“!”。

“!”表示寄存器自增/自减，并不局限于配合 LDM/STM 使用。如果它用在 STR 指令中，比如“str r0, [r1, #12]!”，就相当于“str r0 [r1, #12]”加上“r1 = r1+12”。

3. 新一代的 LDP/STP 指令

在 ARMv8 中，LDM/STM 被新一代的指令 LDP(Load Pair)和 STP(Store Pair)所取代。LDM/STM 对寄存器列表里包含的寄存器数量并没有什么限制，而 LDP/STP 要求和内存之间传送数据的寄存器不超过两个。因为 PUSH 和 POP 完全可以用 LDM/STM 表示，所以这两个命令已无用。

3.3.5 协处理器指令

一条协处理器 Load/Store 指令可以实现在 ARM 处理器和协处理器之间传输数据。

这类指令的语法格式为：

```
<opcode>{<cond>}{L} <coproc>, <CRd>, <addressing_mode>
```

其中，<addressing_mode>表示地址的变化方式，有以下 4 种形式：

```
[<Rn>, #+/-<offset_8>*4]
[<Rn>, #+/-<offset_8>*4]!
[<Rn>], #+/-<offset_8>*4
[<Rn>], <option>
```

3.3.6 异常产生指令

在前面介绍过，ARM 有 7 种模式，可以分为用户模式和特权模式。在特权模式中，可以访问系统的所有资源以及任意切换到别的模式，但是在用户模式中权限就没有这么大。那么用户模式下要访问系统的资源应该怎么办呢？ARM 提供了异常中断指令 SWI，通过软中断实现在用户模式中对操作系统中特权模式下程序的调用。格式如下：

```
SWI {<cond>} <immed_24>;  操作系统通过 24 位的立即数来区分用户程序请求的服务类型
```

3.4 C 语言与汇编语言的混合编程

C 语言是一个系统级的语言，是一个可以直接深入硬件最底层操作的语言。对硬件的操作，实际上是对硬件控制器中的寄存器或存储单元进行操作，而在 ARM 架构中，这些寄存器或存储单元一般是以内存映射的方式进行访问的。在 C 语言中，指针刚好提供了访问任意内存地址的方式，因此从语言上是可以表达的。

实际上，在操作底层硬件时，C 语言还是有其局限性的。有些硬件是没有地址的，比如处理器的寄存器、协处理器、协处理器的寄存器、系统控制器等。这些硬件资源是不可能使用 C 语言指针来访问的，这时就只好使用汇编指令了。

汇编语言和 C 语言之间可以相互调用，这种调用关系可以理解为两种语言的混合编程或混合编译。

C 语言和汇编语言要实现相互调用，最重要的一个工作就是要让两者的目标机器代码通过链接器链接成一个文件，然后实现相互调用。链接器的作用很简单，如 C 语言要调用汇编程序中的一个函数，链接器就要负责匹配名称关系。各个编译器都有自己的链接程序，如 GCC 的链接器是 ld，VS 的链接器是 link。

对于 C 语言与汇编语言混合编程使用的方式，主要有以下 3 种情况。

1. 汇编程序中使用 C 语言定义的全局变量

汇编使用 C 全局变量

右侧的二维码例程在汇编中实现对 C 语言的某个全局变量的求平方运算。

需要说明的是，在汇编语言中有时不加任何声明就可以使用 C 程序中的全局变量，但一般建议加上一个 extern 声明以增强可读性。

2. C 语言中调用汇编语言的函数

C 语言中调用汇编语言的函数

运用如下命令进行编译：

```
arm-linux-gcc a.c a.S -O test
```

这时会生成一个 test 文件，将其复制到 ARM 目标机文件系统中，在 shell 下执行即可。

C 语言调用汇编函数有以下 3 个要点。

(1) C 语言中用 extern 将用到的函数声明为外部函数。

(2) 汇编中用 globl 或 global 将函数的标号声明为全局类型。

(3) 汇编函数的写法遵循 ATPCS 约定。

3. C 语言中内嵌汇编指令

注意：这和编译器有关，不同编译器有不同的方式，这里讨论 GUN GCC 的内嵌方式，其余的参考相关内容。

如果在 C 程序中只有一小段需要用汇编语言实现的代码，那么单独写一个汇编源文件并进行相互调用就显得有点麻烦了，这时一个有用的方式就是内嵌汇编，命令如下：

```
asm("指令序列":输出列表:输入列表:修改列表);
```

其中 asm 是关键字，除了“指令序列”外，其余的三部分都是可以省略的。但如果省略了中间的部分，相应的冒号不可以省略。“指令序列”不能省略，但可以为空字符串。

内嵌汇编使用举例如下：

```
asm("mov %[result], %[value], ror #1": [result] "=r" (y): [value] "r" (x));
```

上面语句的作用是将变量 x 循环右移 1 位并赋值给变量 y，有关详细说明如下。

1) 指令序列

在指令序列中可以使用输出列表和输入列表中定义的各种符号，如%[value]和%[result]这些符号在生成指令时将替换成对应的内容。

2) 输出列表和输入列表

这两者都是由逗号隔开的多个部分组成，代表多个输出操作数。每个部分由一个方括号包围的符号名、一个对操作数使用方式进行限定的字符以及一个圆括号包围的 C 语言变量名组成。在早期的 GCC 版本中，输入列表和输出列表不支持符号名指令中必须用"%0%1"的方式。输入输出列表中的限定符如表 3-2 所示。

表 3-2　输入列表和输出列表中的限定符

限 定 符	含　义
I	用立即数
J	范围在-4095～4095 内的常数
K	按位取反的立即数
L	取相反数的立即数
l	寄存器 R0～R7
M	0～32 之间的常数或 2 的整数次幂
m	内存地址
r	寄存器 R0～R15
X	任意用途

限定符前什么都不加表示只读，加“=”表示只写，加“+”表示可读可写。其中只读的操作数放在输入列表中，而只写和可读可写的操作数应放在输入列表中。

3)　修改列表

修改列表是一系列逗号隔开的字符串，代表在嵌入式汇编中被修改过的内容。它可以是一个寄存器名，表示这个寄存器的值被修改了；它也可以是 CC，表示条件标志被修改了。编译器将根据这些信息在内嵌汇编的前后进行保护处理，以免破坏 C 程序本身对寄存器的使用。

特殊一点的当数 memory，表示要修改内存中的变量，这时编译器必须从内存加载变量的值而不能用缓存在寄存器中的值，并且要在这条内嵌汇编语句结束后将变量的值写回内存。例如在 Linux 内核源码中经常用下面的内嵌汇编：

```
asm("":::"memory")
```

这就是所谓的“内存屏障”，编译器必须将它之前的变量写回内存，其后用到的变量必须从内存中加载。

另外需要注意的就是使用内嵌汇编时，它仍然接受编译器的优化，甚至有可能被完全去掉。此时可以用 volatile 关键字来防止这一点，例如：

```
int temp;
asm volatile(
    "mrs %0, cpsr\n\t"
    "bic %0, %0, #0x80"\n\t
    "msr CPSR_c, %0"
     : "=r" (temp)
     :
     : "memory");
```

这段代码的作用是禁止中断。如果要在宏定义中使用内嵌汇编，则 asm 和 volatile 关键字可能引起编译器的警告，这时可用__asm__及_volatile__代替。

在不同的内嵌汇编代码中相互跳转是不允许的，但在同一个内嵌汇编中则可以进行跳转，这时一般可以使用局部标签。

同一个内嵌汇编中跳转

习　　题

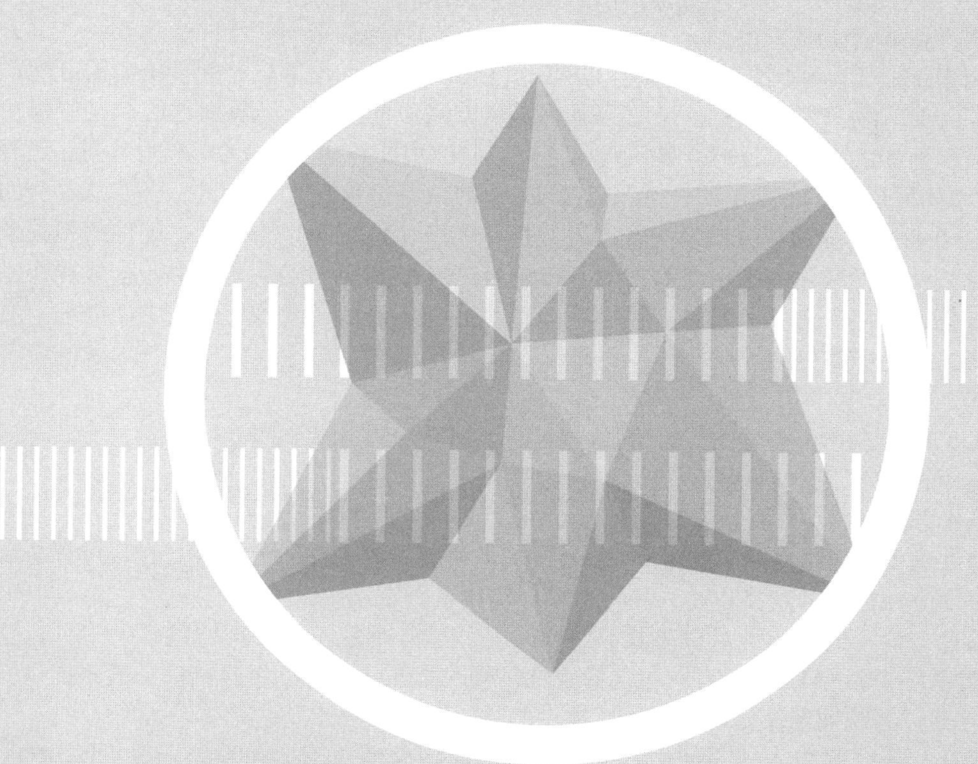

第 4 章

嵌入式操作系统

嵌入式操作系统(Embedded Operation System，EOS)是一种用途广泛的系统软件，过去它主要应用于工业控制和国防系统领域。EOS 负责嵌入系统的全部软、硬件资源的分配，任务调度，控制、协调并发活动。它必须体现其所在系统的特征，能够通过装卸某些模块来达到系统所要求的功能。目前，各厂商已推出一些应用比较成功的 EOS 产品系列。随着 Internet 技术的发展、信息家电的普及，以及 EOS 的微型化和专业化，EOS 开始从单一的弱功能向高专业化的强功能方向发展。嵌入式操作系统在系统实时高效性、硬件的相关依赖性、软件固化以及应用的专用性等方面具有较为突出的特点。EOS 是相对于一般操作系统而言的，它除具备一般操作系统最基本的功能，如任务调度、同步机制、中断处理、文件功能等外，还有以下特点。

(1) 可装卸性。具有开放性、可伸缩性的体系结构。

(2) 强实时性。EOS 实时性一般较强，可用于各种设备控制当中。

(3) 统一的接口。提供各种设备驱动接口。

(4) 操作方便、简单。提供友好的图形 GUI 界面，且易学易用。

(5) 提供强大的网络功能。支持 TCP/IP 及其他协议，提供 TCP、UDP、IP、PPP 协议支持及统一的 MAC 访问层接口，为各种移动计算设备预留接口。

(6) 强稳定性，弱交互性。嵌入式系统一旦开始运行，就不需要用户过多的干预，这就要求负责系统管理的 EOS 具有较强的稳定性。嵌入式操作系统的用户接口一般不提供操作命令，它通过系统调用命令向用户程序提供服务。

(7) 固化代码。在嵌入式系统中，操作系统和应用软件被固化在系统计算机的 ROM 中，辅助存储器则很少使用。嵌入式操作系统的文件管理功能能够很容易地拆卸，而且有各种内存文件系统。

(8) 更好的硬件适应性，也就是良好的移植性。

嵌入式操作系统是嵌入式系统极为重要的组成部分，通常包括与硬件相关的底层驱动软件、系统内核、设备驱动接口、通信协议、图形界面、标准化浏览器等。嵌入式操作系统具有通用操作系统的基本特点，如能够有效地管理越来越复杂的系统资源；能够把硬件虚拟化，将开发人员从繁忙的驱动程序移植和维护中解脱出来；能够提供库函数、驱动程序、工具集以及应用程序。

4.1 常见的嵌入式操作系统

4.1.1 Android

Android 系统是 Google 在 2007 年 11 月 5 日公布的基于 Linux 平台的开源智能手机操作系统，该平台由操作系统、中间件、用户界面和应用软件组成，号称是首个为移动终端打造的真正开放和完整的移动软件。Android 是运行于 Linux kernel 之上，但并不是 GNU/Linux。Android 的 Linux kernel 控制包括安全(Security)、存储器管理(Memory Management)、过程管理(Process Management)、网络堆栈(Network Stack)、驱动模型(Driver Model)等。Android 的主要特点是良好的平台开放性、可以实现个性化应用设定、与 Google 应用无缝结合。

4.1.2　VxWorks

VxWorks 操作系统是美国 Wind River 公司于 1983 年设计开发的一种嵌入式实时操作系统(RTOS)，具有可靠、实时、可裁剪特性，是嵌入式开发环境的关键组成部分。它拥有良好的持续发展能力、高性能的内核以及友好的用户开发环境，在嵌入式实时操作系统领域占据一席之地。

VxWorks 支持多种处理器，如 x86、i960、Sun Sparc、Motorola MC68xxx、MIPS、Power PC 等。

VxWorks 由一个体积很小的内核及一些可以根据需要进行定制的系统模块组成。VxWorks 内核最小为 8KB，即便加上其他必要模块，所占用的空间也很小，且不失其实时、多任务的系统特征。由于它的高度灵活性，用户可以很容易地对这一操作系统进行定制或做适当开发，来满足自己的实际应用需要。

VxWorks 具有以下显著特点。

1)　可靠性

操作系统的用户希望在一个稳定、可以信赖的环境中工作，所以操作系统的可靠性是用户首先要考虑的问题，而稳定、可靠一直是 VxWorks 的一个突出优点。

2)　实时性

实时性是指能够在限定时间内执行完规定的功能并对外部的异步事件做出响应的能力。实时性的强弱是以完成规定功能和作出响应的时间长短来衡量的。

VxWorks 的实时性做得非常好，其系统本身的开销很小，进程调度、进程间通信、中断处理等系统公用程序精炼而高效，它们造成的延迟很小。VxWorks 提供的多任务机制对任务的控制采用了优先级抢占(Preemptive Priority Scheduling)和轮转调度(Round-Robin Scheduling)机制，也充分保证了可靠的实时性，使同样的硬件配置能满足更强的实时性要求，为应用开发留下更大的余地。

3)　可裁剪性

用户在使用操作系统时，并不是要用到操作系统中的每一个部件，如图形显示、文件系统以及一些设备驱动在某些嵌入系统中往往并不使用。

用户可根据应用需求对 VxWorks 进行配置，产生具有不同功能集的操作系统。

4.1.3　Linux

Linux 是一个类似于 UNIX 的操作系统。它起源于芬兰一个名为 Linus Torvalds 的人的业余爱好，但是现在已经是最为流行的一款开放源代码的操作系统。Linux 从 1991 年问世到现在，已发展成为一个功能强大、设计完善的操作系统，伴随网络技术进步而发展起来的 Linux OS 已成为 Microsoft 公司 Windows 的强劲对手。Linux 系统不仅能够运行于 PC 平台，还在嵌入式系统方面大放光芒。在各种嵌入式 Linux OS 的迅速发展下，逐渐形成了 Linux OS 与 Windows CE 等 EOS 抗衡的局面。目前正在开发的嵌入式系统中，49%的项目选择 Linux 作为嵌入式操作系统。Linux 现已成为嵌入式操作系统的理想选择。

嵌入式 Linux 是将 Linux 操作系统进行裁剪修改，使之能在嵌入式计算机系统上运行的一种操作系统。它既继承了 Internet 上的开放源代码资源，又具有嵌入式操作系统的特性。

嵌入式 Linux 的特点是版权免费，而且性能优异，软件移植容易，代码开放，支持软件，应用产品开发周期短，新产品上市迅速，实时性能稳定，安全性好。

嵌入式 Linux 的应用领域非常广泛，主要有信息家电、PDA、机顶盒、Digital Telephone、Answering Machine、Screen Phone、数据网络、Ethernet Switches、Router、Bridge、Hub、Remote Access Servers、ATM、Frame relay、远程通信、医疗电子、交通运输计算机外设、工业控制、航空航天领域等。

嵌入式 Linux 操作系统的特点如下。

(1) 精简内核，性能高、稳定，可执行多任务。

(2) 适用于不同的 CPU，支持多种体系结构，如 x86、ARM、MIPS、ALPHA、SPARC 等。

(3) 能够提供完善的嵌入式 GUI 以及嵌入式 X_Window。

(4) 能够提供嵌入式浏览器、邮件程序、MP3 播放器、MPEG 播放器、记事本等应用程序。

(5) 能够提供完整的开发工具和 SDK，同时提供 PC 上的版本。

(6) 用户可定制系统，可提供图形化的定制和配置工具。

(7) 嵌入式芯片的驱动集支持大量的周边硬件设备，驱动丰富。

(8) 针对嵌入式的存储方案，提供实时版本和完善的嵌入式解决方案。

(9) 完善的中文支持，强大的技术支持，完整的文档。

(10) 开放源码，丰富的软件资源，广泛的软件开发者支持，价格低廉，结构灵活，适用面广。

4.1.4 FreeRTOS

在嵌入式领域中，嵌入式实时操作系统正得到越来越广泛的应用。采用嵌入式实时操作系统(RTOS)，可以更合理、更有效地利用 CPU 资源，简化应用软件的设计，缩短系统开发时间，更好地保证系统的实时性和可靠性。

FreeRTOS 是一个迷你的实时操作系统内核。作为一个轻量级的操作系统，功能包括任务管理、时间管理、信号管理、消息队列、内存管理、记录功能、软件定时器等，可基本满足较小系统的需要。

由于 RTOS 需占用一定的系统资源(尤其是 RAM 资源)，只有μC/OS-II、embOS、salvo、FreeRTOS 等少数实时操作系统能在小 RAM 单片机上运行。相对μC/OS-II、embOS 等商业操作系统，FreeRTOS 操作系统是完全免费的，具有源码公开、可移植、可裁剪、调度策略灵活等特点，可以方便地移植到各种单片机上。

总之，在嵌入式领域，FreeRTOS 是不多的同时具有实时性、开源性、可靠性、易用性、多平台支持等特点的嵌入式操作系统。目前，FreeRTOS 能够支持包含 x86、Xilinx、Altera 等多达 30 种硬件平台，其广阔的应用前景已经越来越受到业内人士的瞩目。

4.1.5 ThreadX

ThreadX 是一款优秀的硬实时操作系统(RTOS)，适用于深嵌入式应用，具有规模小、实时性强、可靠性高、无产品版权费、易于使用等特点，并且支持大量的处理器和 SoC，包括 ARM、Power PC、SH4、MIPS、ADI DSP、TI DPS、Nios II 等，因此广泛应用于消费电子、汽车电子、工业自动化、网络解决方案、军事与航空航天等领域。

4.1.6 鸿蒙操作系统

鸿蒙操作系统是华为公司在 2019 年 8 月 9 日于东莞举行的华为开发者大会上正式发布的操作系统。它是一款全新的面向全场景的分布式操作系统，创造了一个超级虚拟终端互联的世界，将人、设备、场景有机地联系在一起，将消费者在全场景生活中接触的多种智能终端实现极速发现、极速连接、硬件互助、资源共享，用合适的设备提供场景体验。

鸿蒙操作系统是一款基于微内核、耗时 10 年、4000 多名研发人员投入开发、面向 5G 物联网、面向全场景的分布式操作系统。鸿蒙操作系统的英文名是 HarmonyOS，意为和谐操作系统。这个新的操作系统将打通手机、电脑、平板、电视、工业自动化控制、无人驾驶、车机设备、智能穿戴，鸿蒙 OS 架构中的内核把 Linux 内核、鸿蒙 OS 微内核与 LiteOS 合并为一个鸿蒙 OS 微内核，创造出一个超级虚拟终端互联的世界，将人、设备、场景有机地联系在一起。同时由于鸿蒙系统微内核的代码量只有 Linux 宏内核的千分之一，其受攻击概率也大幅降低。

4.2 Android 操作系统简介

4.2.1 Android 操作系统的前世今生

目前，全球智能手机最主要的两大阵营是 Android 和 iOS。Android 和 iOS 是移动操作系统的名称，它们背后的公司是谷歌和苹果，所以有时候也叫作谷歌系统和苹果系统。这里出现了一个名词“操作系统”。那么什么是操作系统呢？操作系统英文全称为 Operating System，简称 OS，是管理和控制计算机硬件与软件资源的计算机程序，是直接运行在“裸机”上的最基本的系统软件，任何其他软件都必须在操作系统的支持下才能运行。比较主流的电脑端操作系统有微软的 Windows、苹果的 Mac 及开源的 Linux，而移动设备的主流操作系统就是 Android 和 iOS。

Android 最初并不是由谷歌提出的，而是由 Andy Rubin 于 2003 年 10 月创建，Andy 后来被称为 Android 之父。谷歌在 2005 年收购了 Andy 创建的 Android 公司，于 2007 年对外展示了名称为 Android 的移动操作系统，并且宣布建立一个全球性的联盟组织，该组织由 34 家手机制造商、软件开发商、电信运营商及芯片制造商共同组成，同时与 84 家硬件制造商、软件开发商及电信运营商组成手持设备联盟(Open Handset Alliance)来共同研发和改良 Android 系统。

Android 从 2007 年发布到现在，其主要版本、代号及对应 API 等级如表 4-1 所示。

表 4-1　Android 主要版本、代号及对应 API 等级

系统版本	代　号	API 等级
Android 12.0	S	31
Android 11.0	R	30
Android 10.0	Q	29
Android 9.0	Pie	28
Android 8.1	Oreo	27
Android 8.0	Oreo	26
Android 7.1.1	Nougat	25
Android 7.0	Nougat	24
Android 6.0	Marshmallow	23
Android 5.1	Lollipop	22
Android 5.0	Lollipop	21
Android 4.4W	KitKat Wear	20
Android 4.4	KitKat	19
Android 4.3	Jelly Bean	18
Android 4.2	Jelly Bean	17
Android 4.1	Jelly Bean	16
Android 4.0.3	IceCreamSandwich	15
Android 4.0	IceCreamSandwich	14

4.2.2　Android 操作系统的架构

1. Android 操作系统体系架构

Android 操作系统架构分为五层，从上到下依次是应用层、应用框架层、系统运行库层、硬件抽象层和 Linux 内核层。

1)　应用层

系统内置的应用程序以及非系统级的应用程序都属于应用层，它负责与用户进行直接交互，通常都是用 Java 开发的。

2)　应用框架层(Java Framework)

应用框架层为开发人员提供了可以开发应用程序的 API，我们平常开发应用程序都是调用这一层提供的 API，当然也包括系统的应用。这一层是由 Java 代码编写的，可以称为 Java Framework。表 4-2 为这一层所提供的主要组件。

表 4-2　应用框架层提供的主要组件

名　称	功能描述
Activity Manager(活动管理器)	管理各个应用程序生命周期以及通常的导航回退功能
Location Manager(位置管理器)	提供地理位置以及定位功能服务

续表

名　称	功能描述
Package Manager(包管理器)	管理所有安装在 Android 系统中的应用程序
Notification Manager(通知管理器)	使得应用程序可以在状态栏中显示自定义的提示信息
Resource Manager(资源管理器)	提供应用程序使用的各种非代码资源，如本地化字符串、图片、布局文件、颜色文件等
Telephony Manager(电话管理器)	管理所有的移动设备
Window Manager(窗口管理器)	管理所有开启的窗口程序
Content Providers(内容提供器)	使得不同应用程序之间可以共享数据
View System(视图系统)	构建应用程序的基本组件

3)　系统运行库层(Native)

系统运行库层分为两部分，分别是 C/C++程序库和 Android 运行时库。下面分别介绍它们。

1)　C/C++程序库

C/C++程序库能被 Android 系统中的不同组件使用，并通过应用程序框架为开发者提供服务。主要的 C/C++程序库如表 4-3 所示。

表 4-3　C/C++程序库

名　称	功能描述
OpenGL ES	3D 绘图函数库
Libc	从 BSD 继承来的标准 C 系统函数库，专门为基于嵌入式 Linux 的设备定制
Media Framework	多媒体库，支持多种常用的音频、视频格式录制和回放
SQLite	轻型关系型数据库引擎
SGL	底层的 2D 图形渲染引擎
SSL	安全套接层，是为网络通信提供安全及数据完整性的一种安全协议
FreeType	可移植的字体引擎，它提供统一的接口，用于访问多种字体格式文件

(2)　Android 运行时库

运行时库又分为核心库和 ART(5.0 版本之后，Dalvik 虚拟机被 ART 取代)。核心库提供了 Java 语言核心库的大多数功能，这样开发者可以使用 Java 语言来编写 Android 应用。相较于 JVM，Dalvik 虚拟机是专为移动设备定制的，允许在有限的内存中同时运行多个虚拟机的实例，并且每一个 Dalvik 应用作为一个独立的 Linux 进程执行。独立的进程可以防止在虚拟机崩溃的时候所有程序都被关闭，而替代 Dalvik 虚拟机的 ART 的机制与 Dalvik 不同。在 Dalvik 下，应用每次运行的时候，字节码都需要通过即时编译器转换为机器码，这会拖慢应用的运行效率；而在 ART 环境中，应用在第一次安装的时候，字节码就会预先编译成机器码，使其成为真正的本地应用。

4)　硬件抽象层(HAL)

硬件抽象层是位于操作系统内核与硬件电路之间的接口层，其目的在于将硬件抽象化。为了保护硬件厂商的知识产权，它隐藏了特定平台的硬件接口细节，为操作系统提供虚拟硬件平台，使其具有硬件无关性，可在多种平台上进行移植。从软硬件测试的角度来看，软硬件测试工作都可分别基于硬件抽象层来完成，使得软硬件测试工作的并行进行成为可能。

5) Linux 内核层

Android 的核心系统服务是基于 Linux 内核，是在此基础上添加了部分 Android 专用的驱动。系统的安全性、内存管理、进程管理、网络协议栈和驱动模型等都依赖于该内核。

2. Android 操作系统源码目录

了解 Android 系统源码目录，能为后期源码学习打下基础，可以访问 http://androidxref.com/ 来阅读系统源码或将源码下载下来。下载源码可以使用清华大学开源软件镜像网站提供的 Android 镜像 https://mirrors.tuna.tsinghua. edu.cn/help/AOSP/。

4.2.3 Android 操作系统的特性

Android 是基于 Linux 系统内核开发设计的，谷歌在内核之上开发了自己的 Dalvik Java 虚拟机。由于采用 Java 虚拟机，所以在 Android 上开发原生 App 使用的开发语言是 Java。目前 Android 已经是全球最大的智能手机操作系统，下面介绍 Android 所具有的优势或者特性。

1. 开源

Android 系统完全开源。由于本身的内核是基于开源的 Linux 系统内核，所以 Android 从底层系统到上层用户类库、界面等都是完全开放的。任何个人、组织都可以查看学习源代码，也可以基于谷歌发布的版本做自己的系统。比如华为、小米等大手机厂商都有自己个性化的 Android 系统。相对于谷歌发布的 Android 系统版本，手机厂商为突出自己的优势，在一些功能上进行了优化。

2. 多元化设备支持

Android 除了应用在智能手机上外，还在平板电脑、互联网电视、车载导航仪、智能手表及一些其他智能硬件上被广泛应用，如小米的平板电脑、电视，乐视的电视，华为的车载导航仪、手表等，围绕自动驾驶的相关产业也是利用 Android 系统进行开发的。所以对应的 Android 开发工程师就业方向不一定只是 App，其他方面的机会也相当广阔。

3. Dalvik 虚拟机

Dalvik 虚拟机相对于 Sun VM 来说有很多不同，如 Dalvik 基于寄存器，Sun 基于栈；Sun 虚拟机运行的是 class 文件，Dalvik 是谷歌自定义的 dex 文件。Dalvik 在低速 CPU 上表现的性能更好，对内存的使用也更高效，这恰恰是移动设备所需要的。

4. 开放的第三方应用

由于谷歌秉承的开源、开放原则，在 Android 上开发 App、发布 App 要相对比较容易。开发人员可以根据应用的需要调用手机 GPS、陀螺仪、摄像头等硬件设备，可以访问本地联系人、日历等信息，也可以拨打电话、发送短信等。在 Android 上开发应用也不需要谷歌认证，所以 Android 的整个应用产品比较丰富。

5. 和谷歌无缝集成

Android 可以和谷歌的地图服务、邮件系统、搜索服务等进行无缝结合，有的甚至已经嵌入 Android 系统中。

4.2.4 Android 组件

Android 是一种基于 Linux 的自由及开放源代码的操作系统，主要用于移动设备，如智能手机和平板电脑，由谷歌公司和开放手机联盟领导机构开发。

1. 开发工具 SDK

SDK 是软件工程师为特定的软件包、软件框架、硬件平台、操作系统等建立应用软件时的开发工具的集合。

Android SDK 工具能将代码连同任何数据和资源文件一起编译到一个 APK——Android 软件包，即带有.apk 后缀的存档文件中。一个 APK 文件包含 Android 应用的所有内容，它是基于 Android 系统的设备安装应用文件。

2. Android 四大组件

1) Activity

Activity 表示具有用户界面的单一屏幕。例如，电子邮件应用可能具有一个显示新电子邮件列表的 Activity、一个用于撰写电子邮件的 Activity 以及一个用于阅读电子邮件的 Activity。尽管这些 Activity 通过协作在电子邮件应用中形成了一种紧密结合的用户体验，但每一个 Activity 都独立于其他 Activity 存在。因此，其他应用可以启动其中任何一个 Activity(如果电子邮件应用允许)。 例如，相机应用可以启动电子邮件应用内用于撰写新电子邮件的 Activity，以便与用户共享图片。

2) Service

Service 是一种在后台运行的组件，用于执行长时间运行的操作或为远程进程执行作业。Service 不提供用户界面。例如，当用户位于其他应用中时，服务可能在后台播放音乐或者通过网络获取数据，但不会阻断用户与 Activity 的交互。Activity 等其他组件可以启动 Service，让其运行或与其绑定以便与其进行交互。

3) Content Provider

Content Provider 管理一组共享的应用数据，数据可以存储在文件系统、SQLite 数据库、网络上或应用可以访问的任何其他永久性存储位置。其他应用可以通过 Content Provider 查询数据，甚至修改数据(如果 Content Provider 允许)，如 Android 系统可提供管理用户联系人信息的 Content Provider。因此，任何具有适当权限的应用都可以查询 Content Provider 的某一部分(如 ContactsContract.Data)，以读取和写入特定人员的信息。

Content Provider 也适用于读取和写入应用不共享的私有数据，如记事本应用使用 Content Provider 来保存笔记。

4) Broadcast Receiver

Broadcast Receiver 是一种用于响应系统广播通知的组件。许多广播都是由系统发起的，如通知屏幕已关闭、电池电量不足或已拍摄照片的广播。应用也可以发起广播，如通知其他应用某些数据已下载至设备，并且可供其使用。尽管 Broadcast Receiver 不会显示用户界面，但它们可以创建状态栏通知，在发生广播事件时提醒用户。不过 Broadcast Receiver 更常见的用途是作为通向其他组件的“通道”，如基于事件发起一项服务来执行某项工作。

4.3 鸿蒙操作系统简介

4.3.1 系统定义

1. 系统定位

HarmonyOS 是一款面向万物互联时代的、全新的分布式操作系统。

在传统的单设备系统基础上，HarmonyOS 提出了基于同一套系统、适配多种终端形态的分布式理念，能够支持手机、平板、智能穿戴、智慧屏、车机等多种终端设备，提供全场景(移动办公、运动健康、社交通信、媒体娱乐等)业务能力。

2. 技术架构

HarmonyOS 整体遵从分层设计，从下向上依次为内核层、系统服务层、框架层和应用层。系统功能按照“系统 > 子系统 > 功能/模块”逐级展开，在多设备部署场景下，支持根据实际需求裁剪某些非必要的子系统或功能/模块。HarmonyOS 技术架构如图 4-1 所示。

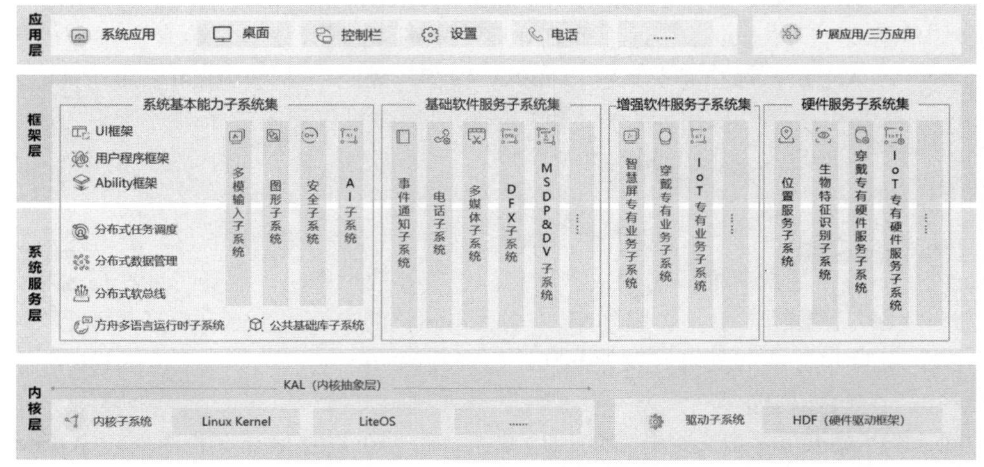

图 4-1 HarmonyOS 技术架构

1) 内核层

内核层分为内核子系统和驱动子系统。

(1) 内核子系统：HarmonyOS 采用多内核设计，支持针对不同资源受限设备选用适合的操作系统内核。内核抽象层(Kernel Abstract Layer，KAL)通过屏蔽多内核差异，为上层提供基础的内核能力，包括进程/线程管理、内存管理、文件系统、网络管理和外设管理等。

(2) 驱动子系统：硬件驱动框架(HDF)是 HarmonyOS 硬件生态开放的基础，它提供统一的外设访问能力和驱动的开发、管理框架。

2) 系统服务层

系统服务层是 HarmonyOS 的核心能力集合，它通过框架层为应用程序提供服务。该层包含以下几个部分。

(1) 系统基本能力子系统集。它为分布式应用在 HarmonyOS 多设备上的运行、调度、迁移等操作提供了基础能力，由分布式软总线、分布式数据管理、分布式任务调度、方舟多语言运行时、公共基础库、多模输入、图形、安全、AI 等子系统组成。其中，方舟运行时提供了 C/C++/JS 多语言运行时和基础的系统类库，也为使用方舟编译器静态化的 Java 程序(即应用程序或框架层中使用 Java 语言开发的部分)提供运行时。

(2) 基础软件服务子系统集。它为 HarmonyOS 提供公共的、通用的软件服务，由事件通知、电话、多媒体、DFX(Design For X)、MSDP&DV 等子系统组成。

(3) 增强软件服务子系统集。它为 HarmonyOS 提供针对不同设备的、差异化的能力增强型软件服务，由智慧屏专有业务、穿戴专有业务、IoT 专有业务等子系统组成。

(4) 硬件服务子系统集。它为 HarmonyOS 提供硬件服务，由位置服务、生物特征识别、穿戴专有硬件服务、IoT 专有硬件服务等子系统组成。

根据不同设备形态的部署环境，基础软件服务子系统集、增强软件服务子系统集、硬件服务子系统集内部可以按子系统粒度裁剪，每个子系统内部又可以按功能粒度裁剪。

3) 框架层

框架层为 HarmonyOS 应用开发提供了 Java/C/C++/JS/TS 等多语言的用户程序框架和 Ability 框架，两种 UI 框架(包括适用于 Java 语言的 Java UI 框架、适用于 JS/TS 语言的方舟开发框架)，以及各种软硬件服务对外开放的多语言框架 API。根据系统的组件化裁剪程度，HarmonyOS 设备支持的 API 也会有所不同。

4) 应用层

应用层包括系统应用和第三方非系统应用。HarmonyOS 的应用由一个或多个 FA(Feature Ability)或 PA(Particle Ability)组成。其中，FA 有 UI 界面，提供与用户交互的能力；而 PA 无 UI 界面，提供后台运行任务的能力以及统一的数据访问抽象。FA 在进行用户交互时所需的后台数据访问需要由对应的 PA 提供支撑。基于 FA/PA 开发的应用，能够实现特定的业务功能，支持跨设备调度与分发，为用户提供一致、高效的应用体验。

4.3.2 技术特性

1. 硬件互助，资源共享

多种设备之间能够实现硬件互助、资源共享，依赖的关键技术包括分布式软总线、分布式设备虚拟化、分布式数据管理、分布式任务调度等。

1) 分布式软总线

分布式软总线是手机、平板、智能穿戴、智慧屏、车机等分布式设备的通信基座，为设备之间的互联互通提供了统一的分布式通信能力，为设备之间的无感发现和零等待传输创造了条件。开发者只需聚焦于业务逻辑的实现，无须关注组网方式与底层协议。分布式软总线示意如图 4-2 所示。

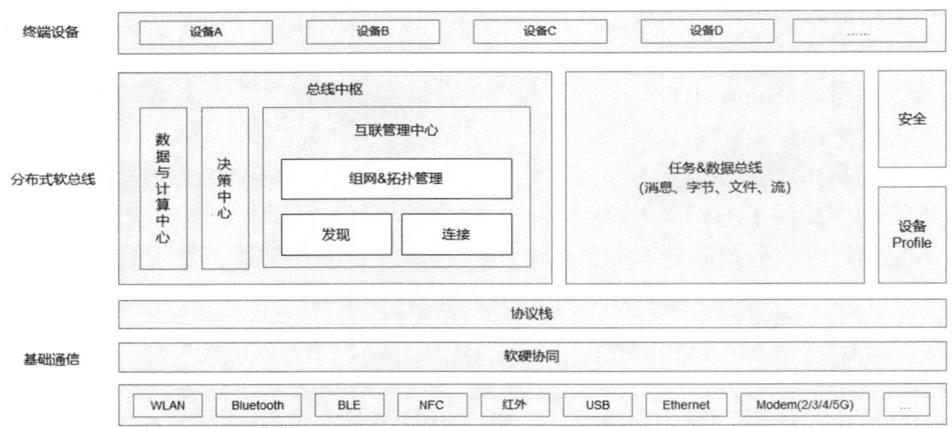

图 4-2　分布式软总线示意

典型应用场景如下。

(1) 智能家居场景：在烹饪时，手机可以通过碰一碰和烤箱连接，并自动按照菜谱设置烹调参数，控制烤箱来制作菜肴。与此类似，料理机、油烟机、空气净化器、空调、灯、窗帘等都可以在手机端显示并通过手机控制。设备之间即连即用，无须烦琐的配置。

(2) 多屏联动课堂：老师通过智慧屏授课，与学生开展互动，营造课堂氛围；学生通过平板完成课程学习和随堂问答。统一、全连接的逻辑网络确保了传输通道的高带宽、低时延、高可靠。

2) 分布式设备虚拟化

分布式设备虚拟化平台可以实现不同设备的资源融合、设备管理、数据处理，多种设备共同形成一个超级虚拟终端。它能针对不同类型的任务，为用户匹配并选择能力合适的执行硬件，让业务连续地在不同设备间流转，充分发挥不同设备的能力优势，如显示能力、摄像能力、音频能力、交互能力以及传感器能力等。分布式设备虚拟化示意如图 4-3 所示。

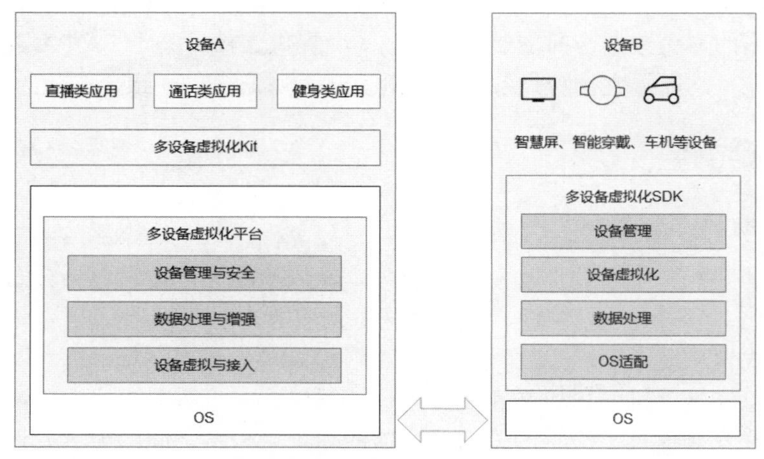

图 4-3　分布式设备虚拟化示意

典型应用场景如下。

(1) 视频通话场景：在做家务时接听视频电话，可以将手机与智慧屏连接，并将智慧屏的屏幕、摄像头与音箱虚拟化为本地资源，替代手机自身的屏幕、摄像头、听筒与扬声器，实现一边做家务、一边通过智慧屏和音箱完成视频通话。

(2) 游戏场景：在智慧屏上玩游戏时，可以将手机虚拟化为遥控器，借助手机的重力传感器、加速度传感器、触控能力，为玩家提供更便捷、更流畅的游戏体验。

3) 分布式数据管理

分布式数据管理基于分布式软总线的能力，实现应用程序数据和用户数据的分布式管理。用户数据不再与单一物理设备绑定，业务逻辑与数据存储分离，跨设备的数据处理如同本地数据处理一样方便快捷，让开发者能够轻松实现全场景、多设备下的数据存储、共享和访问，为打造一致、流畅的用户体验奠定了基础。分布式数据管理示意如图 4-4 所示。

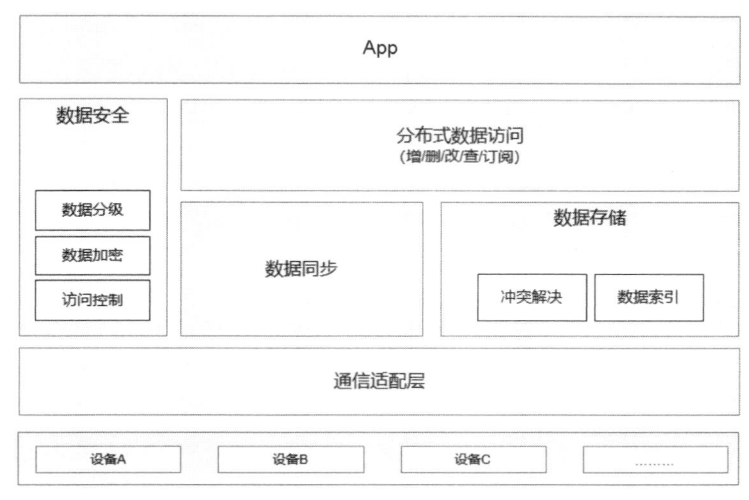

图 4-4　分布式数据管理示意

典型应用场景如下。

(1) 协同办公场景：将手机上的文档投屏到智慧屏，在智慧屏上对文档执行翻页、缩放、涂鸦等操作，文档的最新状态可以在手机上同步显示。

(2) 照片分享场景：出游时，使用手机拍摄的照片，可以在登录了同账号的其他设备(比如平板)上更方便地浏览、收藏、保存或编辑，也可以通过家中的智慧屏同家人一起分享记录下的快乐瞬间。

4) 分布式任务调度

分布式任务调度基于分布式软总线、分布式数据管理、分布式 Profile 等技术特性，构建统一的分布式服务管理(发现、同步、注册、调用)机制，支持对跨设备的应用进行远程启动、远程调用、远程连接以及迁移等操作，能够根据不同设备的能力、位置、业务运行状态、资源使用情况，以及用户的习惯和意图，选择合适的设备运行分布式任务。

典型应用场景如下。

(1) 导航场景：用户驾车出行时，上车前，在手机上规划好导航路线；上车后，导航自动迁移到车机和车载音箱；下车后，导航自动迁移回手机。用户骑车出行时，在手机上规划好导航路线，骑行时手表可以接续导航。

(2) 外卖场景：在手机上点外卖后，可以将订单信息迁移到手表上，随时查看外卖的配送状态。

图 4-5 以应用迁移为例，简要地展示了分布式任务调度能力。

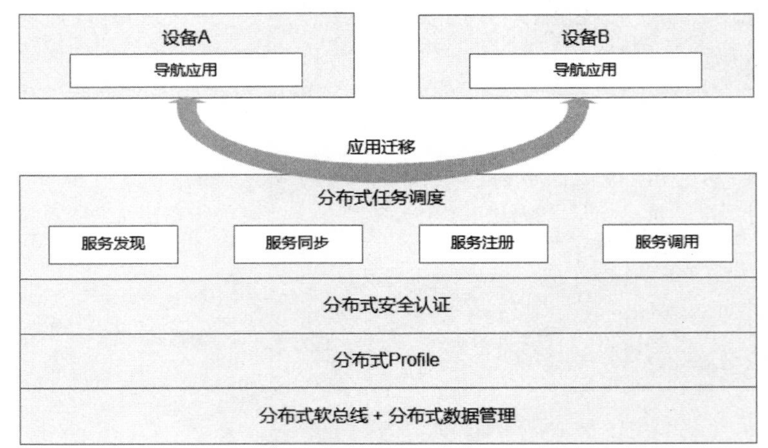

图 4-5 分布式任务调度示意

2. 一次开发，多端部署

HarmonyOS 提供了用户程序框架、Ability 框架以及 UI 框架，支持应用开发过程中多终端的业务逻辑和界面逻辑进行复用，能够实现应用的一次开发、多端部署，提升了跨设备应用的开发效率。一次开发、多端部署示意如图 4-6 所示。

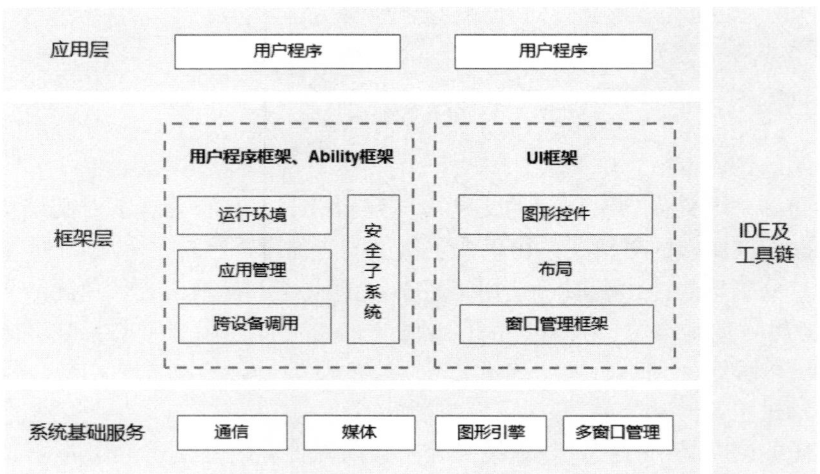

图 4-6 一次开发、多端部署示意

其中，UI 框架支持使用 Java、JS、TS 语言进行开发，并提供了丰富的多态控件，可以在手机、平板、智能穿戴、智慧屏、车机上显示不同的 UI 效果。它采用业界主流设计方式，提供多种响应式布局方案，支持栅格化布局，满足不同屏幕的界面适配能力。

3. 统一操作系统，弹性部署

HarmonyOS 通过组件化和小型化等设计方法，支持多种终端设备按需弹性部署，能够适配不同类别的硬件资源和功能需求；支持通过编译链关系去自动生成组件化的依赖关系，形成组件树依赖图；支持产品系统的便捷开发，降低硬件设备的开发门槛。

(1) 支持各组件的选择(组件可有可无)：根据硬件的形态和需求，可以选择所需的组件。

(2) 支持组件内功能集的配置(组件可大可小)：根据硬件的资源情况和功能需求，可以选择配置组件中的功能集，如选择配置图形框架组件中的部分控件。

(3) 支持组件间依赖的关联(平台可大可小)：根据编译链关系，可以自动生成组件化的依赖关系。例如，选择图形框架组件，将会自动选择依赖的图形引擎组件等。

对设备开发者而言，HarmonyOS 采用了组件化的设计方案，可根据设备的资源能力和业务特征灵活裁剪，满足不同形态终端设备对操作系统的要求。HarmonyOS 提供了支持多种开发语言的 API，供开发者进行应用开发，支持的开发语言包括 Java、XML(eXtensible Markup Language)、C/C++、JS(Java Script)、CSS(Cascading Style Sheets)和 HML (HarmonyOS Markup Language)。

4.3.3 系统安全

在搭载 HarmonyOS 的分布式终端上，可以保证“正确的人，通过正确的设备，正确地使用数据”。

- 通过“分布式多端协同身份认证”来保证“正确的人”。
- 通过“在分布式终端上构筑可信运行环境”来保证“正确的设备”。
- 通过“分布式数据在跨终端流动的过程中，对数据进行分类分级管理”来保证“正确地使用数据”。

1. 正确的人

在分布式终端场景下，“正确的人”指通过身份认证的数据访问者和业务操作者。“正确的人”是确保用户数据不被非法访问、用户隐私不泄露的前提条件。HarmonyOS 通过以下三个方面来实现协同身份认证。

(1) 零信任模型：HarmonyOS 基于零信任模型，实现对用户的认证和对数据的访问控制。当用户需要跨设备访问数据资源或者发起高安全等级的业务操作(如对安防设备的操作)时，HarmonyOS 会对用户进行身份认证，确保其身份的可靠性。

(2) 多因素融合认证：HarmonyOS 通过用户身份管理，将不同设备上标识同一用户的认证凭据关联起来，用于标识一个用户，来提高认证的准确度。

(3) 协同互助认证：HarmonyOS 通过将硬件和认证能力解耦(即信息采集和认证可以在不同的设备上完成)，来实现不同设备的资源池化以及能力的互助与共享，让高安全等级的设备协助低安全等级的设备完成用户身份认证。

2. 正确的设备

在分布式终端场景下，只有保证用户使用的设备是安全可靠的，才能保证用户数据在虚拟终端上得到有效保护，避免用户泄露隐私。

(1) 安全启动：确保源头每个虚拟设备运行的系统固件和应用程序是完整的、未经篡改的。通过安全启动，各个设备厂商的镜像包就不易被非法替换为恶意程序，从而保护用户的数据和隐私安全。

(2) 可信执行环境：提供了基于硬件的可信执行环境(Trusted Execution Environment，TEE)来保护个人敏感数据的存储和处理，确保数据不泄露。由于分布式终端硬件的安全能力不同，对于用户的敏感个人数据，需要使用高安全等级的设备进行存储和处理。HarmonyOS 使用基于数学可证明的形式开发和验证的 TEE 微内核，获得了商用 OS 内核 CC EAL5+的认证评级。

(3) 设备证书认证：支持为具备可信执行环境的设备预置设备证书，用于向其他虚拟终端证明自己的安全能力。对于有 TEE 环境的设备，通过预置 PKI(Public Key Infrastructure)设备证书给设备身份提供证明，确保设备是合法制造生产的。设备证书在产线进行预置，设备证书的私钥写入并安全保存在设备的 TEE 环境中，且只在 TEE 内进行使用。在必须传输用户的敏感数据(例如密钥、加密的生物特征等信息)时，会在使用设备证书进行安全环境验证后，建立从一个设备的 TEE 到另一设备的 TEE 之间的安全通道，实现安全传输，如图 4-7 所示。

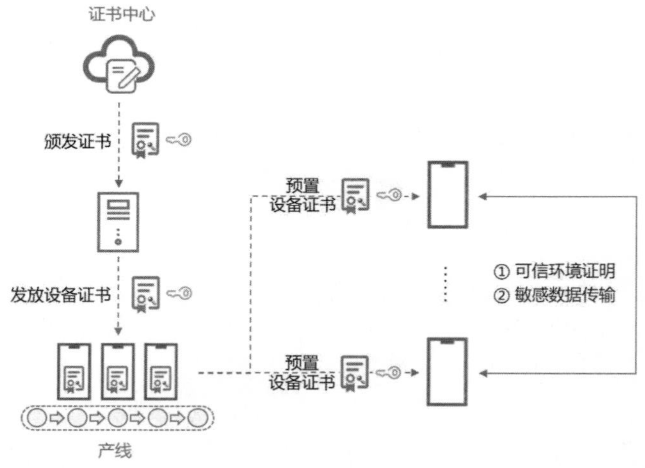

图 4-7　设备证书使用示意

3. 正确地使用数据

在分布式终端场景下，需要确保用户能够正确地使用数据。HarmonyOS 围绕数据的生成、存储、使用、传输以及销毁过程进行全生命周期的保护，从而保证个人数据与隐私，确保系统的机密数据(如密钥)不泄露。

(1) 数据生成：根据数据所在的国家或组织的法律法规与标准规范，对数据进行分类分级，并且根据分类设置相应的保护等级。每个保护等级的数据从生成开始，在其存储、使用、传输的整个生命周期都需要根据对应的安全策略提供不同强度的安全防护。虚拟超级终端的访问控制系统支持依据标签的访问控制策略，保证数据只能在可以提供足够安全防护的虚拟终端之间存储、使用和传输。

(2) 数据存储：HarmonyOS 通过区分数据的安全等级，存储到不同安全防护能力的分区，对数据进行安全保护，并提供密钥全生命周期的跨设备无缝流动和跨设备密钥访问控制能力，支撑分布式身份认证、分布式数据共享等业务。

(3) 数据使用：HarmonyOS 通过硬件为设备提供可信执行环境。用户的个人敏感数据仅在分布式虚拟终端的可信执行环境中进行使用，确保用户数据的安全和隐私不泄露。

(4) 数据传输：为了保证数据在虚拟超级终端之间安全流转，需要各设备是正确可信的，建立了信任关系(多个设备通过华为账号建立配对关系)，并能够在验证信任关系后建立安全的连接通道，按照数据流动的规则安全地传输数据。当设备之间进行通信时，需要基于设备的身份凭据对设备进行身份认证，并在此基础上建立安全的加密传输通道。

(5) 数据销毁：销毁密钥即销毁数据。数据在虚拟终端的存储，都是建立在密钥的基础上。当销毁数据时，只需要销毁对应的密钥。

习　　题

第5章

鸿蒙应用程序开发基础

5.1 应用基础知识

5.1.1 用户应用程序

用户应用程序泛指运行在设备的操作系统之上，为用户提供特定服务的程序，简称应用。在 HarmonyOS 上运行的应用，有两种形态。

(1) 传统方式的需要安装的应用。

(2) 提供特定功能、免安装的应用(即原子化服务)。

5.1.2 用户应用程序包结构

HarmonyOS 的用户应用程序包以 APP Pack(Application Package)形式发布，它是由一个或多个 HAP(HarmonyOS Ability Package)以及描述每个 HAP 属性的 pack.info 组成。HAP 是 Ability 的部署包，HarmonyOS 应用代码围绕 Ability 组件展开。

一个 HAP 是由代码、资源、第三方库及应用配置文件组成的模块包，可分为 Entry 和 Feature 两种模块类型，如图 5-1 所示。

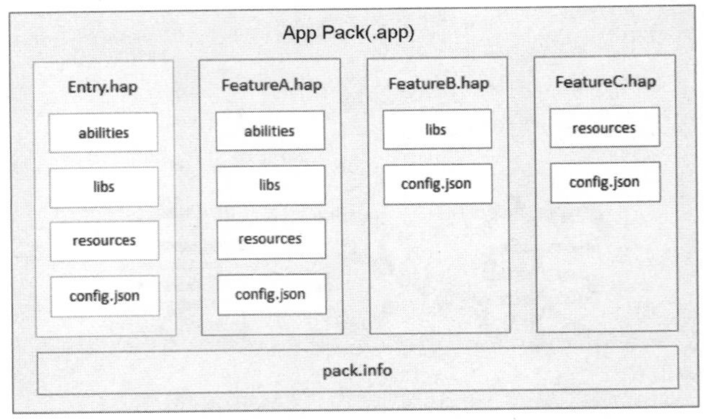

图 5-1 App 逻辑结构

(1) Entry：应用的主模块。一个 App 中，对于同一设备类型，可以有一个或多个 Entry 类型的 HAP，来支持该设备类型中不同规格(如 API 版本、屏幕规格等)的具体设备。如果同一设备类型存在多个 Entry 模块，则必须配置 distroFilter 分发规则，使得应用市场在做应用的云端分发时，对该设备类型下不同规格的设备进行精确分发。

(2) Feature：应用的动态特性模块。一个 App 可以包含一个或多个 Feature 类型的 HAP，也可以不包含。

5.1.3 Ability

Ability 是应用所具备的能力的抽象，一个应用可以包含一个或多个 Ability。Ability 分为两种类型：FA(Feature Ability)和 PA(Particle Ability)。FA/PA 是应用的基本组成单元，能够实现特定的业务功能。FA 有 UI 界面，而 PA 无 UI 界面。

5.1.4　库文件

库文件是应用依赖的第三方代码(如 so、jar、bin、har 等二进制文件)，存放在 libs 目录中。

5.1.5　资源文件

应用的资源文件(如字符串、图片、音频等)存放于 resources 目录下，便于开发者使用和维护。资源文件可分为以下几类。

(1) resources 目录。

(2) 限定词目录。

(3) 资源组目录。

(4) 创建资源文件。

5.1.6　配置文件

配置文件(config.json)是应用的 Ability 信息，用于声明应用的 Ability，以及应用所需的权限等。

5.1.7　pack.info

pack.info 描述应用软件包中每个 HAP 的属性，由 IDE 编译生成，应用市场根据该文件进行拆包和 HAP 的分类存储。

HAP 的具体属性如下。

(1) delivery-with-install：表示该 HAP 是否支持随应用安装。true 表示支持随应用安装，false 表示不支持随应用安装。

(2) name：HAP 文件名。

(3) module-type：模块类型，如 Entry 或 Feature。

(4) device-type：表示支持该 HAP 运行的设备类型。

5.1.8　HAR

HAR(HarmonyOS Ability Resources)可以提供构建应用所需的所有内容，包括源代码、资源文件和 config.json 文件。HAR 不同于 HAP，HAR 不能独立安装运行在设备上，只能作为应用模块的依赖项被引用。

5.2　应用配置文件

5.2.1　配置文件简介

应用的每个 HAP 根目录下都存在一个 config.json 配置文件，文件内容主要涵盖以下三个方面。

(1) 应用的全局配置信息，包含应用的包名、生产厂商、版本号等基本信息。

(2) 应用在具体设备上的配置信息，包含应用的备份恢复、网络安全等能力。

(3) HAP 包的配置信息，包含每个 Ability 必须定义的基本属性(如包名、类名、类型以及 Ability 提供的能力)，以及应用访问系统或其他应用受保护部分所需的权限等。

配置文件 config.json 采用 JSON 文件格式，其中包含了一系列配置项，每个配置项由属性和值两部分构成。

(1) 属性：属性出现顺序不分先后，且每个属性最多只允许出现一次。

(2) 值：每个属性的值为 JSON 的基本数据类型(如数值、字符串、布尔值、数组、对象或者 null 类型)。

5.2.2 配置文件的元素

DevEco Studio 提供了两种编辑 config.json 文件的方式。在 config.json 编辑窗口中，可在右上角切换代码编辑视图或可视化编辑视图，如图 5-2 所示。

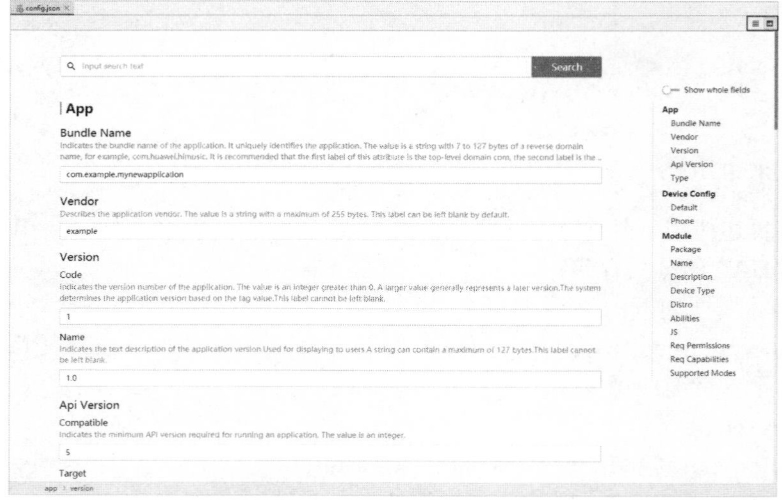

图 5-2 config.json 文件的编辑窗口

1. 配置文件的内部结构

config.json 由 app、deviceConfig 和 module 三个部分组成，缺一不可。配置文件的内部结构说明如表 5-1 所示。

表 5-1 配置文件的内部结构说明

属性名称	含 义	数据类型	是否可缺省
app	表示应用的全局配置信息。同一个应用的不同 HAP 包的 app 配置必须保持一致	对象	否
deviceConfig	表示应用在具体设备上的配置信息	对象	否
module	表示 HAP 包的配置信息。该标签下的配置只对当前 HAP 包生效	对象	否

2. app 对象的内部结构

app 对象包含应用的全局配置信息。

app 示例如下：

```
"app": {
    "bundleName": "com.huawei.hiworld.example",
    "vendor": "huawei",
    "version": {
        "code": 2,
        "name": "2.0.0"
    }
}
```

3. deviceConfig 对象的内部结构

deviceConfig 包含具体设备上的应用配置信息，如 default、phone、tablet、tv、car、wearable、liteWearable 和 smartVision 等属性。default 标签内的配置适用于所有设备通用，其他设备类型如果有特殊的需求，则需要在该设备类型的标签下进行配置。

deviceConfig 示例

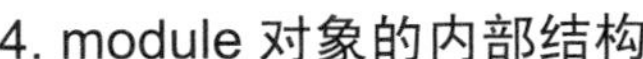

4. module 对象的内部结构

module 对象包含 HAP 包的配置信息。

module 示例

5. HAP 与 HAR 配置文件的合并

如果应用模块中调用了 HAR，在编译构建 HAP 时，需要将 HAP 的 config.json 文件与一个或多个 HAR 的 config.json 文件合并为一个 config.json 文件。在合并过程中，不同文件的同一个标签的取值可能发生冲突，此时，需要通过配置 mergeRule 来解决冲突。

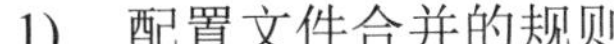

1)　配置文件合并的规则

HAP 与 HAR 的 config.json 文件合并时，需要将 HAR 的配置信息全部合并到 HAP 的配置文件中。

HAP 的优先级总是高于 HAR。当 HAP 依赖于多个 HAR 时，先加载的 HAR 的优先级高于后加载的 HAR，所以是按照 HAR 的加载顺序依次合并到 HAP 文件。

2)　mergeRule 对象的使用

mergeRule 通常在 HAP 的 config.json 文件中使用，可以在 abilities、defPermissions、reqPermissions、js 等属性中添加。

注意：

(1) HAR 配置文件中不能包含 action.system.home 和 entity.system.home 配置项，否则会导致编译报错。

(2) Ability 对象中 name 字段的取值必须为完整的类名，否则会导致合并出错。

3)　mergeRule 的使用示例

在下面的示例中，HAP 与 HAR 中的 Ability 的 name 取值相同，需要对两者 config.json 文件中的 Ability 进行合并。由于两个文件中的部分字段(例如 launchType)存在冲突，需要在 HAP 的 abilities 标签下添加 mergeRule。

(1) 合并前 HAP 的 config.json 文件如下所示：

```
"abilities": [
    {
        "mergeRule": {
            "remove": ["orientation"],
            "replace": ["launchType"]
        }
        "name": "com.harmony.myapplication.entry.MainAbility",
        "type": "page",
        "launchType": "standard",
        "visible": false
    }
],
```

其中，remove 表示合并后需要移除的子标签，replace 表示合并后需要替换的子标签(HAP 替换 HAR)。

(2) 合并前 HAR 的 config.json 文件如下所示：

```
"abilities": [
    {
        "name": "com.harmony.myapplication.entry.MainAbility",
        "type": "page",
        "launchType": "singleton",
        "orientation": "portrait",
        "visible": false
    }
],
```

(3) 将上述两个 config.json 文件按照 mergeRule 进行合并，处理完成后 mergeRule 字段会被移除。合并后的结果文件如下所示：

```
"abilities": [
    {
        "name": "com.harmony.myapplication.entry.MainAbility",
        "type": "page",
        "launchType": "standard",
        "visible": false
    }
],
```

5.3 资 源 文 件

5.3.1 资源文件的分类

1. resources 目录

应用的资源文件(字符串、图片、音频等)统一存放于 resources 目录下，便于开发者使用和维护。resources 目录包括两大类目录，一类为 base 目录与限定词目录，另一类为 rawfile 目录，如表 5-2 所示。

表 5-2　resources 目录分类

分　类	base 目录与限定词目录	rawfile 目录
组织形式	按照两级目录形式来组织，目录命令必须符合规范，以便根据设备状态去匹配相应目录下的资源文件。 一级子目录 base 目录和限定词目录。 ● base 目录是默认存在的目录。当应用的 resources 资源目录中没有与设备状态匹配的限定词目录时，会自动引用该目录中的资源文件。 ● 限定词目录需要开发者自行创建。目录名称由一个或多个表征应用场景或设备特征的限定词组合而成. 二级子目录为资源目录，用于存放字符串、颜色、布尔值等基础元素，以及媒体、动画、布局等资源文件	支持创建多层子目录，目录名称可以自定义，文件夹内可以自由放置各类资源文件。 resources 目录的文件不会根据设备状态去匹配不同的资源
编译方式	目录中的资源文件会被编译成二进制文件，并赋予资源文件 ID	目录中的资源文件会被直接打包进应用，不经过编译，也不会赋予资源文件 ID
引用方式	通过指定资源类型(type)和资源名称(name)来引用	通过指定文件路径和文件名来引用

资源目录示例如图 5-3 所示。

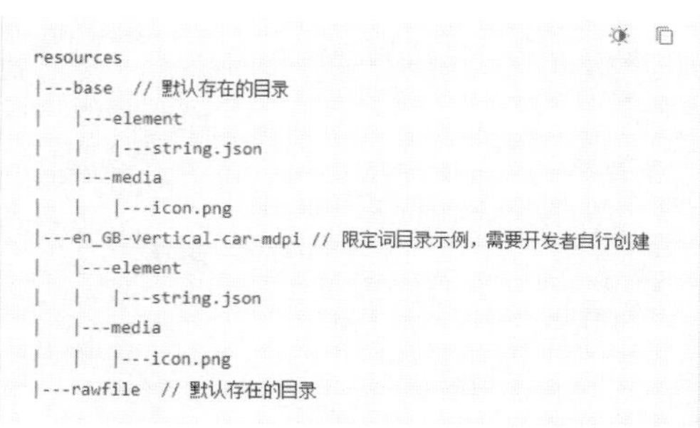

图 5-3　资源目录示例

2. 限定词目录

限定词目录可以由一个或多个表征应用场景或设备特征的限定词组合而成，包括移动国家码和移动网络码、语言、文字、国家或地区、横竖屏、设备类型、颜色模式和屏幕密度等，限定词之间通过下划线(_)或者连字符(-)连接。开发者在创建限定词目录时，需要掌握限定词目录的命名要求，以及限定词目录与设备状态的匹配规则。

限定词目录的命名要求如下。

(1) 限定词的组合顺序：移动国家码_移动网络码-语言_文字_国家或地区-横竖屏-设备类型-颜色模式-屏幕密度。开发者可以根据应用的使用场景和设备特征，选择其中的一类或几类限定词组成目录名称。

(2) 限定词的连接方式：语言、文字、国家或地区之间采用下划线(_)连接，移动国家码和移动网络码之间也采用下划线(_)连接，除此之外的其他限定词之间均采用连字符(-)连接，如 zh_Hant_CN、zh_CN-car-ldpi。

(3) 限定词的取值范围：每类限定词的取值必须符合相关的条件，否则将无法匹配目录中的资源文件。

限定词目录与设备状态的匹配规则如下。

(1) 在为设备匹配对应的资源文件时，限定词目录匹配的优先级从高到低依次为：移动国家码和移动网络码 > 区域(可选组合：语言、语言_文字、语言_国家或地区、语言_文字_国家或地区) > 横竖屏 > 设备类型 > 颜色模式 > 屏幕密度。

(2) 如果限定词目录中包含移动国家码和移动网络码、语言、文字、横竖屏、设备类型、颜色模式限定词，则对应限定词的取值必须与当前的设备状态完全一致，该目录才能够参与设备的资源匹配。例如，限定词目录 zh_CN-car-ldpi 不能参与 en_US 设备的资源匹配。

3. 资源目录

base 目录与限定词目录下面可以创建资源目录(包括 element、media、animation、layout、graphic、profile)，用于存放特定类型的资源文件，如表 5-3 所示。

表 5-3 资源目录说明

资源目录	目录说明	资源文件
element	表示元素资源，以下每一类数据都采用相应的 JSON 文件来表征。 ● boolean，布尔型 ● color，颜色 ● float，浮点型 ● intarray，整型数组 ● integer，整型 ● pattern，样式 ● plural，复数形式 ● strarray，字符串数组 ● string，字符串	element 目录中的文件名称建议与下面的文件名保持一致。每个文件中只能包含同一类型的数据。 ● boolean.json ● color.json ● float.json ● intarray.json ● integer.json ● pattern.json ● strarray.json ● string.json
media	表示媒体资源，包括图片、音频、视频等非文本格式的文件	文件名可自定义，例如：icou_png
animation	表示动画资源，采用 XML 文件格式	文件名可自定义，例如：zoom_in.xml
layout	表示布局资源，采用 XML 文件格式	文件名可自定义，例如：home_layout.xml
graphic	表示可绘制资源，采用 XML 文件格式	文件名可自定义，例如：notifications_dark.xml
profile	表示其他类型文件，以原始文件形式保存	文件名可自定义

4. 创建资源文件

在 resources 目录下，可按照限定词目录和资源目录的说明创建子目录和目录内的文件。同时，DevEco Studio 也提供了创建资源目录和资源文件的界面。

1) 创建资源目录及资源文件

右击 resources 目录，在弹出的快捷菜单中选择 New > Resource File 命令，此时可同时创建目录和文件。

文件默认创建在 base 目录的对应资源组下。如果选择了限定词，则会按照命名规范自动生成“限定词+资源组”目录，并将文件创建在目录中。

目录名自动生成，格式固定为“限定词.资源”，例如创建一个限定词为横竖屏类别下的竖屏，资源为绘制资源的目录，自动生成的目录名称为 vertical.graphic。

2) 创建资源目录

右击 resources 目录，在弹出的快捷菜单中选择 New > Resource Directory 命令，此时可创建资源目录。选择资源类型，设置限定词后自动生成目录名称。目录名称的格式固定为

“限定词.资源”。

3)　创建资源文件

右击资源目录，在弹出的快捷菜单中选择 New > XXX Resource File 命令，即可创建对应资源目录的资源文件。

5.3.2　资源文件的使用

1. 资源文件的引用方法

(1) base 目录与限定词目录中的资源文件，通过指定资源类型(type)和资源名称(name)来引用。

(2) Java 文件引用资源文件的格式为 ResourceTable.type_name。特别地，如果引用的是系统资源，则采用 ohos.global.systemres.ResourceTable.type_name 格式。

例如，在 Java 文件中，引用 string.json 文件中类型为 String、名称为 app_name 的资源，格式如下：

```
ohos.global.resource.ResourceManager resManager = this.getResourceManager();
String result = resManager.getElement(ResourceTable.String_app_name).getString();
```

在 Java 文件中，引用 color.json 文件中类型为 Color、名称为 red 的资源，格式如下：

```
ohos.global.resource.ResourceManager resManager = this.getResourceManager();
int color = resManager.getElement(ResourceTable.Color_red).getColor();
```

(3) XML 文件引用资源文件的格式为$type:name。特别地，如果引用的是系统资源，则采用$ohos:type:name 格式。

例如，在 XML 文件中，引用 string.json 文件中类型为 String、名称为 app_name 的资源，格式如下：

```
⋮
<Text ohos: text="$string: app_name/">
⋮
```

(4) rawfile 目录中的资源文件，通过指定文件路径和文件名称来引用。

例如，在 Java 文件中，引用一个路径为 resources/rawfile/、名称为 example.js 的资源文件，格式如下：

```
ohos.global.resource.ResourceManager resManager = this.getResourceManager();
ohos.global.resource.RawFileEntry rawFileEntry =
   resManager.getRawFileEntry("resources/rawfile/example.js");
```

2. 系统资源文件

目前支持的部分系统资源文件，如表 5-4 所示。

表 5-4　系统资源文件说明

系统资源名称	含　义	类型
ic_app	表示 HarmonyOS 应用的默认图标	媒体
request_location_reminder_title	表示“请求使用设备定位功能”的提示标题	字符串
request_location_reminder_content	表示“请求使用设备定位功能”的提示内容，即：请在列表中打开“位置信息”开关	字符串

3. 颜色模式的定义

应用可以在 config.json 的 module 字段下用 colorMode 字段来定义应用自身的颜色模式，字段值可以是 dark、light、auto(默认值)，例如：

```
"colorMode": "light"
```

当应用的颜色模式值为 dark 时，无论系统当前颜色模式是什么，应用始终会按照深色模式选取资源；同理，当应用的颜色模式值为 light 时，无论系统当前颜色模式是什么，应用始终会按照浅色模式选取资源；当应用的颜色模式值为 auto 时，应用会跟随系统的颜色模式值选取资源。可以在代码中通过以下方式获取应用当前的颜色模式：

```
int colorMode = Configuration.colorMode;
```

4. 为 element 资源文件添加注释或特殊标识

Element 目录下不同种类元素的资源均采用 JSON 文件格式，资源的名称 name 和取值 value 是每一条资源的必备字段。

如果需要为某一条资源备注信息，以便于资源的理解和使用，可以通过 comment 字段添加注释。

如果 value 字段中的部分文本不需要翻译，则不会显示在应用界面上，此时可以通过特殊结构来标识无须翻译的内容。

5. 通过 comment 字段添加注释

通过 comment 字段，可以为 JSON 文件的资源添加注释。例如：

```
{
    "string":[
        {
            "name":"message_arrive",
            "value":"We will arrive at %s",
            "comment":"Transfer Arrival Time. %s is time,like 5:00 am"
        }
    ]
}
```

习　　题

第 6 章

DevEco Studio 开发平台应用基础

6.1 DevEco Studio 工具简介

6.1.1 DevEco Studio 工具特点

HUAWEI DevEco Studio(以下简称 DevEco Studio)是基于 IntelliJ IDEA Community 开源版本打造，面向华为终端、全场景、多设备的一站式集成开发环境(IDE)，为开发者提供工程模板创建、开发、编译、调试、发布等 E2E 的 HarmonyOS 应用/服务开发环境。通过使用 DevEco Studio，开发者可以更高效地开发具备 HarmonyOS 分布式能力的应用/服务，进而提升创新效率。

作为一款开发工具，除了具有基本的代码开发、编译构建及调测等功能外，DevEco Studio 还具有如图 6-1 所示的特点。

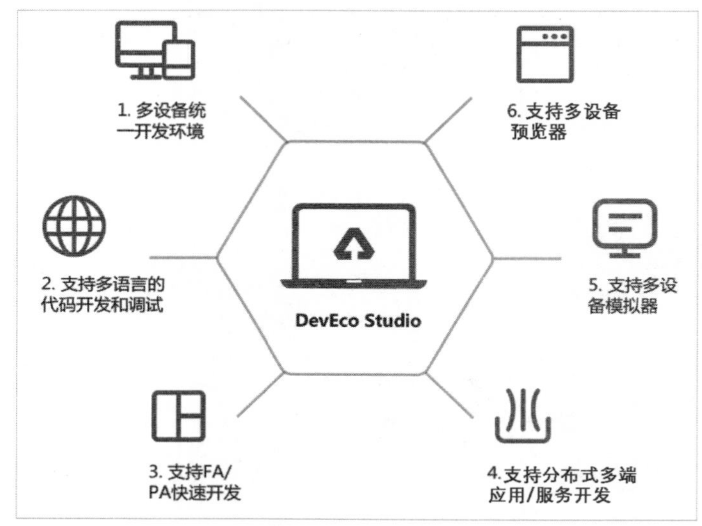

图 6-1 DevEco Studio 工具的特点

(1) 多设备统一开发环境：支持多种 HarmonyOS 设备的应用/服务开发，包括手机(Phone)、平板(Tablet)、车机(Car)、智慧屏(TV)、智能穿戴(Wearable)、轻量级智能穿戴(LiteWearable)和智慧视觉(Smart Vision)设备。

(2) 支持多语言的代码开发和调试：包括 Java、XML(eXtensible Markup Language)、C/C++、eTS(extended TypeScript)、JS(JavaScript)、CSS(Cascading Style Sheets)和 HML (HarmonyOS Markup Language)。

(3) 支持 FA(Feature Ability)和 PA(Particle Ability)快速开发：通过工程向导快速创建 FA/PA 工程模板，一键式打包成 HAP(HarmonyOS Ability Package)。

(4) 支持分布式多端应用/服务开发：一个工程和一份代码可跨设备运行，支持不同设备界面的实时预览和差异化开发，实现代码的最大化重用。

(5) 支持多设备模拟器：提供多设备的模拟器资源，包括手机、平板、车机、智慧屏、智能穿戴设备的模拟器，方便开发者高效调试。

(6) 支持多设备预览器：提供 JS 和 Java 预览器功能，可以实时查看应用/服务的布局效果，支持实时预览和动态预览；同时还支持多设备同时预览，查看同一个布局文件在不同设备上的呈现效果。

6.1.2　HarmonyOS 应用/服务开发流程

使用 DevEco Studio，只需按照如图 6-2 所示的步骤，即可轻松开发并上架一个 HarmonyOS 应用/服务到华为应用市场。

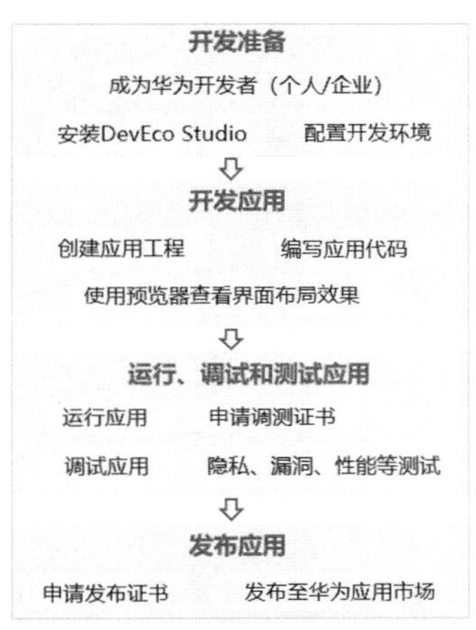

图 6-2　HarmonyOS 应用/服务开发流程

1. 开发准备

在进行 HarmonyOS 应用/服务开发前，开发者需要注册一个华为开发者账号，并完成实名认证。实名认证方式分为“个人实名认证”和“企业实名认证”。

下载 HUAWEI DevEco Studio，一键完成开发工具的安装。安装开发工具后，还需要设置开发环境。对于绝大多数开发者来说，只需要下载 HarmonyOS SDK 即可；只有少部分开发者，如企业内部人员访问 Internet 受限，需要通过代理进行访问，须设置对应的代理服务器才能下载 HarmonyOS SDK。

2. 开发应用/服务

DevEco Studio 集成了 Phone、Tablet、TV、Wearable、LiteWearable 等设备的典型场景模板，可以通过工程向导轻松创建一个新工程。

接下来还需要定义应用/服务的 UI、开发业务功能等编码工作。可以根据 HarmonyOS 应用开发概述来查看具体的开发过程，通过查看 API 接口文档查阅需要调用的 API 接口。

在开发代码的过程中，可以使用预览器来查看 UI 布局效果。开发工具支持实时预览、动态预览、双向预览等功能，使编码的过程更高效。

3. 运行、调试和测试应用/服务

应用/服务开发完成后，可以使用真机或者模拟器进行调试。开发工具支持单步调试、

跨设备调试、跨语言调试、变量可视化调试等手段，使得应用/服务调试更加高效。

HarmonyOS 应用/服务开发完成后，在发布到应用市场前，还需要对其进行测试，包括漏洞、隐私、兼容性、稳定性、性能等，确保 HarmonyOS 应用/服务纯净、安全，给用户带来更好的使用体验。

4. 发布应用/服务

HarmonyOS 应用/服务开发一切就绪后，需要将应用发布至华为应用市场，以便应用市场对应用/服务进行分发，此时普通消费者就可以通过应用市场获取到对应的 HarmonyOS 应用/服务。需要注意的是，发布到华为应用市场的 HarmonyOS 应用/服务，必须使用发布证书进行签名。

6.2 开发准备

6.2.1 开发说明

为确保运行效果，本教材以 DevEco Studio 3.0 Beta2 版本为例，如图 6-3 所示。

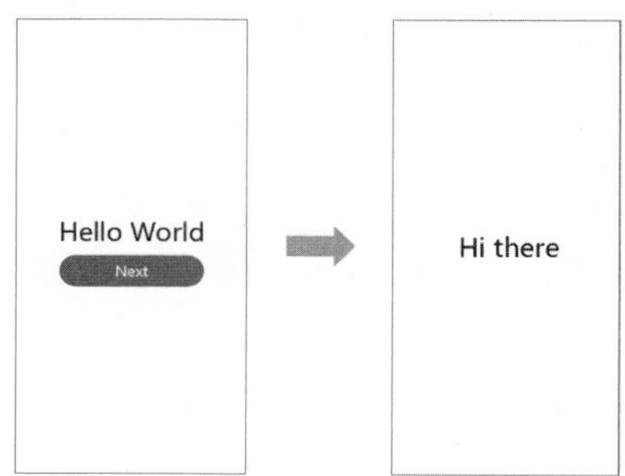

图 6-3 页面实例

HarmonyOS 提供了两种 FA(Feature Ability)的 UI 开发框架：Java UI 框架和方舟开发框架。

(1) Java UI 框架提供了细粒度的 UI 编程接口，UI 元素更丰富，使应用开发更灵活。

(2) 方舟开发框架提供了相对高层的 UI 描述，使应用开发更加简单。

Java UI 框架和方舟开发框架的对比如表 6-1 所示。

表 6-1 Java UI 框架和方舟开发框架的对比

比较项	Java UI 框架	方舟开发框架	
语言生态	Java	JS	eTS
接口方式	命令式	类 Web 范式	声明式
执行方式	开发者处理，基于 API 驱动的 UI 变更	框架层处理，基于数据驱动的 UI 自动变更	框架层处理，基于数据驱动的 UI 自动变更
相对优势	UI 元素更丰富，开发更灵活	轻量化，开发更简便	极简开发，内存占用更少，运行性能更高

对于 DevEco Studio V2.2 Beta1 及更高版本，在使用 JS 语言开发应用时，支持使用低代码开发方式。低代码开发方式遵循 HarmonyOS JS 开发规范，具有丰富的 UI 界面编辑功能，能通过可视化界面开发方式快速构建布局，可有效降低用户的学习成本并提升用户构建 UI 界面的效率。

DevEco Studio 开发准备工作如下。

(1) 下载与安装软件，配置开发环境，完成 DevEco Studio 的安装和开发环境配置。

(2) 开发环境配置完成后，创建和运行 HelloWorld 工程。

设备类型以 Phone 为例，设置如下。

- 使用 JS 语言开发(传统代码方式)，模板设置为 Empty Ability，Language 设置为 JS。
- 使用 JS 语言开发(低代码方式)，模板设置为 Empty Ability，Language 设置为 JS。
- 使用 eTS 语言开发，模板设置为 Empty Ability，Language 设置为 eTS。
- 使用 Java 语言开发，模板设置为 Empty Ability，Language 设置为 Java。

工程创建完成后，使用预览器或 Phone 模拟器运行该工程。

6.2.2　搭建开发环境流程

DevEco Studio 支持 Windows 系统和 macOS 系统，在开发 HarmonyOS 应用/服务前，需要准备 HarmonyOS 应用/服务的开发环境。搭建开发环境流程如图 6-4 所示。

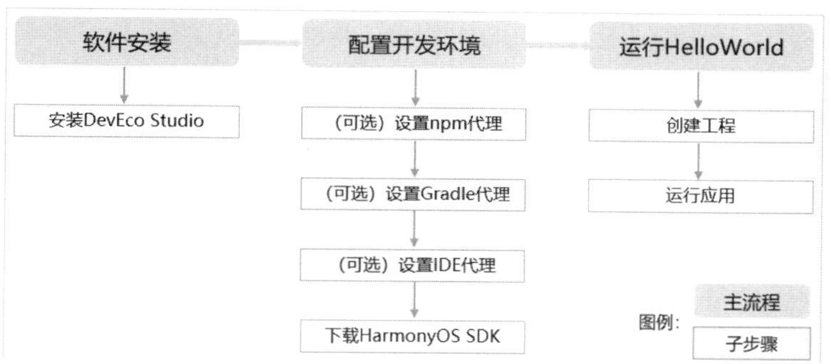

图 6-4　搭建开发环境流程

搭建 HarmonyOS 应用/服务开发环境包括软件安装、配置开发环境和运行 HelloWorld 三个环节，详细说明参考表 6-2。

表 6-2　HarmonyOS 应用/服务开发环境说明

序号	操作步骤	操作指导	说　明
1	软件安装	Windows 系统软件安装	安装 DevEco Studio
		macOS 系统软件安装	
2	配置开发环境	(可选)设置 Gradle 代理	如果网络不能直接访问 Internet，需要通过代理服务器才可以访问的情况下需要设置。 如果无须代理即可访问 Internet，可跳过该步骤
		(可选)设置 IDE 代理	
		(可选)设置 npm 代理	
		下载 HarmonyOS SDK	

续表

序号	操作步骤	操作指导	说明
3	运行 HelloWorld	创建工程	使用模拟器运行 Demo 工程，验证环境是否已经配置完成
		运行应用	

6.2.3 下载与安装软件

DevEco Studio 支持 Windows 和 macOS 系统，本文主要针对 Windows 操作系统的软件安装方式进行介绍。

1. 运行环境要求

为保证 DevEco Studio 正常运行，建议电脑配置满足如下要求。

- 操作系统：Windows 10(64 位)。
- 内存：8GB 及以上。
- 硬盘：100GB 及以上。
- 分辨率：1280 像素×800 像素及以上。

2. 下载和安装 DevEco Studio

DevEco Studio 的编译构建依赖 JDK。DevEco Studio 预置了 Open JDK，版本为 1.8，DevEco Studio 安装过程中会自动安装 JDK。

(1) 进入 HUAWEI DevEco Studio 产品页面，单击下载列表后的⬇按钮，下载 DevEco Studio。

说明： *如果下载 DevEco Studio Beta 版本，则需要注册并登录华为开发者账号。*

(2) 双击下载的 deveco-studio-xxxx.exe 文件，进入 DevEco Studio 安装向导，在安装选项界面中选中 DevEco Studio 复选框后，多次单击 Next 按钮，直至安装完毕。

(3) 安装完成后，单击 Finish 按钮。

6.2.4 配置开发环境

DevEco Studio 提供了 SDK Manager 统一管理 SDK 及工具链，下载各种编程语言的 SDK 包时，SDK Manager 会自动下载该 SDK 包依赖的工具链。

SDK Manager 提供多种编程语言的 SDK 包和工具链，具体说明如表 6-3 所示。

表 6-3 SDK Manager 提供的多种编程语言的 SDK 包和工具链说明

类别	包　名	说　明	参　考
SDK	Native	C/C++语言 SDK 包	《Native API 参考》
	eTS	eTS(extended TypeScript) SDK 包	《基于 TS 扩展的声明式开发范式》
	JS	JS 语言 SDK 包	《基于 JS 扩展的类 Web 开发范式》
	Java	Java 语言 SDK 包	《Java API 参考》

续表

类别	包　名	说　明	参　考
SDK Tool	Toolchains	SDK 工具链，HarmonyOS 应用/服务开发必备工具集，包括编译、打包、签名、数据库管理等工具	—
	Previewer	HarmonyOS 应用/服务预览器，在开发过程中可以动态预览 Phone、TV、Wearable、LiteWearable 等设备的应用/服务效果，支持 JS、eTS 和 Java 应用/服务预览	使用预览器查看应用/服务效果

1. 下载 HarmonyOS SDK

第一次使用 DevEco Studio，需要下载 HarmonyOS SDK 及对应的工具链。

说明： HarmonyOS SDK 与 OpenHarmony SDK 不兼容，下载的 HarmonyOS SDK 并不适用于 OpenHarmony 工程。加载 OpenHarmony SDK 和开发 OpenHarmony 应用，请参考 OpenHarmony 使用指南。

(1) 运行已安装的 DevEco Studio，首次使用应选中 Do not import settings 复选框，然后单击 OK 按钮。

(2) 进入配置向导页面，设置 npm registry，DevEco Studio 已预置了对应的库，直接单击 Start using DevEco Studio 按钮进入下一步。

说明： 如果配置向导界面中出现的是设置 Set up HTTP Proxy，说明网络受限，请根据提示信息配置 DevEco Studio 代理、npm 代理和 Gradle 代理后，再下载 HarmonyOS SDK。

(3) 根据 DevEco Studio 向导下载 SDK，默认下载 OpenHarmony SDK。一般 SDK 下载到 user 目录下，也可以指定存储路径(SDK 存储路径不支持中文字符)，然后单击 Next 按钮。

说明： 开发 HarmonyOS 应用或服务，可以不用下载 OpenHarmony SDK，单击 Cancel 按钮，然后直接下载 HarmonyOS SDK。

(4) 在弹出的 SDK 下载信息页面中单击 Next 按钮，并在弹出的 License Agreement 页面中单击 Accept 按钮开始下载 SDK。

说明： 下载 SDK 的过程中，如果提示“Install js dependencies failed”，请根据 JS SDK 安装失败处理指导进行处理。

(5) 等 OpenHarmony SDK 及工具下载完成，单击 Finish 按钮，进入 DevEco Studio 欢迎页面。

(6) 单击欢迎页面中的 Configure(或⚙图标) > Settings > SDK Manager > HarmonyOS Legacy SDK 项，然后单击 Edit 按钮设置 HarmonyOS SDK 的存储路径，如图 6-5 所示。

(7) 设置 HarmonyOS Legacy SDK Location 存储路径，然后单击 Next 按钮。请注意，该路径不能与 OpenHarmony SDK 存储路径相同，否则会导致 OpenHarmony SDK 文件被删除。

(8) 在弹出的 SDK 下载信息页面中单击 Next 按钮，并在弹出的 License Agreement 页面中单击 Accept 按钮开始下载 SDK。

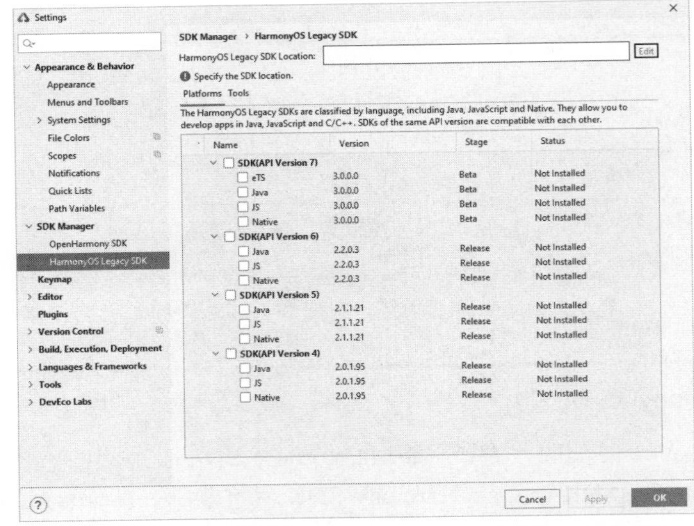

图 6-5　设置 HarmonyOS SDK 存储路径页面

(9) 下载完成后，单击 Finish 按钮。自此，HarmonyOS SDK 就安装完成了。

SDK 默认只会下载最新版本的 Java SDK、JS SDK、Previewer 和 Toolchains。单击欢迎页面中的 Configure(或图标) > Settings > SDK Manager > HarmonyOS Legacy SDK 项，进入 HarmonyOS Legacy SDK 页面，可以下载其他组件，只需要勾选对应的组件包，然后单击 Apply 按钮即可。

2. 更新 HarmonyOS SDK

如果已经下载过 HarmonyOS SDK，当出现新版本的 SDK 时，可以通过 SDK Manager 来更新对应的 SDK。进入 SDK Manager 的方法如下。

- 在 DevEco Studio 欢迎页面中单击 Configure(或图标) > Settings > SDK Manager > HarmonyOS Legacy SDK(macOS 系统为 Configure > Preferences > SDK Manager > HarmonyOS Legacy SDK)。
- 在 DevEco Studio 打开工程的情况下，选择 Files > Settings > SDK Manager > HarmonyOS Legacy SDK 命令(macOS 系统为 DevEco Studio > Preferences > SDK Manager > HarmonyOS Legacy SDK 命令)。

在 SDK Manager 中，勾选需要更新的 SDK 项，单击 Apply 按钮，然后在弹出的确认更新对话框中，单击 OK 按钮，即可开始更新，如图 6-6 所示。

3. 配置 HDC 工具环境变量

HDC 是为开发者提供 HarmonyOS 应用/服务的调试工具。为方便使用 HDC 工具，需为 HDC 工具及其端口号设置环境变量。

1) Windows 环境变量设置方法

(1) 在“此电脑”>“属性”>“高级系统设置”>“高级”>“环境变量”中，添加 HDC 端口变量名：HDC_SERVER_PORT，将其变量值设置为 7035，如图 6-7 所示。

(2) 在 path 变量中，添加 HDC 工具路径。HDC 工具路径为“HarmonyOS SDK 安装

目录/toolchains”。

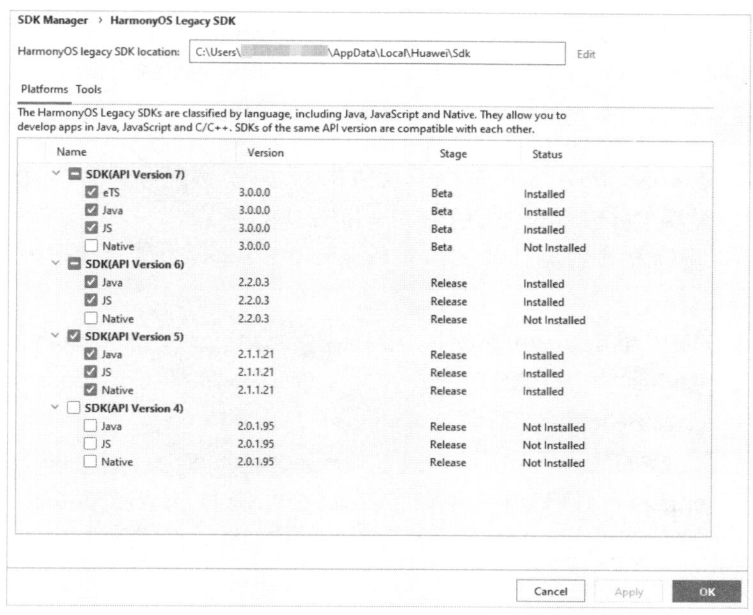

图 6-6　更新 HarmonyOS SDK

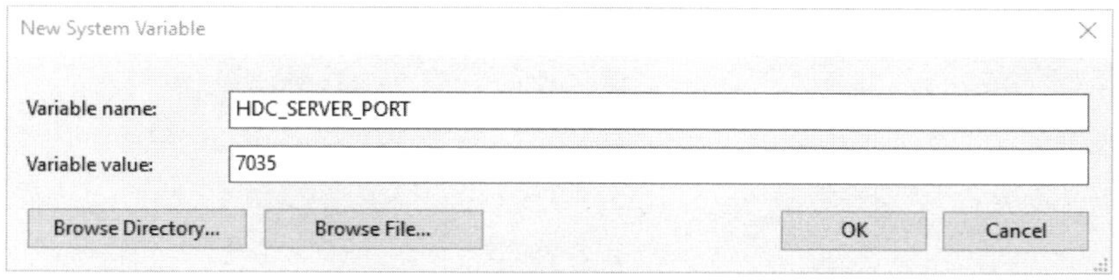

图 6-7　Windows 配置 HDC 工具环境变量

(3)　环境变量配置完成后，关闭并重启 DevEco Studio。

2)　macOS 环境变量设置方法

(1)　打开终端工具，执行以下命令，打开.bash_profile 文件：

```
vi ./.bash_profile
```

(2)　输入“i”后按 Enter 键，进入 Insert 模式。

(3)　输入如图 6-8 所示的内容，在 PATH 路径下添加 HDC 工具路径(HarmonyOS SDK 安装目录/toolchains)和 HDC_SERVER_PORT 端口信息。

```
export PATH=$PATH:/Users/admin/Library/Huawei/Sdk/toolchains
export CLASSPATH
HDC_SERVER_PORT=7035
launchctl setenv HDC_SERVER_PORT $HDC_SERVER_PORT
export HDC_SERVER_PORT
```

图 6-8　macOS 配置 HDC 工具环境变量

(4)　编辑完成后，按 Esc 键，退出编辑模式，然后输入“:wq”后按 Enter 键保存。

(5)　执行以下命令，使配置的环境变量生效。

```
source .bash_profile
```

(6) 环境变量配置完成后，关闭并重启 DevEco Studio。

DevEco Studio 开发环境依赖于网络环境，需要连接网络才能确保工具的正常使用。

4. 配置 DevEco Studio 代理

(1) 启动 DevEco Studio，进入 Set up HTTP Proxy 配置向导界面，勾选 Manual proxy configuration 项，设置 DevEco Studio 的 HTTP Proxy。

说明：如果配置向导非首次进入 HTTP Proxy，可以通过以下方式进入 HTTP Proxy 配置界面。

- 在欢迎页面中单击 Configure(或图标) > Settings > Appearance & Behavior > System Settings > HTTP Proxy 项(macOS 系统为 Configure > Preferences > Appearance & Behavior > System Settings > HTTP Proxy)。
- 在打开了工程的情况下，可以选择 File > Settings > Appearance & Behavior > System Settings > HTTP Proxy 命令(macOS 系统为 DevEco Studio > Preferences > Appearance & Behavior > System Settings > HTTP Proxy 命令)。

(2) 设置代理服务器信息，如图 6-9 所示。如果不清楚代理服务器信息，可以咨询网络管理人员。

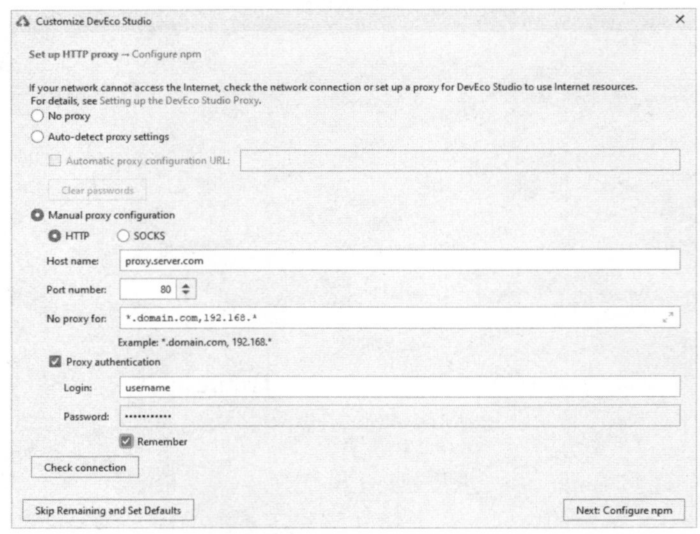

图 6-9 Set up HTTP Proxy 界面

- Host name：代理服务器主机名或 IP 地址。
- Port number：代理服务器对应的端口号。
- No proxy for：不需要通过代理服务器访问的 URL 或者 IP 地址(地址之间用英文逗号分隔)。
- Proxy authentication：如果代理服务器需要通过认证才能访问，则需要设置，否则跳过该配置项。
- Login：访问代理服务器的用户名。

- Password：访问代理服务器的密码。
- Remember：选中该复选框，记住密码。

(3) 配置完成后，单击 Check connection 按钮，输入网络地址(如 https://developer.harmonyos.com)，检查网络连通性。提示“Connection successful”信息，表示代理设置成功。

(4) 单击 Next: Configure npm 按钮，继续设置 npm 代理信息。

5. 配置 npm 代理

(1) 通过 DevEco Studio 配置向导设置 npm 代理信息，代理信息将写入用户“users/用户名/”目录下的.npmrc 文件。

说明：该向导只有第一次安装 DevEco Studio 时才会出现。如果未出现该向导，可以直接在“users/用户名/”目录下的.npmrc 文件中添加代理配置信息。

- npm registry：设置 npm 库的地址信息，建议勾选该项。
- HTTP proxy：代理服务器信息，默认与 DevEco Studio 的 HTTP proxy 设置项保持一致。
- Enable Https Proxy：同步设置 HTTPS Proxy 配置信息，建议勾选该项。

(2) 单击 Start using DevEco Studio 按钮，继续下一步操作。

如果代理服务器需要认证(需要用户名和密码)，先根据如下指导配置代理服务器的用户名和密码信息，然后再下载 HarmonyOS SDK；否则，跳过该操作，参考下载 HarmonyOS SDK 进行操作即可。

① 进入用户的 users 目录，打开.npmrc 文件。

② 修改 npm 代理信息，在 proxy 和 https-proxy 中增加 user 和 password 字段，具体取值以实际代理信息为准。示例如图 6-10 所示。

```
proxy=http://user:password@proxy.server.com:80
https-proxy=http://user:password@proxy.server.com:80
```

图 6-10　修改 npm 代理信息示例

说明：如果 password 中存在特殊字符，如@、#、*等，可能导致配置不生效，建议将特殊字符替换为 ASCII 码，并在 ASCII 码前加百分号(%)。常用符号替换为 ASCII 码对照如表 6-4 所示。

表 6-4　password 中特殊字符的 ASCII 码

符　号	ASCII 码
!	%21
@	%40
#	%23
&	%24
*	%2A

(3) 代理设置完成后，打开命令行工具，执行如下命令验证网络是否正常。

```
npm info express
```

执行结果如图 6-11 所示，则说明代理设置成功。

```
C:\Users\    >npm info express

express@4.17.1 | MIT | deps: 30 | versions: 264
Fast, unopinionated, minimalist web framework
http://expressjs.com/

keywords: express, framework, sinatra, web, rest, restful, router, app, api

dist
.tarball: https://registry.npmjs.org/express/-/express-4.17.1.tgz
.shasum: 4491fc38605cf51f8629d39c2b5d026f98a4c134
.integrity: sha512-mHJ9O79RqluphRrcw2X/GTh3k9tVv8YcoyY4Kkh4WDMUYKRZUq0h1o0w2rrrxBqM7VoeUVqgb27xlEMXTnYt4g==
.unpackedSize: 208.1 kB

dependencies:
accepts: ~1.3.7                 cookie: 0.4.0          finalhandler: ~1.1.2           path-to-regexp: 0.1.7
array-flatten: 1.1.1            debug: 2.6.9           fresh: 0.5.2                   proxy-addr: ~2.0.5
body-parser: 1.19.0             depd: ~1.1.2           merge-descriptors: 1.0.1       qs: 6.7.0
content-disposition: 0.5.3      encodeurl: ~1.0.2      methods: ~1.1.2                range-parser: ~1.2.1
content-type: ~1.0.4            escape-html: ~1.0.3    on-finished: ~2.3.0            safe-buffer: 5.1.2
cookie-signature: 1.0.6         etag: ~1.8.1           parseurl: ~1.3.3               send: 0.17.1
(...and 6 more.)
```

图 6-11　执行结果

(4) 网络设置完成后，下载 HarmonyOS SDK。

6. 配置 Gradle 代理

(1) 双击“此电脑”图标，在文件夹地址栏中输入“%userprofile%”，进入个人用户文件夹，如图 6-12 所示。

(2) 创建一个文件夹，命名为.gradle。如果已有.gradle 文件夹，可跳过此操作。

说明：在 macOS 系统中创建.gradle 文件夹前，先将系统设置为“显示隐藏文件”。

(3) 进入.gradle 文件夹，新建一个文本文件，命名为 gradle，并修改后缀为.properties。

(4) 打开 gradle.properties 文件，添加如图 6-13 所示的脚本，然后保存。

其中代理服务器、端口、用户名、密码和不使用代理的域名，应根据实际代理情况进行修改。其中不使用代理的 nonProxyHosts 配置分隔符是 “|”。

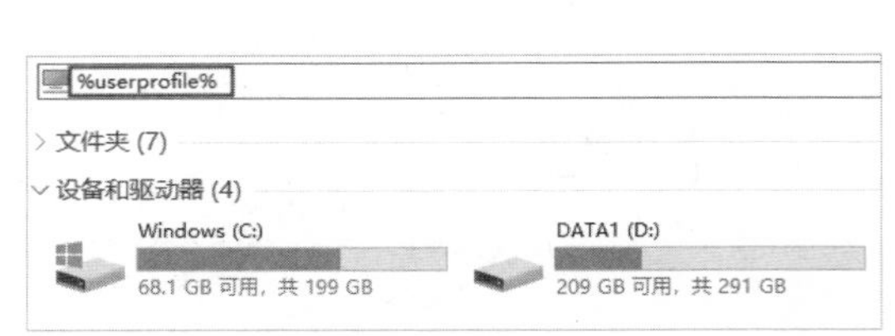

图 6-12　个人用户文件夹界面

```
systemProp.http.proxyHost=proxy.server.com
systemProp.http.proxyPort=8080
systemProp.http.nonProxyHosts=*.company.com|10.*|100.*
systemProp.http.proxyUser=userId
systemProp.http.proxyPassword=password
systemProp.https.proxyHost=proxy.server.com
systemProp.https.proxyPort=8080
systemProp.https.nonProxyHosts=*.company.com|10.*|100.*
systemProp.https.proxyUser=userId
systemProp.https.proxyPassword=password
```

图 6-13　配置 Gradle 代理脚本示例

6.3　工 程 管 理

6.3.1　HarmonyOS APP 工程结构

在进行 HarmonyOS 应用/服务开发前，应掌握 HarmonyOS 应用/服务的逻辑结构。

HarmonyOS 应用/服务发布形态为 APP Pack(Application Package)，它是由一个或多个 HAP(HarmonyOS Ability Package)包以及描述 APP Pack 属性的 pack.info 文件组成。

一个 HAP 在工程目录中对应一个 Module，它是由代码、资源、第三方库及应用/服务配置文件组成，可以分为 Entry 和 Feature 两种类型。

- Entry：应用/服务的主模块，可独立安装运行。一个 APP 中，对于同一类型的设备，可以包含一个或多个 Entry 类型的 HAP；如果同一设备类型包含多个 Entry 模块，需要配置 distroFilter 分发规则。
- Feature：应用/服务的动态特性模块。一个 APP 可以包含一个或多个 Feature 类型的 HAP，也可以不含。

HAP 是 Ability 的部署包，HarmonyOS 应用/服务代码围绕 Ability 组件展开，它是由一个或多个 Ability 组成。Ability 分为两种类型：FA(Feature Ability，中文名称“元程序”)和 PA(Particle Ability，中文名称“元服务”)。FA/PA 是应用/服务的基本组成单元，能够实现特定的业务功能。FA 有 UI 界面，而 PA 无 UI 界面。逻辑结构示意如图 6-14 所示。

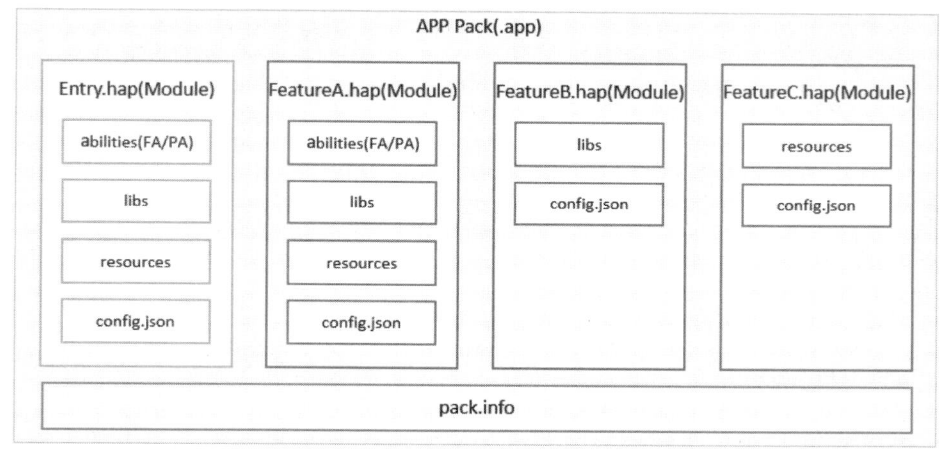

图 6-14　HarmonyOS 应用/服务的逻辑结构

DevEco Studio 中提供工程视图和 HarmonyOS 视图。创建或打开工程，默认显示工程视图。如果要切换到 HarmonyOS 视图，在左上角选择 Project > Ohos 命令，如图 6-15 所示。

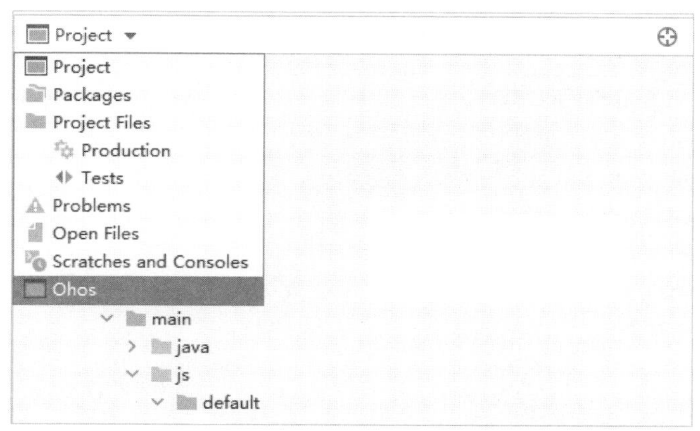

图 6-15　DevEco Studio 切换 HarmonyOS 视图界面

1. Java 工程目录结构

Java 工程目录结构如图 6-16 所示。

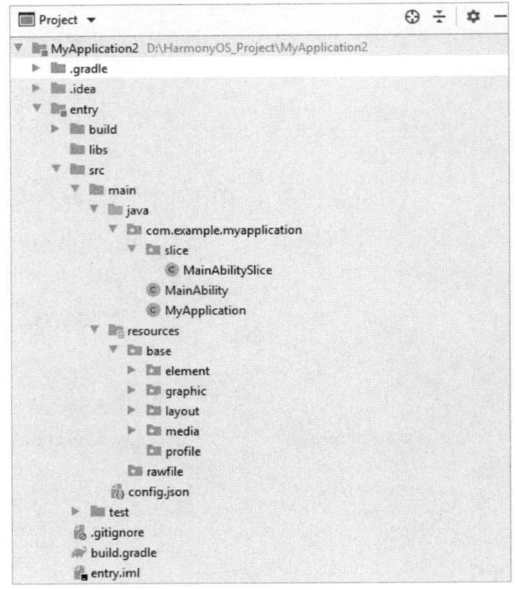

图 6-16　Java 工程目录结构

(1) .gradle：Gradle 配置文件，由系统自动生成，一般情况下不需要修改。

(2) entry：默认的启动模块(主模块)，开发者用于编写源码文件以及开发资源文件的目录。

- entry > libs：用于存放 entry 模块的依赖文件。
- entry > src > main > java：用于存放 Java 源码。
- entry > src > main > resources：用于存放应用/服务所用到的资源文件，如图形、多媒体、字符串、布局文件等。

关于资源文件的详细说明如表 6-5 所示。

表 6-5　资源文件的分类

资源目录	资源文件说明
base > element	均由 json 格式进行定义。 boolean.json：布尔型。 color.json：颜色。 float.json：浮点型。 intarray.json：整型数组。 integer.json：整型。 pattern.json：样式。 plural.json：复数形式。 strarray.json：字符串数组。 string.json：字符串值

续表

资源目录	资源文件说明
base > graphic	xml 类型的可绘制资源，如 SVG(Scalable Vector Graphics)为可缩放矢量图形文件、Shape 为基本的几何图形(如矩形、圆形、线等)
base > layout	xml 格式的界面布局文件
base > media	多媒体文件，如图形、视频、音频等文件，支持的文件格式有.png、.gif、.mp3、.mp4 等
base > profile	用于存储任意格式的原始资源文件。区别在于 rawfile 不会根据设备的状态去匹配不同的资源，需要指定文件路径和文件名进行引用
rawfile	

2. JS 工程目录结构

JS 工程目录结构如图 6-17 所示。

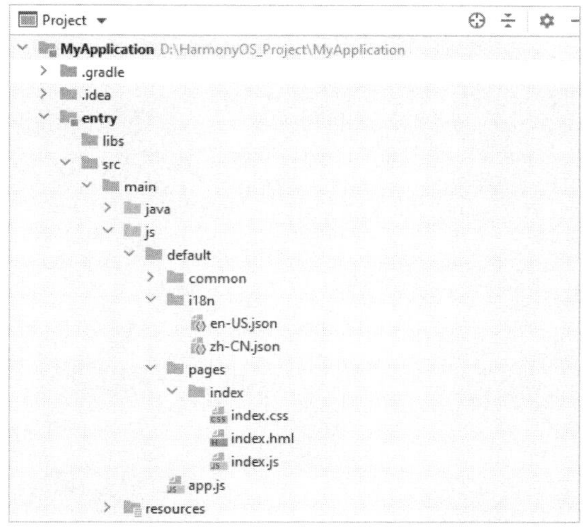

图 6-17　JS 工程目录结构

(1) java 目录：仅 Phone、Tablet、TV 和 Wearable 设备的 JS 工程才存在，作为 HarmonyOS 应用/服务的启动入口。

(2) common 目录：用于存放公共资源文件，如媒体资源、自定义组件和 JS 文档等。

(3) i18n 目录：用于存放多语言的 json 文件，可以在该目录下定义应用/服务在不同语言系统下显示的内容，如应用/服务文本词条、图片路径等。

(4) pages 目录：pages 文件夹下可以包含一个或多个页面，每个页面都需要创建一个文件夹(如 index)。页面文件夹下主要包含 3 种文件类型，即 css、js 和 hml 文件。

- pages > index > index.hml 文件：hml 文件定义了页面的布局结构，包含用到的组件，以及这些组件的层级关系。
- pages > index > index.css 文件：css 文件定义了页面的样式与布局，包含样式选择器和各种样式属性等。
- pages > index > index.js 文件：js 文件描述了页面的行为逻辑，包含页面里所用到的所有逻辑关系，比如数据、事件等。

(5) resources：用于存放资源配置文件，如全局样式、多分辨率加载等。

(6) app.js 文件：包括全局的 JavaScript 逻辑和应用/服务生命周期管理。

3. eTS 工程目录结构

eTS 工程目录结构如图 6-18 所示。

(1) ets > default > pages > index.ets 文件：.ets 结尾的 eTS(extended TypeScript)文件用于描述 UI 布局、样式、事件交互和页面逻辑。

(2) ets > default > app.ets：用于全局应用/服务逻辑和应用/服务生命周期管理。

(3) java 目录： HarmonyOS 应用或原子化服务的启动入口。

(4) resources 目录：用于存放资源配置文件，如国际化字符串、资源限定相关资源和 rawfile 资源等。

4. C++工程目录结构

C++工程目录结构如图 6-19 所示。

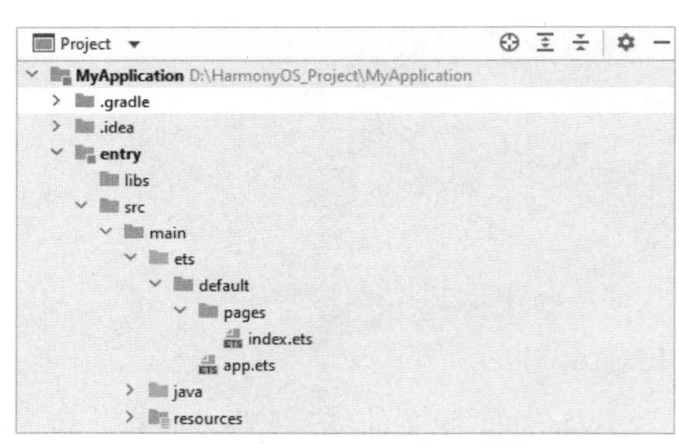

图 6-18 eTS 工程目录结构

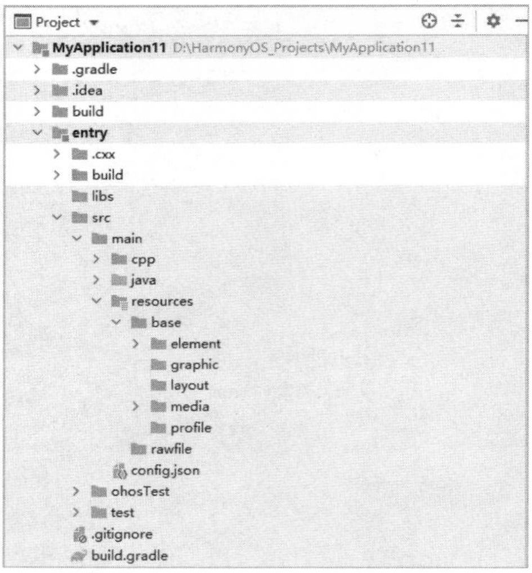

图 6-19 C++工程目录结构

- entry > src > main > cpp：用于存放 C++源码。
- entry > src > main > java：用于存放 Java 源码。
- entry > src > main > resources：用于存放应用/服务所用到的资源文件，如图形、多媒体、字符串、布局文件等。

6.3.2 工程模板和开发语言介绍

DevEco Studio 支持包括手机、平板、车机、智慧屏、智能穿戴、轻量级智能穿戴和智慧视觉设备的 HarmonyOS 应用/服务开发，预置了丰富的工程模板，可以根据工程向导轻松创建适用于各类设备的工程，并自动生成对应的代码和资源模板。同时，DevEco Studio 还提供了多种编程语言供开发者进行 HarmonyOS 应用/服务开发，包括 Java、JS、eTS 和

C/C++编程语言。

DevEco Studio 编程模板选择界面如图 6-20 所示。

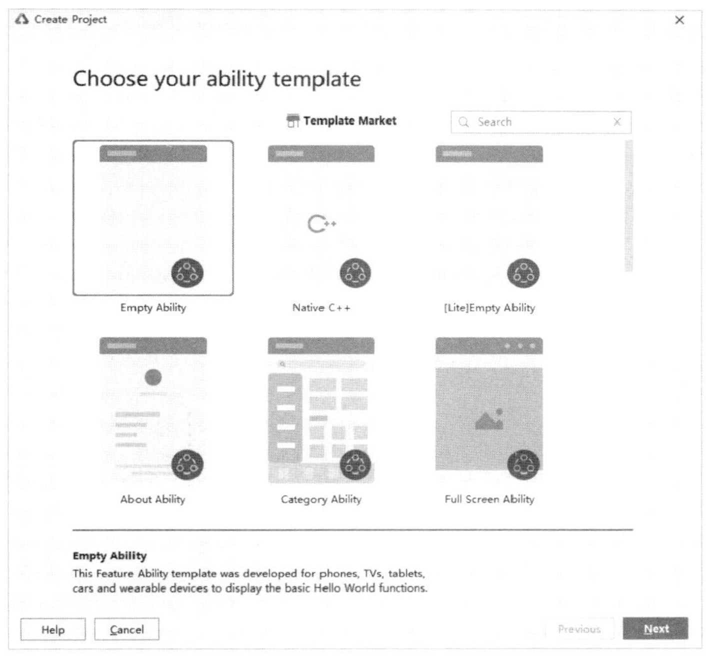

图 6-20　DevEco Studio 编程模板选择界面

部分设备类型工程模板和开发语言的对应关系如表 6-6 所示。更多的模板，可单击图 6-20 中的 Template Market 按钮获取。

表 6-6　部分设备类型工程模板和开发语言的对应关系

模板名称	支持的设备	支持的开发语言	模板说明
Empty Ability	Phone、Tablet、TV、Wearable	JavaScript	支持低代码开发，用于 Phone、TV、Tablet、Wearable 设备的 Feature Ability 模板，展示了基础的 Hello World 功能
	Phone、Tablet、TV、Wearable、Car	Java	用于 Phone、TV、Tablet、Wearable、Car 设备的 Feature Ability 模板，展示了基础的 Hello World 功能
	Phone、Tablet、Car	eTS	用于 Phone、TV、Tablet 设备的 Feature Ability 模板，展示了基础的 Hello World 功能
Native C++	Phone、Car	C++	用于 Phone、Car 设备的 Feature Ability 模板，作为 HarmonyOS 应用/服务调用 C++代码的示例工程，界面显示“Hello from JNI C ++ codes”

6.3.3 创建一个新的工程

当开发一个 HarmonyOS 应用/服务时，首先需要根据工程向导创建一个新的工程，工具会自动生成对应的代码和资源模板。

说明：在运行 DevEco Studio 工程时，建议每一个运行窗口有 2GB 以上的可用内存空间。

1. 创建和配置新工程

(1) 通过以下两种方式，可打开工程创建向导界面。

- 如果当前未打开任何工程，可以在 DevEco Studio 的欢迎页面中选择 Create Project 项，开始创建一个新工程。
- 如果已经打开了工程，可以在菜单栏中选择 File > New > New Project 命令创建一个新工程。

(2) 根据工程创建向导，选择需要的 Ability 工程模板，然后单击 Next 按钮。

说明：单击 Template Market 按钮，进入 Template Market 面面可获取更多模板资源。在 Template Market 页面选中要下载的工程模板，单击 Download 按钮，工程模板被下载后，显示在 Choose your ability template 页面上。

(3) 单击 Next 按钮，进入工程配置阶段，根据向导配置工程的基本信息。

- Project Name：工程的名称，可以自定义。
- Project Type：工程的类型，标识该工程是一个原子化服务(Atomic Service)或传统方式的需要安装的应用(Application)。

说明：如果是创建原子化服务，则调试、运行原子化服务时，在设备桌面上没有应用图标，此时可用 DevEco Studio 的调试和运行功能启动原子化服务。原子化服务是免安装的，即 config.json 中自动添加了 installationFree 字段，取值为 true。如果 Entry 模块的 installationFree 字段为 true，则其相关的所有 hap 模块的 installationFree 字段都默认为 true；如果 Entry 模块的 installationFree 字段为 false，则其相关的所有 hap 模块可以配置为 true 或 false。编译构建 APP 时，每个 hap 包大小不能超过 10MB。

- Bundle Name：软件包名称。默认情况下，应用/服务 ID 也会使用该名称。应用/服务发布时，应用/服务 ID 需要唯一。如果 Project Type 选择了 Atomic Service，则 Bundle Name 的后缀名必须是.hmservice。
- Save Location：工程文件本地存储路径，路径中不能包含中文字符。
- Development Mode：选择开发模式。部分模板支持低代码开发，可选择 Super Visual。
- Language：该工程模板支持的开发语言。可根据模板支持的语言选择 JS、eTS 或 Java，其中 eTS 在 DevEco Studio V3.0 Beta2 及以上版本中受支持。
- Compatible API Version：兼容的 SDK 最低版本。
- Device Type：该工程模板支持的设备类型，可以多选，默认全部勾选。如果勾选多个设备，表示该原子化服务或传统方式的需要安装的应用支持部署在多个设备上。

- Show in service center：是否在服务中心露出。如果 Project Type 为 Atomic Service，则会同步创建一个 2×2 的服务卡片模板，同时还会创建入口卡片；如果 Project Type 为 Application，则只会创建一个 2×2 的服务卡片模板。
- Use ArkCompiler：打开该开关，表示该工程在编译构建时使用 ArkCompiler 方舟编译器进行编译。

说明：使用方舟编译器进行编译为实验特性，需要先在 File > Settings > DevEco Labs >Ark 中勾选 Enable HarmonyOS Ark 选项。当前仅 Phone 和 Tablet 工程支持使用方舟编译器进行编译。当前 JS/eTS 原子化服务和 HarmonyOS 应用/服务工程，以及 JS 卡片支持使用方舟编译器进行编译。

(4) 单击 Finish 按钮，工具会自动生成示例代码和相关资源，等待工程创建完成。

2. 打开现有工程

打开现有工程有以下两种方式。

- 如果当前未打开任何工程，可以在 DevEco Studio 的欢迎页面选择 Open Project 项打开现有工程。
- 如果已经打开了工程，可以在菜单栏中选择 File > Open 命令打开现有工程。

3. 将原子化服务工程改为应用工程

原子化服务是免安装的，如果创建的是原子化服务工程，config.json 中会自动添加 installationFree 字段，取值为 true。如果要将原子化服务工程改成应用工程，则将 config.json 中的 installationFree 字段取值修改为 false 即可，如图 6-21 所示。

```
"distro": {
  "deliveryWithInstall": true,
  "moduleName": "entry",
  "moduleType": "entry",
  "installationFree": false,
},
```

图 6-21 原子化服务工程改为应用工程

6.3.4 适配历史工程

1. 历史工程自动适配

由于最新版本的 HarmonyOS SDK 对应的 API Version 发生了跃迁，原有的 API Version 3 变成了当前的 API Version 4，原有的 API Version 4 变成了当前的 API Version 5。因此，使用最新版本的 DevEco Studio 打开历史工程(使用旧版本的 DevEco Studio 创建的工程)，需要对历史工程进行适配；如果历史工程未做适配，会导致工程出现运行错误 INSTALL_PARSE_FAILED_USESDK_ERROR。

在打开历史工程前，建议先选择 Help > Check for Updates 命令检查并升级 DevEco Studio 至最新版本；再选择 Files > Settings > SDK Manager > HarmonyOS Legacy SDK 命令检查并升级 SDK 及工具链至最新版本。

使用 DevEco Studio 打开历史工程，会提示将对历史工程进行升级适配，单击 Update 按钮，工具会自动修改工程中的配置信息。

如果不单击 Update 按钮自动更新，开发者可以手动更新，并按照图 6-22 内容进行修改。

```
buildscript {
    repositories {
        maven {
            url 'http://repo.huaweicloud/repository/maven'
        }
        maven {
            url 'http://developer.huawei.com/repo/'
        }
    }
    dependencies {
        classpath 'com.huawei.ohos:hap:3.0.3.4'
        classpath 'com.huawei.ohos:decctest:1.2.6.0'
    }
}
```

图 6-22　手动更新 DevEco Studio 示例

2. LABEL_VALUE_ERROR 处理指导

1)　问题现象

在工程同步、编译构建过程中，提示 LABEL_VALUE_ERROR 错误信息，如图 6-23 所示。

```
Execution failed for task ':entrytv:mergeDebugProfile'.
> ConfigJsonError: LABEL_VALUE_ERROR
    > Reason: Please check module:[entrytv] config.json file, check whether the label:[abilities]
 sub-tag label:[label]  is the correct resource reference.
    > File: D:\HarmonyOS_Project\MyApplication11\entrytv\src\main\config.json:105
    > HelpUrl: See https://developer.harmonyos
 .com/en/docs/documentation/doc-guides/adapt_historical_project-0000001135010419#EN
 -US_TOPIC_0000001108146034__section93731557203716 for more help!
```

图 6-23　LABEL_VALUE_ERROR 错误信息

2)　解决措施

该问题是由于 config.json 文件的资源引用规则变更导致，需要将 label 字段的取值方式修改为资源引用方式。

在 resources > base > element 中的 string.json 中添加对应的字符串信息，然后在 config.json 中重新引用该字符串资源，如图 6-24 所示。

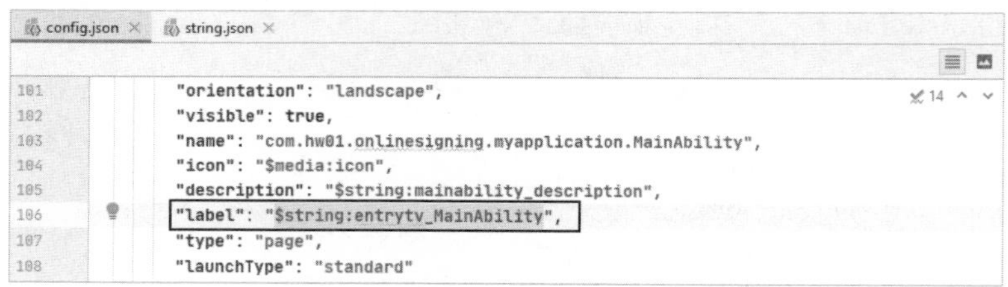

图 6-24　LABEL_VALUE_ERROR 报错解决措施

6.3.5　导入 Sample 工程

DevEco Studio 支持 Sample 工程的导入功能，通过对接 Gitee 开源社区中的 Sample 资源，可一键导入 Sample 工程到 DevEco Studio 中。

下面介绍导入 HarmonyOS Sample 的方法。

(1) 在 DevEco Studio 的欢迎页，进入 Configure (或 图标) > Settings > Version Control > Git 界面，单击 Test 按钮检测是否已安装 Git 工具。

- 若已安装，开始导入 Sample。已安装 Git 工具的界面如图 6-25 所示。
- 若未安装，单击 Download and Install 按钮，DevEco Studio 会自动下载并安装。安装完成后，开始导入 Sample。未安装 Git 工具的界面如图 6-26 所示。

图 6-25　已安装 Git 工具的界面

图 6-26　未安装 Git 工具的界面

(2) 在 DevEco Studio 的欢迎页，单击 Import Sample 按钮，导入 Sample 工程。

说明：在打开工程的情况下，可以选择 File > New > Import Sample 命令来进行导入。

(3) 在 HarmonyOS Samples 下选择需要导入的 Sample 工程，然后单击 Next 按钮。

(4) 设置 Project Name 和 Project Location，然后单击 Finish 按钮，等待 Sample 工程导入完成。

(5) 导入 Sample 后，等待工程同步完成即可。

说明：如果网络受限，导入时会提示“Failed to connect to gitee.com port 443: Time out”，表示连接超时错误，需配置 Git 代理信息。

6.3.6　添加/删除 Module

Module 是 HarmonyOS 应用/服务的基本功能单元，包含源代码、资源文件、第三方库及应用/服务配置文件，每一个 Module 都可以独立进行编译和运行。一个 HarmonyOS 应用/服务通常会包含一个或多个 Module，因此，可以在工程中创建多个 Module，每个 Module 分为 Ability 和 Library(其中 Library 包括 HarmonyOS Library 和 Java Library)两种类型。HarmonyOS 工程，在一个 APP 中，对于同一类型设备，可以包含一个或多个 Entry Module。如果同一类型设备存在多个 Entry Module，开发者还需要配置不同 Entry 模块的分发规则，具体需参考 distroFilter 的分发规则。

1. 在工程中添加 Module

1) 创建新的 Module

(1) 通过两种方法，在工程中添加新的 Module。

方法 1：鼠标指针移到工程目录顶部，右击鼠标，在弹出的快捷菜单中选择 New > Module 命令，开始创建新的 Module。

方法 2：在菜单栏中选择 File > New > Module 命令，开始创建新的 Module。

(2) 在 New Project Module 界面中选择需要的模板。

(3) 单击 Next 按钮，在 Module 配置页面，设置新增 Module 的基本信息。

Module 类型为 Ability 或者 HarmonyOS Library 时，可根据如下内容进行设置，然后单击 Next 按钮。

- Application/Library name：新增 Module 所属的类名称。

- Module name：新增模块的名称。
- Module type：仅在 Ability 模板中存在，可以选择 Feature 和 Entry 类型。如果同一类型的设备已经存在 Entry 模块，添加新 Module 选择 Entry 类型时，还需要配置 distroFilter 分发规则。
- Package name：软件包名称，可以单击 Edit 按钮修改默认包名称，名称需全局唯一。
- Development mode：选择开发模式，部分模板支持低代码开发，可选择 Super Visual。
- Compatible API version：兼容的 SDK 最低版本。
- Language：选择该 Module 的开发语言。
- Device type：选择模块的设备类型，如果新建模块的 Module Type 为 Feature，则只能选择该工程原有的设备类型；如果 Module Type 为 Entry，可以选择该 Module 支持的其他设备类型。
- Show in service center：是否在服务中心露出，仅在 Ability 模板中存在。如果工程类型为 HarmonyOS Service，则会同步创建一个 2×2 的服务卡片模板，同时还会创建入口卡片；如果工程类型为 HarmonyOS Application，则只会创建一个 2×2 的服务卡片模板。

Module 类型为 Java Library 时，可根据如下内容进行设置，然后单击 Finish 按钮完成创建。

- Library name：Java Library 类名称。
- Java package name：软件包名称，可以单击 Edit 按钮修改默认包名称，需全局唯一。
- Java class name：class 文件名称。
- Create.gitignore file：是否自动创建.gitignore 文件，勾选该项表示创建。

(4) 设置新增 Ability 的 Page ability name 和 Layout name/JS component name。若该 Module 的模板类型为 Ability，还需要设置 Visible 参数，表示该 Ability 是否可以被其他应用/服务所调用。

(5) 单击 Finish 按钮，待创建完成后，可以在工程目录中查看和编辑新增的 Module。

2) 导入 Module

HarmonyOS 工程支持从其他工程中导入 HarmonyOS 模块的功能，导入的模块只能是 HarmonyOS 工程中的模块。

(1) 在菜单栏中选择 File > New > Import Module 命令。

(2) 选择导入的模块时，可以选择具体的模块，也可以选择工程。

- 选择模块：如果导入的模块是 Feature 类型，依赖了其他的 Entry 类型的模块时，会自动勾选其依赖的 Entry 模块。但是如果依赖的 Entry 模块名与当前工程的模块名冲突，则不会导入。因此，在导入 Feature 模块时，请尽量避免其依赖的 Entry 类型的模块名与当前工程的模块名重复。
- 选择工程：会在列表中列出导出工程下的所有模块。如果选择的模块类型为 Feature 模块，则会自动勾选其依赖的 Entry 模块。

2. 删除 Module

为防止开发者在删除 Module 的过程中误将其他的模块删除，DevEco Studio 提供统一的模块管理功能，即先在模块管理中移除对应的模块后，才允许删除 Module。

(1) 在菜单栏中选择 File > Project Structure > Modules 命令，选择需要删除的 Module，单击 − 按钮，并在弹出的对话框中单击 Yes 按钮。

(2) 在工程目录中选中该模块，右击鼠标，在弹出的快捷菜单中选中 Delete 命令，并在弹出的对话框中单击 Delete 按钮。

6.4　应用/服务开发

6.4.1　编辑器使用技巧

DevEco Studio 支持多种语言进行 HarmonyOS 应用/服务的开发，包括 Java、JS 和 C/C++。在编写应用/服务时，可以通过代码编写的各种常用技巧，来提升编码效率。

1. 代码高亮

编辑器支持对代码关键字、运算符、字符串、类名称、接口名、枚举值等进行高亮颜色显示，可以在菜单栏中选择 File > Settings 命令或按组合键 Ctrl+Alt+S(macOS 中命令为 DevEco Studio > Preferences，快捷键为 Command+英文逗号)，在 Editor > Color Scheme 下自定义各语言高亮显示的颜色。

编辑器同时还可以对变量名和参数名进行语义高亮，默认情况下为关闭状态。可以在菜单栏中选择 File > Settings 命令或按组合键 Ctrl+Alt+S(macOS 中命令为 DevEco Studio > Preferences，快捷键为 Command+英文逗号)，在 Editor > Color Scheme > Language Defaults > Semantic highlighting 中打开语义高亮开关。

2. 代码智能补齐

编辑器工具基于 HuaweiCloud SmartAssist 提供 Java 代码的智能补齐能力，会分析上下文并理解项目内容，并根据输入的内容提示可补齐的类、方法、字段和关键字的名称等。

说明：在 DevEco Studio V2.1 Release 及更高版本中支持该特性。

使用 SmartAssist 智能编码辅助工具，需要在 File > Settings > DevEco Labs > SmartAssist 中勾选 Enable SmartAssist 选项。SmartAssist 默认允许占用的最大内存为 1.5GB，如果出现卡顿，可以尝试调整该阈值。若调整后还是出现卡顿现象，并提示内存不足，建议升级电脑主机内存。

3. 代码错误检查

如果输入的语法不符合编码规范，或者出现拼写错误，编辑器会实时进行代码分析，并在代码中突出显示错误或警告，并给出对应的修改建议。

4. 代码自动跳转

在编辑器中，按住 Ctrl 键单击代码中的类、方法、参数、变量等名称，可以自动跳转到定义处。

5. 代码格式化

编辑器支持对选定范围的代码或者当前整个文件进行代码格式化操作，可以很好地提升代码的美观度和可读性。

- 使用快捷键 Ctrl + Alt + L(macOS 为 Command+Option +L) 可以快速对选定范围的代码进行格式化。
- 使用快捷键 Ctrl + Alt + Shift + L(macOS 为 Command+Option+L)可以快速对当前整个文件进行格式化。

如果在进行格式化时，部分代码片段不需要进行自动的格式化处理，可以通过如下方式进行设置。

- 选择 File > Settings > Editor > Code Style 命令，单击 Formatter 按钮，勾选 Turn formatter on/off with markers in code comments。
- 对于 Java 或 C/C++代码，在不需要进行格式化操作的代码块前增加"//@formatter:off"，在不格式化代码块的最后增加"//@formatter:on"，即表示对该范围内的代码块不进行格式化操作。

6. 代码折叠

编辑器支持对代码块的快速折叠和展开，使用快捷键 Ctrl + 加号键(macOS 为 Command+Option+加号键)可以快速展开已折叠的代码；使用快捷键 Ctrl + 减号键(macOS 为 Command+Option+减号键)可以折叠已展开的代码块。

7. 代码快速注释

编辑器支持对选择的代码块进行快速注释，使用快捷键 Ctrl+/(macOS 为 Command+/)可以快速进行注释。对于已注释的代码块，再次使用快捷键 Ctrl+/(macOS 为 Command+/)可以取消注释。

8. 代码结构树

编辑器支持快速查看代码文档的结构树，包括全局变量和函数、类成员变量和方法等，并可以跳转到对应代码行。使用快捷键 Alt + 7 或 Ctrl + F12(macOS 为 Command+7)可快速打开代码结构树。

9. 代码查找

编辑器可通过对符号、类或文件的即时导航来查找代码，也可以检查调用方法或类型层次结构，轻松搜索工程里的所有内容。连续按两次 Shift 键，可以打开代码查找界面。

10. 查看 Java 接口文档

在 Java 代码中选中 HarmonyOS API 或选中 Java 类时，按快捷键 Ctrl+Q(macOS 为 F1)，在弹出的 Documentation 最下方会显示相应文档的链接，如图 6-27 红框中的'AbilityPackage' on D。单击文档的链接，将打开详细说明文档。

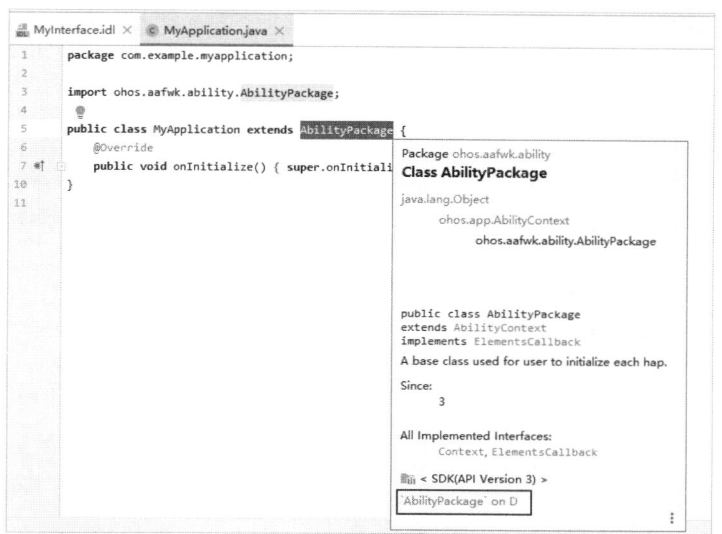

图 6-27　查看 Java 接口文档示例

6.4.2　使用低代码进行开发

说明： 在 DevEco Studio V2.2 Beta1 及更高版本中支持该特性。

HarmonyOS 低代码开发方式，具有丰富的 UI 界面编辑功能，遵循 HarmonyOS JS 开发规范，通过可视化界面开发方式快速构建布局，可有效降低用户的时间成本，提升用户构建 UI 界面的效率。

低代码开发功能包括支持 JS 应用/服务的 UI 界面开发和支持服务卡片的开发。

1. 低代码开发界面介绍

低代码开发界面如图 6-28 所示。

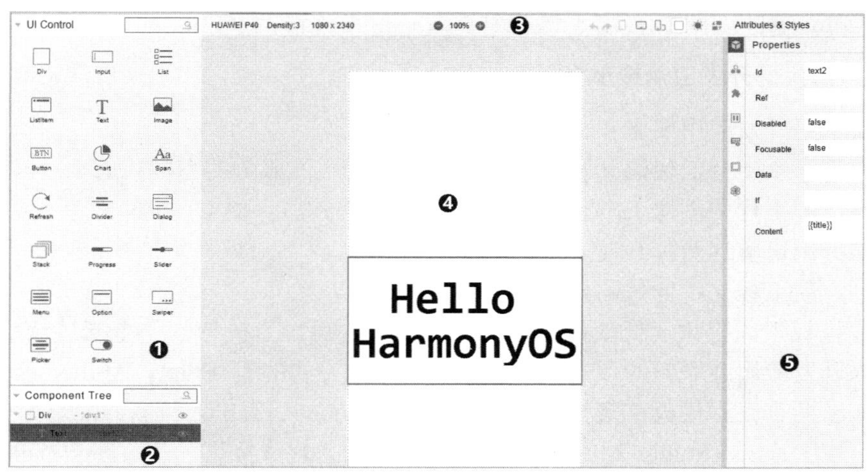

图 6-28　低代码开发界面

各部分介绍如下。

❶UI Control：UI 控件栏，可以将相应的组件选中并拖动到画布(Canvas)中，实现控件的添加。

❷Component Tree：组件树，在低代码开发界面中，可以方便开发者直观地查看组件的层级结构、摘要信息以及错误提示。开发者可以通过选中组件树中的组件(画布中对应的组件被同步选中)，实现画布内组件的快速定位；单击组件后的图标或图标，可以隐藏/显示相应的组件。

❸Panel：功能面板，包括常用的画布缩小放大、撤销、显示/隐藏组件虚拟边框、设备切换、模式切换、可视化布局界面一键转换为 hml 和 css 文件等。

❹Canvas：画布，开发者可在此区域对组件进行拖曳、拉伸等可视化操作，构建 UI 界面布局效果。

❺Attributes & Styles：属性样式栏，选中画布中的相应组件后，在右侧属性样式栏可以对该组件的属性样式进行配置。

- Properties：对应图标，用于设置组件基本标识和外观显示特征的属性，如组件的 ID、If 等属性。
- General：对应图标，用于设置 Width、Height、Background、Position、Display 等常规样式。
- Feature：对应图标，用于设置组件的特有样式，如描述 Text 组件文字大小的 FontSize 样式等。
- Flex：对应图标，用于设置 Flex 布局相关样式。
- Events：对应图标，为组件绑定相关事件，并设置绑定事件的回调函数。
- Dimension：对应图标，用于设置 Padding、Border、Margin 等与盒式模型相关的样式。
- Grid：对应图标，用于设置 Grid 网格布局相关样式。该图标只有 Div 组件的 Display 样式被设置为 grid 时才会出现。
- Atom：对应图标，用于设置原子布局相关样式。

2. 使用低代码开发应用或服务

使用低代码开发应用或服务有以下两种开发方式。

- 创建一个支持低代码开发的新工程，开发应用或服务的 UI 界面。
- 在已有工程中创建 JS Visual 文件，开发应用或服务的 UI 界面。

接下来分别讲解这两种开发方式。

1) 创建新工程支持低代码开发

在工程模板中，提供了低代码开发的工程模块，可以直接选择一个支持低代码开发的工程模板来开发应用或服务的 UI 界面。当前支持此方式的有 Empty Ability 和 Sport and Health Ability 两个工程模板，支持的设备类型包括 Phone、Tablet 和 Wearable。

说明：*在 DevEco Studio 3.0 Beta2 及更高版本中支持该功能，且 compileSdkVersion 必须为 7 或以上。*

接下来以创建一个 Empty Ability 工程模板为例进行说明。

(1) 打开 DevEco Studio，创建一个新工程，模板选择 Empty Ability。

(2) 选择 Super Visual，表示使用低代码开发功能开发应用/服务。单击 Finish 按钮，等待工程同步完成。

同步完成后，工程目录中自动生成低代码目录结构，如图 6-29 所示。

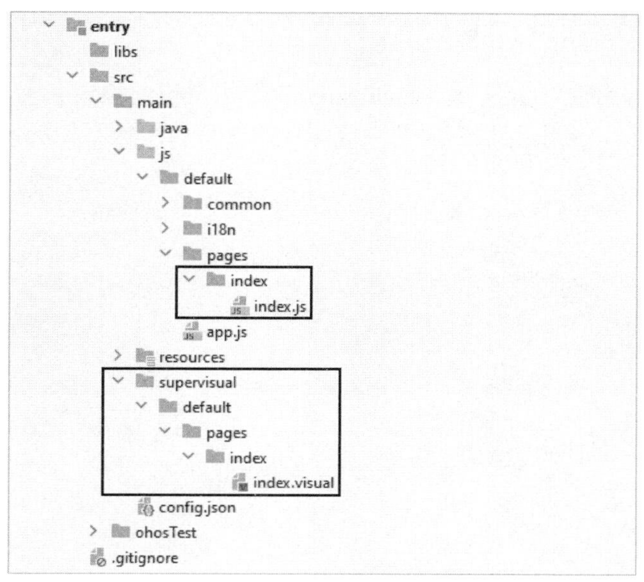

图 6-29　低代码目录结构

其中的 pages > index > index.js 是低代码页面的逻辑描述文件，定义了页面里用到的所有逻辑关系，比如数据、事件等。如果创建了多个低代码页面，则 pages 目录下会生成多个页面文件夹及对应的 js 文件。

说明：使用低代码页面开发时，其关联 js 文件的同级目录中不能包含 hml 和 css 页面，例如图 6-29 中的 js > default > pages > index 目录下不能包含 hml 和 css 文件，否则会出现编译报错。

pages > index > index.visual 文件是存储低代码页面的数据模型，双击该文件即可打开低代码页面，进行可视化开发设计。如果创建了多个低代码页面，则 pages 目录下会生成多个页面文件夹及对应的 visual 文件。

(3) 打开 index.visual 文件，即可进行页面的可视化布局设计与开发。

说明：使用低代码开发界面过程中，如果界面需要使用其他暂不支持可视化布局的控件，可以在低代码界面开发完成后单击按钮，将低代码界面转换为 hml 和 css 代码。注意，代码转换操作会删除 visual 文件及其父目录，且为不可逆过程，即代码转换后不能将 hml/css 文件反向生成 visual 文件。

在多设备开发的场景中，可以单击画布右上角的设备/模式切换按钮进行设备切换或模式切换。

使用低代码开发完 HarmonyOS 应用或服务后，如果要使用模拟器或真机设备调试/运行，需单击按钮，先将 JS Visual 文件转换为 hml 和 css 代码。

2) 在已有工程中添加 JS Visual 支持低代码开发

在已有的 HarmonyOS 工程中，可以通过创建 JS Visual 文件的方式，使用低代码开发应用或服务的 UI 界面。支持的设备类型为 Phone、Tablet、Wearable，且 compileSdkVersion 必须为 6 或以上。

(1) 在打开的 JS 工程中，选中模块的 pages 文件夹，右击鼠标，选择 New > JS Visual 命令。

(2) 在弹出的对话框中输入 JS Visual Name，单击 Finish 按钮。

创建 JS Visual 后，会在工程中自动生成低代码的目录结构，如图 6-30 所示。

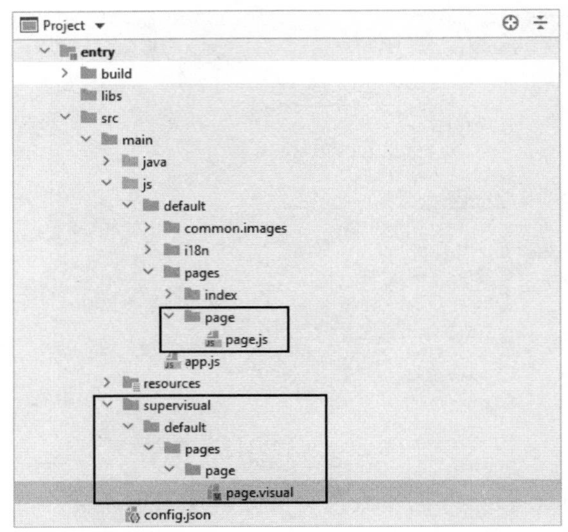

图 6-30 添加 JS Visual 后的低代码的目录结构

其中的 pages > page > page.js 是低代码页面的逻辑描述文件，定义了页面里所用到的所有的逻辑关系，比如数据、事件等。如果创建了多个低代码页面，则 pages 目录下会生成多个页面文件夹及对应的 js 文件。

pages > page > page.visual 文件用于存储低代码页面的数据模型，双击该文件即可打开低代码页面，进行可视化开发设计。

DevEco Studio 预置了 JS Visual 模板，该模板对应的 SDK 版本为 API 7。因此，在创建 JS Visual 文件时，如果模块的 compileSdkVersion 低于 7，则会对新建的 JS Visual 文件对应的 SDK 版本进行降级处理，使其与模块对应的 SDK 版本保持一致。

不建议通过文本编辑的方式更改 visual 文件，否则可能导致不能正常使用低代码功能。

(3) 打开 page.visual 文件，即可进行页面的可视化布局设计与开发。

3. 低代码多语言支持

低代码页面支持多语言能力，让开发者无须开发多个不同语言的版本。开发者可以通过定义资源文件和引用资源两个步骤使用多语言能力。

(1) 在指定的 i18n 文件夹内创建多语言资源文件及对应字符串信息，如图 6-31 所示。

(2) 在低代码页面的属性样式栏中使用 $t 方法引用资源，系统将根据当前语言环境和指定的资源路径(通过 $t 的 path 参数设置)显示对应语言的资源文件中的内容。

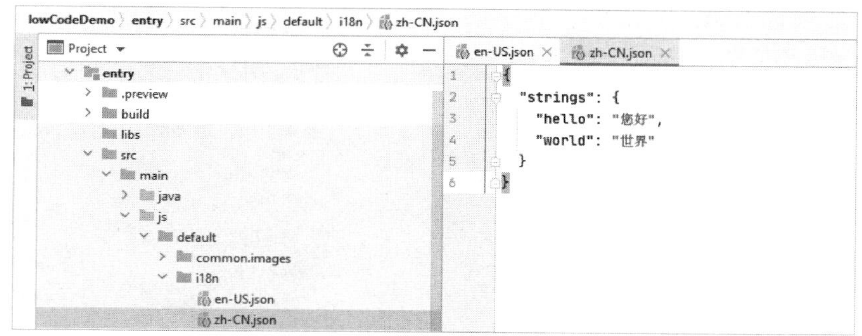

图 6-31　使用多语言能力示例

如图 6-32 所示，在属性栏中引用了字符串资源后，打开预览器即可预览展示效果。

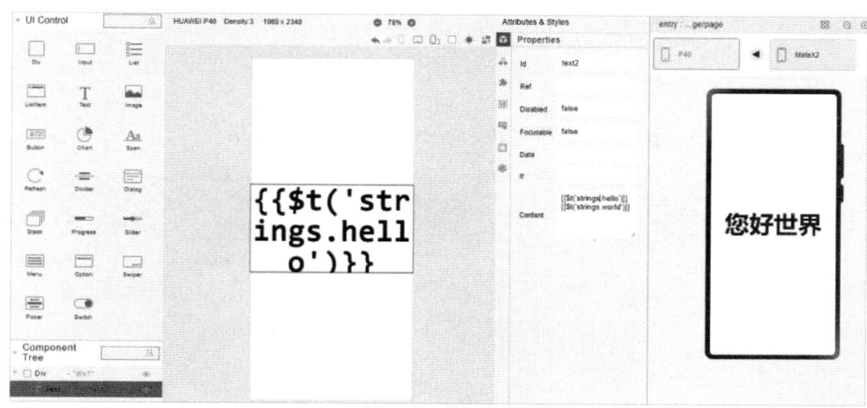

图 6-32　预览展示效果示例

说明：引用资源后，暂不支持在低代码页面内显示多语言的内容，开发者可通过 Previewer、模拟器及真机查看引用资源后的具体效果。

4. 低代码屏幕适配

对于屏幕适配问题，低代码页面支持两种配置方法。

(1) 指定 designWidth 为 720px。designWidth 为屏幕逻辑宽度，所有与大小相关的样式(例如 Width、FontSize)均以 designWidth 和实际屏幕宽度的比例进行缩放。例如设置 Width 为 100px 时，在实际宽度为 1440 物理像素的屏幕上，Width 实际渲染像素为 200 物理像素。

(2) 设置 autoDesignWidth 为 true，此时 designWidth 字段会被忽略，渲染组件和布局时按屏幕密度进行缩放。低代码页面仅支持分辨率 1080px×2340px、屏幕密度为 3 的场景，此场景下 1px 等于渲染出 3 个物理像素。例如：设置 Width 为 100px 时，Width 实际渲染像素为 300 物理像素。如图 6-33 所示为指定 designWidth 为 720px。

5. 低代码开发 Demo 示例

接下来为大家展示一个使用低代码开发的华为手机介绍列表的 HarmonyOS 应用/服务

示例，如图 6-34 所示。

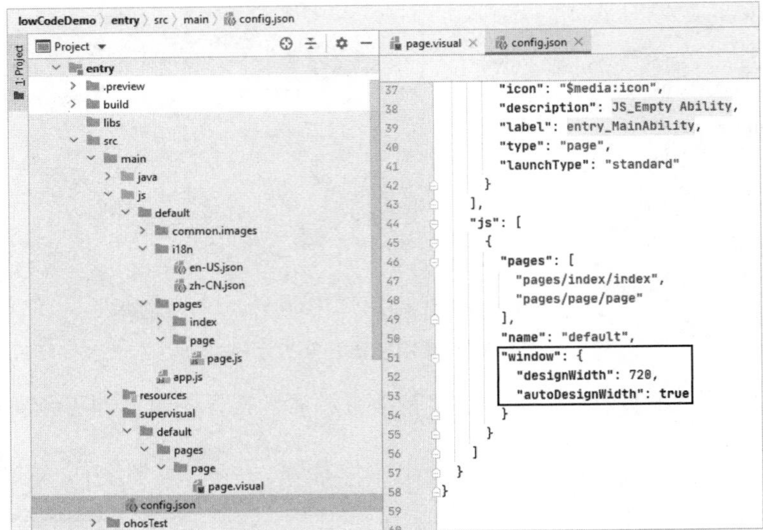

图 6-33　指定 designWidth 为 720px 示例

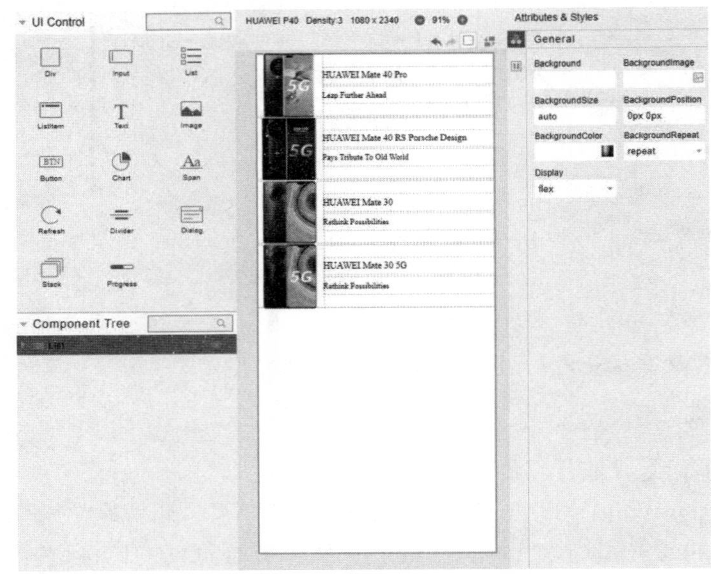

图 6-34　华为手机介绍列表界面示例

(1)　删除模板页面中的控件后，选中组件树中的 List 组件，将其拖至中央画布区域。用同样的方法拖曳一个 ListItem 组件至 List 组件内。

(2)　选中画布内的 List 组件，按住 resize 按钮，将 List 拉大。

(3)　将 Image、Div 组件拖至中央画布区域的 ListItem 组件内，将 Text 组件拖至 Div 组件内。

(4)　选中组件树中的 ListItem 组件，单击右侧属性样式栏中的样式图标(General)，在展开的 General 栏中修改 ListItem 组件的高度。

(5) 对 Div 组件的样式进行调整。

(6) 关联 js 的数据及方法。

js 文件用来定义页面的业务逻辑，基于 JavaScript 语言的动态化能力，可以使应用/服务更加富有表现力，具备更加灵活的设计。低代码页面支持设置属性(Properties)和绑定事件(Events)时关联 js 文件中的数据及方法。

① 在低代码页面关联 js 文件的 data 对象中定义的 phoneList 数组。

② 选中组件树中的 ListItem 组件，单击右侧属性样式栏中的属性图标(Properties)，在展开的 Properties 栏中单击 ItemData 属性对应的输入框，在弹出的下拉列表中选中{{phoneList}}，在低代码页面内引用关联 js 文件中定义的数据。成功实现关联后，ItemData 属性会根据设置的数据列表(phoneList)展开当前元素，即复制出 3 个结构一致的 ListItem。

(7) 选中画布中的 Image 组件，修改右侧属性样式栏中的 Src 属性为{{$item.img}}，为 Image 设置图片资源。其中 item 为 phoneList 数组中定义的对象，item.img 即为对象中的 img 属性。

(8) 选中画布中的 Text 组件，修改右侧属性样式栏中的 Content 属性为{{$item.title}}，为 Text 设置文本内容并调整 Text 的 Width 和 FontSize。

(9) 复制并粘贴画布中的 Text 组件，修改被粘贴 Text 组件右侧属性样式栏中的 Content 属性为{{$item.subTitle}}，为其设置文本内容并调整 FontSize 样式。

(10) 修改关联 js 文件中的 switchTitle()方法，为粘贴 Text 组件绑定 Click 事件，并关联 js 文件中的 switchTitle 方法。关联后，在 Previewer、模拟器及真机中单击该 Text 组件，会将文本内容从 Leap Further Ahead 切换成 Kirin 9000，如图 6-35 所示。

```
page.visual ×  page.js ×
export default {
    data: {
        title: "Hello HarmonyOS",
        isHarmonyOS: true,
        phoneList: [{
                        title: 'HUAWEI Mate 40 Pro',
                        subTitle: 'Leap Further Ahead',
                        img: 'common/images/Mate40.png',
                    }, {
                        title: 'HUAWEI Mate 40 RS Porsche Design',
                        subTitle: 'Pays Tribute To Old World',
                        img: 'common/images/Mate40RS.png',
                    }, {
                        title: 'HUAWEI Mate 30',
                        subTitle: 'Rethink Possibilities',
                        img: 'common/images/Mate30.png',
                    }, {
                        title: 'HUAWEI Mate 30 5G',
                        subTitle: 'Rethink Possibilities',
                        img: 'common/images/Mate305G.png',
                    }],
    },
    switchTitle() {
        let that = this;
        that.phoneList[0].subTitle =
            (that.phoneList[0].subTitle === "Leap Further Ahead") ? "Kirin 9000" : "Leap Further Ahead";
    }
}
```

图 6-35　修改关联 js 文件中的 switchTitle()方法

(11) 使用预览器预览界面效果。打开.visual 文件，单击 DevEco 右侧的 Previewer 按钮，即可实现实时的预览功能，开发者在低代码页面中的每一步操作都会在 Previewer 上实时显示。

6.4.3 在模块中添加 Ability

Ability 是应用/服务所具备的能力的抽象，一个 Module 可以包含一个或多个 Ability。Ability 分为两种类型：FA(Feature Ability)和 PA(Particle Ability)，DevEco Studio 支持创建的 Ability 模板和应用场景如表 6-7 所示。

表 6-7 DevEco Studio 支持创建的 Ability 模板和应用场景

Ability 类型	Ability 模板	支持的设备	应用场景
Particle Ability	Empty Data Ability	Phone、Tablet、Car、TV、Wearable	Data Ability 有助于应用管理其自身和其他应用所存储数据的访问，并提供与其他应用共享数据的方法。Data 既可用于同设备不同应用的数据共享，也支持跨设备的不同应用的数据共享
	Empty Service Ability	Phone、Tablet、Car、TV、Wearable	Service Ability 可在后台长时间运行而不提供用户交互界面。Service 可由其他应用或 Ability 启动，即使用户切换到其他应用，Service 仍将在后台继续运行
Feature Ability	Empty Page Ability(JS)	Phone、Tablet、TV、Wearable	用 JS 编写带 UI 界面的空模板
	Empty Page Ability(Java)	Phone、Tablet、Car、TV、Wearable	用 Java 编写带 UI 界面的空模板

1. 创建 Particle Ability

(1) 选中对应的模块，单击鼠标右键，选择 New > Ability 命令，然后选择 Empty Data Ability 或者 Empty Service Ability。

(2) 根据选择的 Ability 模板，设置 Ability 的基本信息。

Empty Data Ability 基本信息设置如下。

- Data Ability Name：Data Ability 类名称。
- Package Name：新增 Ability 对应的包名称。

Empty Service Ability 基本信息设置如下。

- Service Ability Name：Service Ability 类名称。
- Package Name：新增 Ability 对应的包名称。

Enable background mode：指定用于满足特定类型的后台服务，可以将多个后台服务类型分配给特定服务。

(3) 单击 Finish 按钮完成 Ability 的创建，在工程目录对应的模块中可以查看和编辑 Ability。

2. 创建 Feature Ability

(1) 选中对应的模块，单击鼠标右键，选择 New > Ability 命令，然后选择对应的

Feature Ability 模板。

(2) 根据选择的 Ability 模板，设置 Feature Ability 的基本信息。

- Page Ability Name：Feature Ability 类名称。
- Launcher Ability：表示该 Ability 在终端桌面上是否有启动图标。一个 HAP 可以有多个启动图标来启动不同的 FA。

说明：创建 JS Feature Ability 时，会创建一个新的 JS Component，如果勾选 Launcher Ability 项，表示该 Ability 会作为启动页，则需要在 mainAbility.java 中的 onStart()函数中添加如下代码。

```
public void onStart(Intent intent) {
setInstanceName("default2"); //default2 为创建的 JS Component 名称
    ...
}
```

- JS Component Name：JS 组件名称，只有涉及 JS 开发语言时才需要设置。
- Package Name：新增 Ability 对应的包名称。

(3) 单击 Finish 按钮完成 Ability 的创建，在工程目录对应的模块中可以查看和编辑 Ability。

6.4.4 添加 JS Component 和 JS Page

在支持 JS 语言的工程中，也支持添加新的 JS Component 和 JS Page。

- JS Component：在 JS 工程中，可以存在多个 JS Component(例如 js 目录下的 default 文件夹就是一个 JS Component)。一个 JS FA 对应一个 JS Component，可以独立编译、运行和调试。Lite Wearable 和 Smart Vision 设备对应的 JS 工程，只存在一个 JS FA，因此，Lite Wearable 和 Smart Vision 设备的 JS 工程不允许创建新的 JS Component。
- JS Page：Page 表示 JS FA 的一个前台页面，由 JS、HML 和 CSS 文件组成，是 Component 的最基本单元，构成了 JS FA 的每一个界面。

1. 添加 JS Component

在 JS 工程目录中，选中 js 文件夹，单击鼠标右键，选择 New > JS Component 命令，输入 JS Component Name，单击 Finish 按钮完成添加。

2. 添加 JS Page

在 JS 工程目录中，选择需要添加 Page 的 Component 下的 pages 文件夹，单击鼠标右键，选择 New > JS Page 命令，输入 JS Page Name，单击 Finish 按钮完成添加。

6.4.5 跨设备代码编辑

HarmonyOS 应用/服务可以在 Phone、TV、Wearable 等设备上运行，开发者为适配同一个应用/服务运行在多种设备上，需要针对各类设备进行开发和适配。为此，DevEco Studio 面向跨设备的 JS 应用/服务开发，提供了跨设备的代码编辑能力，可以帮助开发者高效完成代码的开发，减少代码的复杂度。开发者在编辑代码时，可以自动联想出各设备支持的能力合集，如 HML 组件合集、CSS 样式合集、JS API 接口合集等，开发者可以根据对应的设备类型，快速完成代码的编写和补齐，如图 6-36 所示。

```
config.json ×    index.hml ×
<div class="container">
    <text class="title">
        {{ $t('strings.hello') }} {{title}}
    </text>
</div>
```

图 6-36　跨设备代码编辑

同时，DevEco Studio 还提供了兼容性检测功能，可以检测出被调用的组件、样式或者 API 接口是否能够在多设备中都兼容。如果存在无法兼容的情况，会提示该代码不具备多设备兼容性，提醒开发者进行确认。如果存在不兼容所有设备的组件、样式或者 API 接口，确认已在代码中实现相应的逻辑处理，也可以忽略该提示信息。

说明：*在 DevEco Studio V2.0.12.201 及后续版本支持跨设备代码编辑功能，Java 语言暂不支持。*

1. 如何使用跨设备代码编辑功能

使用跨设备代码编辑，首先需要创建一个跨设备工程，方法有如下两种。

- 创建一个新工程：选择任意支持跨设备的 JS Ability 模板，本示例以创建一个 Empty Ability(JS)工程为例。在配置工程信息界面的 Device Type 中勾选多个设备。
- 打开一个已有工程：打开工程目录模块名(如 entry) > src > main 下的 config.json 文件，在 module 闭包的 deviceType 中，根据实际情况，增加支持的设备类型，如 tv、wearable、phone 等，然后重新同步工程，如图 6-37 所示。

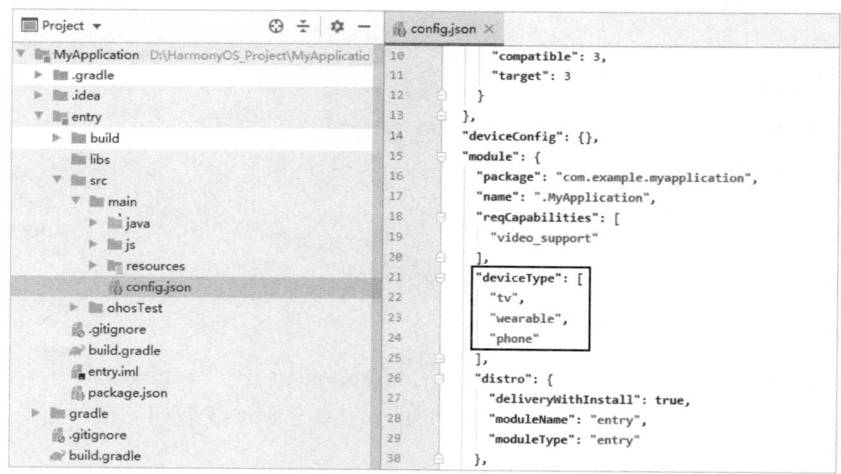

图 6-37　在配置工程信息界面增加设备类型

2. 跨设备代码校验

DevEco Studio 支持对 HML、CSS 和 JS 源代码进行检查，根据 config.json 中设置的支持设备类型列表，检查源代码中引用的组件、样式或 API 接口是否与设备类型相匹配，开发者可以根据实际支持的设备类型进行确认。

(1) 选择 File > Settings 命令或按 Ctrl+Alt+S 快捷键，输入“inspect”，确保 CSS、HML 和 JavaScript TypeScript ExtendTypeScript 选项已勾选。

(2) 选择菜单栏中的 Code > Inspect Code 命令设置检查的范围，如整个工程、某个模块或者具体文件，单击 OK 按钮执行兼容性检查。

(3) 检查完成后，会在 Inspection Results 中输出检查结果。同样的，在代码编辑器中，如果存在不兼容的字段，编辑器也会提示，可以将光标放在提示的字段上查看具体的提示信息。

6.4.6 定义 HarmonyOS IDL 接口

1. HarmonyOS IDL 简介

HarmonyOS IDL(HarmonyOS Interface Definition Language)是 HarmonyOS 的接口描述语言。HarmonyOS IDL 与其他接口语言类似，通过 HarmonyOS IDL 定义客户端与服务端均认可的编程接口，可以实现二者间的跨进程通信(Inter-Process Communication，IPC)。跨进程通信意味着可以在一个进程中访问另一个进程的数据或调用另一个进程的方法。

通常把应用接口提供方(供调用)称为服务端，调用方称为客户端。客户端通过绑定服务端的 Ability 来与之进行交互，类似于绑定服务。

说明：由于只能使用 Java 或 C++语言构建.idl 文件，因此仅 Java、Java+JS、C/C++工程支持 IDL。

2. 创建.idl 文件

(1) 在已经创建/打开的 HarmonyOS 工程中，选择 module 目录或其子目录，单击鼠标右键，选择 New > IDL File 命令。

(2) 创建 IDL File。可以直接输入 IDL 接口名称，也可以通过包名格式定义 IDL 接口名称。两种方式的差异仅在于.idl 文件的文件目录结构。

- 按名称创建。创建 IDL File 时，输入接口名称，直接单击 OK 按钮。DevEco Studio 在相应 module 的 src > main 路径下生成 idl 文件夹，并按照对应模块的包名生成同样的目录结构及 IDL 文件。
- 按包名创建。自定义.idl 文件存储路径和接口名称。创建 IDL File 时，按照包名创建 IDL 文件。包名用“.”作为分隔符，如“com.huawei.test.MyIdlInterface”。DevEco Studio 在相应 module 的 src > main 路径下生成 idl 文件夹，并按照输入的包名生成相应目录结构及 IDL 文件。可以在此路径上继续新增 IDL 文件。

(3) 开发者可以使用 Java 或 C++编程语言构建.idl 文件，关于 HarmonyOS IDL 接口的实现请参考 IDL 开发指南。

(4) 单击工程右边栏的 Gradle，在 Tasks > ohos:debug 或 ohos:release 中选择 compileDebugIdl 或 compileReleaseIdl，对模块下的 IDL 文件进行编译。

(5) 编译完成后，在 build > generated > source > Idl > {Package Name}目录下，生成对应的接口类、桩类和代理类。

6.4.7 开发服务卡片

1. 概述

服务卡片是 FA 的一种主要信息呈现形式，开发者可以在卡片中展示用户最关心的 FA 数据，并可以通过点击卡片内容直接打开 FA。例如，天气类 FA，可以在服务卡片中展示当前的基本天气信息，点击卡片启动天气 FA，展示详细的天气数据。同时，服务卡片支持不同的规格尺寸，开发者可以根据展示的内容和布局效果，选用不同的卡片尺寸，支持的尺寸包括 1×2、2×2、2×4 和 4×4。

服务卡片提供了多种类型的模板，开发者可以根据需要展示的信息类型灵活选择模板，快速构建服务卡片。

2. 使用约束

每个 FA 最多可以配置 16 张服务卡片。

JS 卡片不支持调试。

3. 创建服务卡片

DevEco Studio 提供服务卡片的一键创建功能，可以快速创建和生成服务卡片模板。

(1) 对于创建新工程，可以在工程向导中勾选 Show in service center，该参数表示是否在服务中心露出，勾选该参数会同步创建服务卡片模板。

如果 Project type 为 Atomic service，则会同步创建一个 2×2 的服务卡片模板，同时还会创建入口卡片。

如果 Project type 为 Application，则只会创建一个 2×2 的服务卡片模板。

卡片创建完成后，会在工程目录下生成 EntryCard 目录。

在该目录下，每个拥有 EntryCard 的模块，都会生成一个和模块名相同的文件夹，同时还会默认生成一张 2×2 的快照型 EntryCard 图片(png 格式)。

开发者可以将其替换为提前设计好的 2×2 快照图：将新的快照图复制到图 6-38 中的目录下，删除默认图片，新图片命名遵循格式“卡片名称-2×2.png”。

(2) 在已有工程中添加新模块，也可以添加服务卡片和 EntryCard，只需在创建模块时勾选 Show in service center。创建的服务卡片和 EntryCard 与创建新工程生成的一致。

若在已有工程中只添加 EntryCard，只能通过手工方式，按照图 6-38 中的 EntryCard 目录创建对应的文件夹和图片。

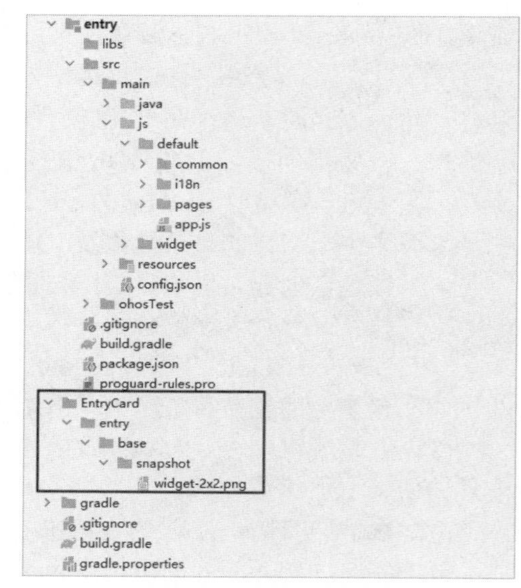

图 6-38 服务卡片创建完成界面

在已有工程中，添加新服务卡片可以通过如下方法。

(1) 打开一个工程，创建服务卡片，创建方法包括如下两种。

- 选择模块(如 Entry 模块)下的任意文件，选择菜单栏中的 File > New > Service Widget 命令。
- 选择模块(如 Entry 模块)下的任意文件，单击右键，选择 New > Service Widget。

(2) 在 Choose a Template for Your Service Widget 界面中选择卡片模板，单击 Next 按钮。

(3) 在 Configure Your Service Widget 界面中配置卡片的基本信息。

- Service widget name：卡片的名称。在同一个 FA 中卡片名称不能重复，且名称中只能包含数字、字母和下划线。
- Description：卡片的描述信息。
- Module name：卡片所属的模块。
- Select ability/New ability：选择一个挂靠服务卡片的 Page Ability，或者创建一个新的 Page Ability。
- Type：卡片的开发语言类型。
- JS component name：Type 选择 JS 时需要设置卡片的 JS Component 名称。
- Support dimensions：选择卡片的规格，同时还可以查看卡片的效果图预览。部分卡片支持同时设置多种规格。

(4) 单击 Finish 按钮完成卡片的创建。创建完成后，工具会自动创建服务卡片的布局文件，并在 config.json 文件中写入服务卡片的属性字段。

(5) 卡片创建完成后，根据 Java 卡片开发指导或 JS 卡片开发指导，可完成服务卡片的开发。

4. 预览服务卡片

在开发服务卡片过程中，支持对卡片进行实时预览。服务卡片通过 XML 或 JS 文件进行布局设计，在开发过程中，只要在 XML/JS 布局文件中保存了修改的源代码，在预览器中就可以实时查看布局效果。在 Phone 和 Tablet 服务卡片的预览效果中，每个尺寸的服务卡片提供 3 种预览效果，分别为极窄(Minimum)、标准(Default)、极宽(Maximum)，开发者应确保三种尺寸的显示效果均正常，以便适应不同尺寸的屏幕设备。

6.4.8　使用预览器查看应用/服务效果

在 HarmonyOS 应用/服务开发过程中，DevEco Studio 为开发者提供了预览器的功能，可以查看应用/服务的 UI 界面效果，支持 Java 和 JS 应用/服务的预览。预览器支持布局代码的实时预览，只需要将开发的源代码进行保存，方便开发者随时调整代码。需要注意的是，由于 Windows 系统和真机设备的字体库存在差异，预览器界面中的字体与真机运行界面的字体存在差异。

各个 API 版本的预览器支持能力有所不同。为了获得更好的使用体验，建议先将 DevEco Studio 升级至最新版本，然后在 SDK Manager 中检测并更新 SDK 至最新版本。

1. 查看 JS 应用/服务预览效果

JS 预览器支持 JS 应用/服务的实时预览和动态预览。

- 实时预览：只要在布局文件中保存了修改的源代码，在预览器中就可以实时查看布局效果。如图 6-39 所示。

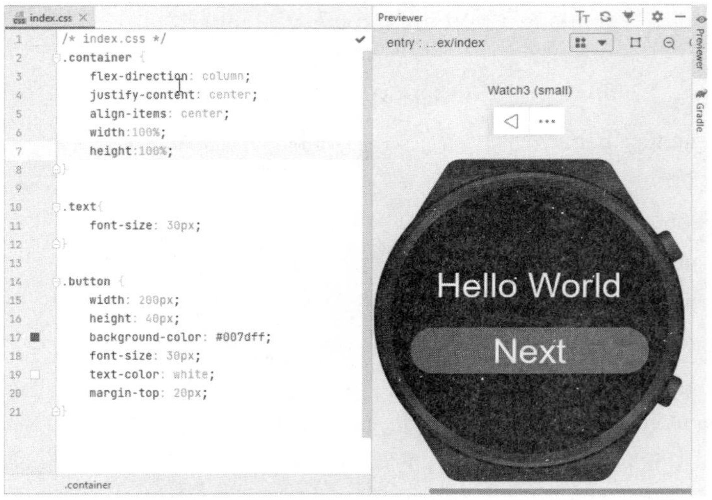

图 6-39　实时查看布局效果示例

- 动态预览：在预览器界面中操作应用/服务的交互动作，如点击事件、跳转、滑动等。与应用/服务运行在真机设备上的交互体验一致。

在使用 JS 预览器前，需根据如下要求检查环境信息。

- 确保 HarmonyOS Legacy SDK > SDK Tools 中已下载 Previewer 资源。如果已下载 Previewer 但出现了新版本，建议升级到最新版本。
- HarmonyOS Legacy SDK > SDK Platform 中的 JS SDK 建议更新至最新版本。

使用 JS 预览器的方法如下。

(1) 创建或打开一个 JS 应用/服务工程，本示例以创建一个新的 JS 工程为例。

(2) 在创建的工程目录下打开任意一个页面下的 hml、css、js 文件。

(3) 可以通过如下任意一种方式打开预览器开关。

- 通过菜单栏，选择 View > Tool Windows > Previewer 命令。
- 在编辑窗口右上角的侧边工具栏单击 Previewer 按钮。

2. 查看 eTS 组件预览效果

Phone、Tablet、Car 的 eTS 应用/服务支持组件预览，要求 compileSdk 版本为 8 或以上。组件预览支持实时预览，不支持动态图和动态预览。组件预览通过在组件前添加注解“@Preview”实现，在单个源文件中，最多可以使用“@Preview”装饰 10 个自定义组件。

@Preview 的使用方法参考如下示例：

```
@Preview
```

```
@Component
struct Component1 {
    build() {
        Column() {
            Row() {
                Text('Hello Component1')
                    .fontSize("50lpx")
                    .fontWeight(FontWeight.Bold)
            }
        }
    }
}
```

以上示例的组件预览效果如图 6-40 所示。

图 6-40　组件预览效果图

如果被预览的组件是依赖参数注入的组件，建议的预览方式是定义一个组件片段，在该片段中声明将要预览的组件，以及该组件依赖的入参，并在组件片段上标注@Preview 注解，以表明将预览该片段中的内容。例如，要预览如下组件：

```
@Component
struct Title {
  context: string
  build() {
    Text(this.context)
  }
}
```

可按如下方式预览：

```
@Preview
@Component    //定义组件片段 TitlePreview
struct TitlePreview {
  build() {
    Title({ context: 'MyTitle' }) //在该片段中声明将要预览的组件 Title，以及该
                                  //组件依赖的入参 {context: 'MyTitle'}
  }
}
```

3. 查看 Java 应用/服务预览效果

Java 预览器支持 Phone、Tablet、Car、TV 和 Wearable 设备的 Java 应用/服务布局预览。Java 应用/服务的布局支持 Java 代码布局和 XML 布局两种方式，其中 Java 代码布局(AbilitySlice.java 或 Ability.java 文件)可以实时预览界面布局效果，同时还可以动态预览应用/服务的交互效果，如点击、跳转、滑动等互动式操作；XML 布局文件可以实时预览，修改和保存了 XML 代码后，预览器会实时展示应用/服务的布局效果。

说明： 目前的 Java 文件预览是实验特性，使用中还存在以下约束。

- macOS 版本的 Java 预览器功能，只支持 API Version 5 及以上版本。
- 如果 xml 依赖 Java 文件中的数据，当修改了 xml 布局文件后，需要通过启动 Java 文件预览的方式来查看布局效果。
- 只支持 ohos.agp.components 中的相关 UI 组件。
- 只支持 jpeg/jpg、png、bmp 和 wbmp 格式的图片预览。
- 不支持 Ability 间跳转的预览。
- 不支持通过 JNI 调用 C++库的预览。

在使用 Java 预览器前，需根据如下要求检查环境信息。

- 需要确保 HarmonyOS Legacy SDK > SDK Tools 中已下载 Previewer 资源，如果已下载 Previewer 出现了新版本，需要升级到最新版本。
- HarmonyOS Legacy SDK > SDK Platform 中的 Java SDK 需要更新至最新版本。

使用 Java 预览器的方法如下。

(1) 创建或打开一个 Java 应用/服务工程，本示例以创建一个新的 Java 工程为例。

(2) 在创建的工程目录下，根据布局方式，打开布局文件。

- JavaUI 布局：打开一个 AbilitySlice.java 或 Ability.java 文件。

说明： JavaUI 布局预览功能是实验特性。

- Windows 系统：通过在 File > Settings > DevEco Labs > Previewer 下勾选 Enable Java Previewer 开启。
- macOS 系统：通过在 DevEco Stduio > Preferences > DevEco Labs > Previewer 下勾选 Enable Java Previewer 开启。
- XML 布局：打开 resources > base > layout 目录下的一个 xml 布局文件。

(3) 可以通过如下任意一种方式打开预览器开关。

- 通过菜单栏选择 View > Tool Windows > Previewer 命令。
- 在编辑窗口右上角的侧边工具栏单击 Previewer 按钮。

4. Profile Manager

说明： 在 DevEco Studio V2.2 Beta2 及更高版本中支持该特性。

由于真机设备有丰富的设备型号，比如 Phone 设备包括 Mate30、Mate40、P40、P50 等，不同设备型号的屏幕分辨率可能不一样。因此，在原子化服务或 HarmonyOS 应用开发过程中，由于设备类型繁多，可能不能查看在不同设备上的界面显示效果。对此，DevEco Studio 的预览器提供了 Profile Manager 功能，支持开发者自定义预览设备

Profile(包含分辨率和语言)，从而可以查看 HarmonyOS 应用或原子化服务在不同设备上的预览显示效果。当前开发平台支持自定义设备分辨率及系统语言，如果是 Lite Wearable 设备类型，还支持自定义屏幕形状。

定义设备后，可以在 Previewer 右上角单击按钮，打开 Profile 管理器，切换预览设备，如图 6-41 所示。

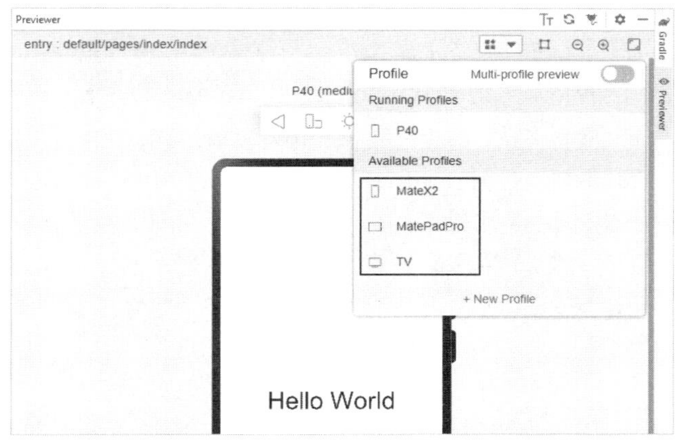

图 6-41　切换预览设备示例

同时，Profile Manager 还支持多设备预览功能，下面以自定义一款 Phone 设备为例，介绍 Profile Manager 的使用方法。

(1) 在预览器中打开 Profile Manager 界面，如图 6-42 所示。

图 6-42　预览器

(2) 在 Profile Manager 界面，单击“+ New Profile”按钮，添加设备。

(3) 在 Create Profile 界面，填写新增设备的信息，如 Profile ID(设备型号)、Device type(设备类型)、Resolution(分辨率)和 Language(语言)等。其中，Device type 只能选择 config.json 的 deviceType 字段已定义的设备。

(4) 设备信息填写完成后，单击 OK 按钮完成创建。

5. 查看多端设备预览效果

DevEco Studio 支持 HarmonyOS 分布式应用/服务开发，同一个应用/服务可以运行在多个设备上。在 HarmonyOS 分布式应用/服务的开发阶段，因各设备的屏幕分辨率、形状、大小等不同，开发者需要在不同设备上查看应用/服务的 UI 布局和交互效果。此时便可以使用多端设备预览器功能，方便开发者在开发应用/服务过程中随时查看在不同设备上的运行效果。

说明：多端设备预览最多支持 4 个设备的同时预览。

DevEco Studio 支持 JS 和 Java 应用/服务的预览器功能，多端设备预览器支持 JS 与 Java 应用/服务在不同设备上的同时预览。如果两个设备支持的编码语言不同，就不能使用多端设备预览功能。例如，Java 语言的 Phone 应用/服务是不支持在 LiteWearable 上运行的，因为 LiteWearable 不支持 Java 语言。

下面以 JS 应用/服务为例，介绍多端设备预览器的使用方法(Java 应用/服务的多端设备预览器使用方法相同)。

(1) 在工程目录中打开任意一个 hml 页面(Java 应用则打开 AbilitySlice.java 或 Ability.java 文件)。

(2) 可以通过如下任意一种方式打开预览器开关。

- 选择菜单栏中的 View > Tool Windows > Previewer 命令。
- 在编辑窗口右上角的侧边工具栏单击 Previewer 按钮。

(3) 在 Previewer 窗口中，打开 Profile Manager 中的 Multi-profile preview 开关，同时查看多端设备上的应用/服务运行效果。

说明：多端设备预览不支持动画的预览。如果需要查看动画在设备上的预览效果，可关闭 Multi-device preview 功能后在单设备预览界面中进行查看。

6. 双向预览

DevEco Studio 预览器支持 Java 的 xml 布局和 JS 的双向预览功能。使用双向预览功能时，需要在预览器界面单击Tт图标打开双向预览功能。如图 6-43 所示。

图 6-43　预览器界面双向预览功能选择

开启双向预览功能后，平台支持代码编辑器、UI 界面和 Component Tree 组件树三者之间的联动。

- 选中预览器 UI 界面中的组件，则组件树上对应的组件将被选中，同时代码编辑器布局文件中对应的代码块高亮显示。
- 选中布局文件中的代码块，则 UI 界面中的控件会高亮显示，组件树上的组件节点也会呈现被选中的状态。
- 选中组件树中的组件，则对应的代码块和 UI 界面中的组件也会高亮显示。

在预览界面还可以通过组件的属性面板修改可修改的属性或样式。在预览界面修改属性后，预览器会自动同步到代码编辑器中修改源码，并实时刷新 UI 界面；同样的，如果在代码编辑器中修改源码，也会实时刷新 UI 界面，并更新组件树信息及组件属性。

说明：如果组件做过数据绑定，则其属性不支持修改。

如果界面有使用动画效果或者带动画效果的组件，则其属性不支持修改。

7. PreviewMock 数据模拟

在预览场景中，由于代码的运行环境与真机设备上的运行环境不同，调用部分接口时无法获取有效的返回值(例如获取电池电量信息等，在预览场景下 getVoltage()返回的是一个固定的值 0，这样开发者就无法在预览时查看到不同返回值带来的界面变化)。因此，DevEco Studio 提供了 PreviewMock 数据模拟功能，在不改变业务运行逻辑的同时，开发者可以模拟 API 或者业务代码中各种 method(不包括构造方法)的返回值和对象中的 Field(不包括 final 字段)值。

使用 PreviewMock 数据模拟功能，需要在模块的 build.gradle 中添加其依赖，然后重新同步工程。示例代码如下：

```
dependencies {
    ...
    implementation group: 'com.huawei.deveco', name: 'previewer-mock-
        core', version: '1.0.0.1'
}
```

8. 对 Method 的模拟

(1) 在源码目录下新建一个类，该类继承自

```
com.huawei.asm.core.PreviewerMock:
public class MockClassB extends PreviewMock{
}
```

(2) 在类中添加 com.huawei.asm.core.annotation.PreviewerMockMethod 注解，然后定义一个和原方法同名的方法(支持 public、private、protected、static 和 final 的方法)。有如下两种 Method 的模拟方法：

```
public class MockClassB extends PreviewMock{
    //对方法返回值的模拟，例如对一个 BatteryInfo 类的 getVoltage()方法的模拟
    @PreviewerMockMethod
    public int getVoltage(BatteryInfo batteryInfo) {
     //第一个参数为原方法的对象，后面的参数为原方法本身参数
        return 30;
    }
    //对方法入参的模拟，例如对 MainAbilitySlice 的 onStart 方法的模拟
    @PreviewerMockMethod
    public void onStart(MainAbilitySlice mainAbilitySlice, Intent intent)
{  //第一个参数为原方法的对象，后面的参数为原方法本身参数
       intent.setBundle("mock bundle Name");
       mainAbilitySlice.onStart(intent);
    }
}
```

(3) 在原方法中添加 Hilog 日志，方便预览时在 PreviewerLog 中打印获取返回值，从而验证模拟是否生效。代码如下：

```
//在获取电量信息的方法中添加 Hilog 日志
HiLog.debug(hiLoglabel, batteryInfo.getVoltage() + "");
//在 OnStar 方法中添加 Hilog 日志
HiLog.debug(hiLoglabel, intent.getBundle() + "");
```

9. 对 Field 值的模拟

对 Field 值的模拟分为 private、public、protected 等非静态字段和 static 静态字段两种。

1) 对 private、public、protected 非静态字段的模拟

在原代码调用 Field 之前，添加模拟代码，格式为：

```
public static <T> void mockField(Object ref, String fieldName, T fieldValue)
```

其中第一个参数为要模拟的对象，第二个参数为要模拟的字段的名称，第三个参数为想要模拟的值。然后在 HiLog 中打印日志，验证模拟是否生效。代码如下：

```
PreviewerFieldMock.mockField(sensorData, "accuracy", 20);
HiLog.debug(hiLoglabel, sensorData.accuracy + "");
```

2) 对 static 静态字段的模拟

在原代码调用 Field 之前添加模拟代码：

```
public static <T> void mockStaticField(Class<?> obj, String fieldName, T
fieldValue)
```

第一个参数为要模拟的类，第二个参数为要模拟的字段的名称，第三个参数为想要模拟的值。然后在 HiLog 中打印日志，验证 Mock 是否生效。代码如下：

```
PreviewerFieldMock.mockStaticField(Demo.class, "staticName", "mock static name");
HiLog.debug(hiLoglabel, "mock Demo Static : " + Demo.staticName);
```

6.4.9 将 SVG 文件转换为 XML 文件

SVG(Scalable Vector Graphics，可缩放矢量图形)是一种图像文件格式。目前由于 HarmonyOS 图形渲染引擎不支持 SVG 格式图片的渲染，开发者需要将 SVG 格式的文件转换为 XML 格式的文件，然后在布局文件中引用转换后的 XML 文件。这样就可以在模拟器/预览器或者设备上运行应用/服务时，正常渲染该图像文件。转换方法如下。

(1) 选中应用/服务模块，单击鼠标右键，选择 New > Svg To Xml 命令。

(2) 选择需要转换的 svg 文件并命名，单击 OK 按钮开始转换。

(3) 转换成功后，可以在 resources > base > graphic 文件夹找到转换后的 xml 文件。在布局文件中，引用该 xml 文件名即可。

6.5 编 译 构 建

6.5.1 编译构建概述

编译构建是将 HarmonyOS 应用/服务的源代码、资源、第三方库等打包生成 HAP 或者 APP 的过程。其中，HAP 可以直接运行在真机设备或者模拟器中，App 则是用于应用/服务上架到华为应用市场。

1. 安全机制简介

为了确保 HarmonyOS 应用和原子化服务的完整性，HarmonyOS 通过数字证书和授权文件来对应用进行管控，只有签名过的 HAP 才允许安装到设备上运行(如果不带签名信息，仅可以运行在模拟器中)；同时，上架到华为应用市场的 App 也必须通过签名才允许上架。因此，为了保证应用/服务能够发布和安装到设备上，需要提前申请相应的证书与 Profile 文件。

申请证书和 Profile 文件时，用于调试和上架的证书与授权文件不能交叉使用。

- 应用/服务调试证书与调试 Profile 文件、应用/服务发布证书与发布 Profile 文件具有匹配关系，必须成对使用，不可交叉使用。
- 应用/服务调试证书与调试 Profile 文件必须应用于调试场景，用于发布场景将导致应用/服务发布审核不通过；应用/服务发布证书与发布 Profile 文件必须应用于发布场景，用于调试场景将导致应用/服务无法安装。

2. 方舟编译器简介

HarmonyOS 3.0 全新提供方舟编译器(Ark Compiler)用于应用的编译构建。在开发基于 ArkUI 框架的、跨设备的 HarmonyOS 应用或服务时，可选择方舟编译器。

方舟编译器(Ark Compiler)作为华为自研的统一编程平台，包含编译器、工具链、运行时等关键部件，支持高级语言在多种芯片平台的编译与运行；支持多语言联合优化，降低跨语言交互开销；提供更轻量的语言运行时，通过软硬协同充分发挥硬件能效。不同的业务场景、设备、编程语言的支持需求，使得方舟编程平台的设计目标是一个语言可插拔、组件可配置的多语言编译运行时。

1)　语言可插拔

设计和架构上支持多种语言接入。方舟编译器有能力提供具有高效执行性能且具有跨语言优势的多语言运行时，也可以在小设备上提供高效、内存小的单一语言运行时。

2)　组件可配置

方舟编译器具有丰富的编译运行时组件系统。

- 执行引擎：解释器、JIT 编译器、AOT 编译器。
- 丰富的内存管理组件：多种分配器和多种垃圾回收器。
- 各语言独立的运行时，可以支持语言特有实现和语言基础库。

方舟通过定制化配置编译运行时的语言和组件，以支持手机、PC、平板、电视、汽车和智能穿戴等多种设备下不同的性能和内存需求。

6.5.2　编译构建前配置

在进行 HarmonyOS 应用/服务的编译构建前，需要对工程和编译构建的 Module 进行设置。

- build.gradle：HarmonyOS 应用/服务依赖 gradle 进行构建，需要通过 build.gradle 来对工程编译构建参数进行设置。build.gradle 分为工程级和模块级两种类型，其中工程根目录下的工程级 build.gradle 用于工程的全局设置，各模块下的 build.gradle 只对本模块生效。
- config.json：应用/服务配置文件，用于描述应用/服务的全局配置信息、在具体设备上的配置信息和 HAP 的配置信息。

1. 工程级 build.gradle

工程级 build.gradle 各字段说明如下。

- apply plugin：在工程级 gradle 中引入打包 App 的插件，不需要修改。

工程级
build.gradle 示例

- ohos 闭包：工程配置，包括如下配置项。
  - compileSdkVersion：应用/服务编译构建的目标 SDK 版本。
  - versionName，versionCode：工程级别的 build.gradle 配置的 versionName 和 versionCode，在模块打包 HAP 或者 HAR 时，优先使用工程级别的 versionName 和 versionCode。
  - signingConfigs：应用/服务的签名信息，可以是调试签名信息或发布签名信息。
- buildscript 闭包：工程编译构建所需要的依赖，包括 Maven 仓库地址和依赖的插件版本，例如 HarmonyOS 编译构建插件和 DECC 测试插件。
- allprojects 闭包：工程自身所需要的依赖，比如引用第三方库的 Maven 仓库和依赖包。

2. 模块级 build.gradle

工程级
build.gradle 示例

- apply plugin：在模块级 Gradle 中引入打包 HAP、HAR、JAR 以及 DECCTEST 的插件。
- ohos 闭包：模块配置，包括如下配置项。
  - compileSdkVersion：依赖的 SDK 版本。
  - showInServiceCenter：是否在服务中心露出，在创建工程时选择了 Show in service center 选项会生成该字段。
  - buildTypes：配置 build 类型以及每种类型构建打包的签名、压缩、合并的配置。
  - externalNativeBuild：C/C++编译构建代码设置项。
  - entryModules：该 Feature 模块关联的 Entry 模块，仅 Feature 模块存在该字段。
  - packageOptions：将 Entry/Feature 模块打包为 HAP 时，排除不需要打包到 HAP 包中的文件。
  - mergeJsSrc：设置跨设备的应用/服务编译构建，是否需要合并 JS 代码。Wearable 和 Lite Wearable 共用一个工程。当进行编译构建时，将 Wearable/liteWearable 目录下的 JS 文件与 pages 目录(Wearable 和 Lite Wearable 共用的源码)下的 JS 文件进行合并打包。
  - annotationEnabled：支持数据库注释。
- dependencies 闭包：该模块所需的依赖项。

3. config.json 配置文件

HarmonyOS 应用/服务的每个模块下都包含一个 config.json 配置文件。在编译构建前，需要对照检查和修改 config.json 文件。

6.5.3 编译构建生成 HAP

HAP 可以直接在模拟器或者真机设备上运行，用于 HarmonyOS 应用开发阶段的调试和运行效果查看。HAP 按构建类型和是否签名可以分为以下四种形态。

- 构建类型为 Debug 的 HAP(带调试签名信息)：携带调试签名信息，具备单步调试等调试手段的 HAP。一般用于开发者使用真机设备调试应用/服务。
- 构建类型为 Release 的 HAP(带调试签名信息)：携带调试签名信息，不具备调试能力的 HAP。相对于 Debug 类型的 HAP 包，体积更小，运行效果与用户实际体验一致。一般用于开发者在代码调试完成后，在真机设备中验证应用/服务运行效果。
- 构建类型为 Debug 的 HAP(不带签名)：不带调试签名信息，具备单步调试等调试手段的 HAP。一般用于开发者使用模拟器调试应用/服务。
- 构建类型为 Release 的 HAP(不带签名)：不带调试签名信息，不具备调试能力的 HAP。相对于 Debug 类型的 HAP 包，体积更小，运行效果与用户实际体验一致。一般用于开发者在代码调试完成后，在模拟器设备中验证应用/服务运行效果。

一个 HarmonyOS 工程下可以存在多个 Module，在编译构建时，可以选择对单个 Module 进行编译构建；也可以对整个工程进行编译构建，同时生成多个 HAP。

1. 构建带签名信息的 HAP 包

带签名信息的 HAP 包(包括 Debug 和 Release 类型)，可以在真机设备上运行。在构建 HAP 包前，需要对应用/服务进行签名。

2. 构建带签名信息的 HAP(Debug 类型)

在构建带签名信息的 HAP 前，要先对应用/服务进行签名。

(1) 打开左下角的 OhosBuild Variants，检查并设置模块的编译构建类型为 debug(默认类型为 debug)，如图 6-44 所示。

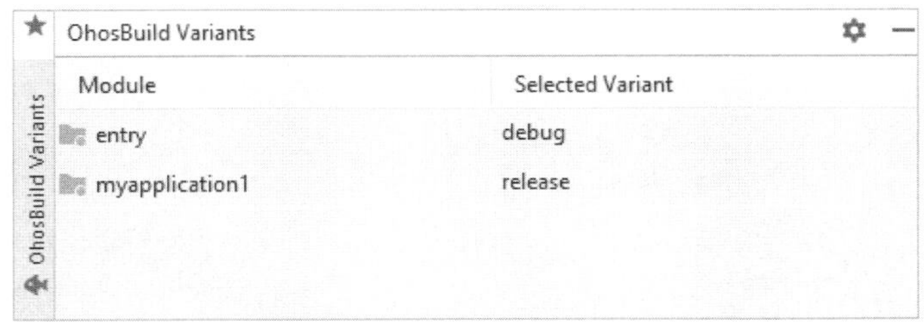

图 6-44　OhosBuild Variants 界面

(2) 在菜单栏中选择 Build > Build Hap(s)/APP(s) > Build Hap(s)命令，生成已签名的 Debug HAP。

说明： 如果只需要对单个 Module 进行编译构建，先在 DevEco Studio 左侧的工程目录中选中要编译的 Module，然后在菜单栏中选择 Build > Make Module 'Module Name'命令，生成单个 Module 的 HAP 包。

3. 一键重构建 HAP 包

开发者在应用/服务开发阶段，通常会对创建的工程进行多次编译构建。为消除历史编译构建生成的文件对构建结果的影响，在新的编译构建操作前，通常先进行文件清理操作(Clean Project)。

DevEco Studio 提供一键重构建 HAP 包功能，先对历史编译构建中生成的文件进行清理，再重新进行编译构建，生成 HAP 包。

在菜单栏中选择 Build > Rebuild Project 命令，即可编译生成 HAP 包。

6.6 应用/服务运行

6.6.1 使用模拟器运行应用/服务

DevEco Studio 提供模拟器供开发者运行和调试 HarmonyOS 应用/服务：对于 Phone，可以使用 Local Emulator 和 Remote Emulator 运行应用/服务；对于 Tablet、TV 和 Wearable，可以使用 Remote Emulator 运行应用/服务；对于 Lite Wearable 和 Smart Vision，可以使用 Simulator 运行应用/服务。

同时，DevEco Studio 的 Remote Emulator 还提供超级终端模拟器(super device)，开发者可以利用它来调测跨设备应用/服务。

1. 使用 Local Emulator 运行应用/服务

说明： Local Emulator 为实验特性，使用中可能会存在问题。在 DevEco Studio V3.0 Beta1 及更高版本中支持该特征。

DevEco Studio 提供的 Local Emulator 基于 x86 架构，可以运行和调试 Phone、TV 和 Wearable 设备的 HarmonyOS 应用/服务。在 Local Emulator 上运行应用/服务，有兼容签名与不签名两种类型的 HAP。

相比于 Remote Emulator，Local Emulator 是创建和运行在本地计算机上的，不需要登录授权。在运行和调试应用/服务时，由于没有网络数据的交换，它可以保持很好的流畅性和稳定性，但是需要耗费一定的计算机磁盘资源。具体的资源要求如下。

- Windows 系统：内存推荐为 16GB 及以上。
- macOS 系统：内存推荐为 8GB 及以上。
- 不支持在虚拟机系统上运行本地模拟器，例如不支持在 Ubuntu 系统上安装 Windows 虚拟机后使用 Windows 系统安装和运行模拟器。

创建和运行 Local Emulator 的操作方法如下。

(1) 选择 Files > Settings > SDK Manager > HarmonyOS Legacy SDK(macOS 系统为 DevEco Studio > Preferences > SDK Manager > HarmonyOS Legacy SDK)项，勾选并下载 Platforms 下的 System-image 和 Tools 下的 EmulatorX86 资源。

说明： Local Emulator 支持 Phone、TV 和 Wearable 设备，下载 System-image 时要选择对应设备的 System-image。

(2) 在 Local Emulator 界面单击 Edit 按钮，设置本地模拟器的存储路径 Local emulator location(默认存储在 C 盘目录下)。

(3) 选择菜单栏的 Tools > Device Manager 命令，在 Local Emulator 页中，单击右下角的 New Emulator 按钮，创建一个本地模拟器。

说明： 默认情况下，创建的本地模拟器资源存储在 C:\Users\用户名\AppData\Local\

Huawei\HarmonyOSEmulator\deployed 目录下，它会占用较大的系统存储空间。建议在系统的环境变量中添加一个 HarmonyOS_HVD_HOME 环境变量，取值指向其他存储路径，这样在安装本地模拟器时就会将相关资源存储到指定的文件夹中。

(4) 在创建模拟器界面可以选择一个默认的设备；同时也可以单击 New Hardware 按钮或默认设备后的克隆图标添加一个新设备，自定义设备的相关参数，如尺寸、分辨率、内存等参数。

说明：自定义新设备功能当前只支持 Phone 设备，暂不支持 TV 和 Wearable。

(5) 选择需要创建的 Hardware，单击 Next 按钮，可以看到模拟器的镜像信息，如 API、Version、CPU/ABI 等信息。

(6) 单击 Next 按钮，核实创建的模拟器信息，同时也可以在该界面修改模拟器信息，然后单击 Finish 按钮创建本地模拟器。

(7) 在设备管理器中单击▶按钮启动模拟器。

(8) 选择 DevEco Studio 的 Run > Run'模块名称'命令或单击▶按钮，或按快捷键 Shift+F10(macOS 为 Control+R)，DevEco Studio 启动应用/服务的编译构建，完成后应用/服务即可运行在 Local Emulator 上。

2. 使用 Remote Emulator 运行应用/服务

1) 使用单设备模拟器运行应用/服务

Remote Emulator 中的单设备模拟器(single device)可以运行和调试 Phone(折叠屏 Mate X2、P40 和 P40 Pro)、Tablet(MatePad Pro)、TV 和 Wearable 设备的 HarmonyOS 应用/服务，可兼容签名与不签名两种类型的 HAP。

Remote Emulator 每次使用时长为 2 小时，到期后会自动释放资源，所以要及时完成 HarmonyOS 应用/服务的调试。如果 Remote Emulator 到期已释放，可以重新申请资源。

(1) 在 DevEco Studio 菜单栏选择 Tools > Device Manager 命令。

(2) 在 Remote Emulator 页中单击 Login 按钮，在浏览器中弹出华为开发者联盟账号登录界面，输入已实名认证的华为开发者联盟账号的用户名和密码进行登录。

(3) 登录后，单击界面中的“允许”按钮进行授权。

(4) 在 Single device 中单击设备运行按钮▶启动远程模拟设备(同一时间只能启动一个设备)。

(5) 选择 DevEco Studio 的 Run > Run'模块名称'命令或单击▶按钮，或按快捷键 Shift+F10(macOS 为 Control+R)。

(6) DevEco Studio 会启动应用/服务的编译构建，完成后应用/服务即可运行在 Remote Emulator 上。

2) 使用超级终端模拟器运行应用/服务

说明：在 DevEco Studio V2.1 Release 及更高版本中支持该特性。

目前超级终端模拟器支持“Phone+Phone”“Phone+Tablet”和“Phone+TV”的设备组网方式，开发者可以使用该超级终端模拟器来调测具备跨设备特性的应用/服务，如应用/服务在不同设备间的流转。

(1) 在 DevEco Studio 菜单栏中选择 Tools > Device Manager 命令。

(2) 在 Remote Emulator 页面中单击 Login 按钮，在浏览器中弹出华为开发者联盟账号登录界面，输入已实名认证的华为开发者联盟账号的用户名和密码进行登录(查看远程模拟器登录常见问题)。

(3) 单击“允许”按钮进行授权。

(4) 在 Super device 中单击设备运行按钮▶，启动超级终端模拟器。

(5) 在运行应用/服务中，选择 Super App，然后选择 Run > Run'模块名称'命令或单击▶按钮，或按快捷键 Shift+F10(macOS 为 Control+R)运行应用/服务。

(6) 选择各个模块运行的设备。

(7) DevEco Studio 会启动应用/服务的编译构建，完成后应用/服务即可运行在超级终端模拟器上。

当前 DevEco Studio 提供了具备跨设备特性的工程模板，如 Video Player Ability 模板。

说明：Video Player Ability 可通过访问 Template Market 获取。Template Market 提供有更多模板资源，在创建工程的 Choose your ability template 页面上单击 Template Market 进入即可。

3. 使用 Simulator 运行应用/服务

DevEco Studio 提供的 Simulator 可以运行和调试 Lite Wearable 和 Smart Vision 设备的 HarmonyOS 应用/服务。在 Simulator 上运行应用/服务，有兼容签名与不签名两种类型的 HAP。

(1) 选择需要运行的设备，默认情况下 DevEco Studio 会自动匹配对应的设备模拟器。

(2) 选择 DevEco Studio 的 Run > Run'模块名称'命令或单击▶按钮，或按快捷键 Shift+F10 (macOS 为 Control+R)。

(3) DevEco Studio 会启动应用/服务的编译构建，完成后应用/服务即可运行在 Simulator 上。

6.6.2 使用远程真机运行应用/服务

1. 概述

说明：在 DevEco Studio V2.2 Beta1 及更高版本中支持该特性。

如果开发者没有真机设备资源，则不能很方便地调试和验证 HarmonyOS 应用。为方便开发者，DevEco Studio 提供了 Remote Device 远程真机设备资源，以便开发者减少开发成本。目前，远程真机支持 Phone 和 Wearable 设备。开发者使用远程真机调试和运行应用时，同本地物理真机设备一样，需要对应用/服务进行签名。

相比远程模拟器，远程真机是部署在云端的真机设备资源。远程真机的界面渲染和操作体验更加流畅，同时也可以更好地验证应用/服务在真机设备上的运行效果，比如性能、手机网络环境等。

2. 前提条件

- 已注册成为华为开发者，并完成华为开发者实名认证。
- 已对应用/服务进行签名。

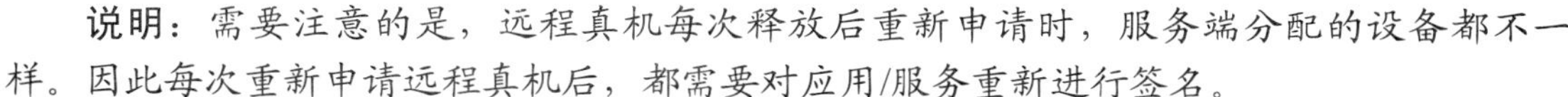

说明：需要注意的是，远程真机每次释放后重新申请时，服务端分配的设备都不一样。因此每次重新申请远程真机后，都需要对应用/服务重新进行签名。

3. 操作步骤

(1) 在 DevEco Studio 菜单栏选择 Tools > Device Manager 命令。

(2) 在 Remote Device 页中单击 Login 按钮，在浏览器中弹出华为开发者联盟账号登录界面，输入已实名认证的华为开发者联盟账号的用户名和密码进行登录(查看登录授权常见问题)。

(3) 单击“允许”按钮进行授权。

(4) 在 Single device 中，单击设备运行按钮▶，启动远程真机设备(同一时间只能启动一个设备)。

(5) 选择 DevEco Studio 的 Run > Run'模块名称'命令或单击▸按钮，或按快捷键 Shift+F10(macOS 为 Control+R)，如图 6-45 所示。

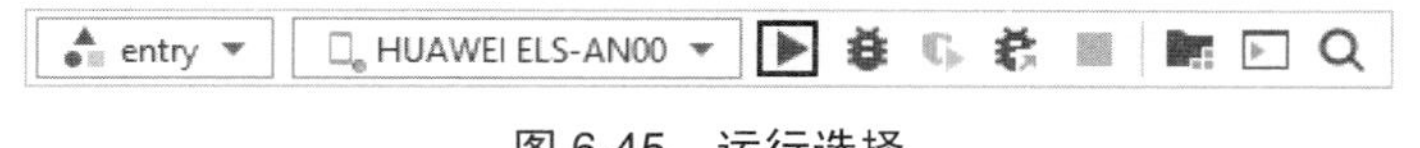

图 6-45　运行选择

(6) DevEco Studio 会启动应用/服务的编译构建，完成后应用/服务即可运行在远程真机上。

6.6.3　在 Phone 和 Tablet 中运行应用/服务

在 Phone 和 Tablet 中运行 HarmonyOS 应用的操作方法一致，可以采用 USB 连接方式或者 IP Connection 连接方式。采用 IP Connection 连接方式，要求 Phone/Tablet 和 PC 端在同一个网段，建议将 Phone/Tablet 和 PC 连接到同一个 WLAN 下。

1. 使用 USB 连接方式

1) 前提条件

- 在 Phone 或者 Tablet 中运行应用/服务，需要提前构建带签名信息的 HAP 包，打包带签名信息的 HAP。
- 在 Phone 或者 Tablet 中，打开“开发者模式”，可在“设置”>“关于手机/关于平板”中连续多次点击“版本号”，直到提示“您正处于开发者模式”，然后在“系统与更新”>“开发人员”选项中打开“USB 调试”开关。

2) 操作步骤

(1) 使用 USB 方式，将 Phone 或者 Tablet 与 PC 端进行连接。

(2) 在 Phone 或者 Tablet 中，USB 连接方式选择“传输文件”。

(3) 在 Phone 或者 Tablet 中，会弹出“是否允许 USB 调试”弹窗，点击“确定”按钮。

(4) 在菜单栏中选择 Run > Run'模块名称'命令或单击▸按钮，或按快捷键 Shift+F10 (macOS 为 Control+R)运行应用/服务。

(5) DevEco Studio 启动 HAP 的编译构建和安装。安装成功后，Phone 或者 Tablet 会

自动运行安装的 HarmonyOS 应用/服务。

2. 使用 IP Connection 连接方式

1) 前提条件

- 已将 Phone/Tablet 和 PC 连接到同一 WLAN 网络。
- 已获取 Phone/Tablet 端的 IP 地址。
- Phone/Tablet 上的 5555 端口为打开状态(默认是关闭状态)，可以通过 USB 连接上设备，执行如下命令打开：

```
hdc tmode port 5555
```

- 在 Phone/Tablet 中运行应用/服务，需要提前构建带签名信息的 HAP 包，打包带签名信息的 HAP。

2) 操作步骤

(1) 在 DevEco Studio 菜单栏中选择 Tools > IP Connection 命令，输入连接设备的 IP 地址，单击▶按钮，连接正常后，设备状态为 online。

(2) 在菜单栏中选择 Run > Run'模块名称'命令或单击▶按钮，或按快捷键 Shift+F10 (macOS 为 Control+R)运行应用/服务。

(3) DevEco Studio 启动 HAP 的编译构建和安装。安装成功后，Phone/Tablet 会自动运行安装的 HarmonyOS 应用/服务。

6.7 使用 Java 语言开发

6.7.1 编写第一个页面

在 Java UI 框架中，提供了两种编写布局的方式：在 XML 中声明 UI 布局和在代码中创建布局。这两种方式创建出的布局没有本质差别。为了熟悉两种方式，我们将通过 XML 的方式编写第一个页面，通过代码的方式编写第二个页面。

(1) 在 Project 窗口选择 entry > src > main > resources > base > layout 命令，打开 ability_main.xml 文件。

(2) 在 Project 窗口选择 entry > src > main > resources > base > element 命令，打开 string.json 文件，可在此文件内声明所需引用的资源内容。关于取值为 string 类型的文本属性，可以直接设置文本字串，也可以引用 string 资源(推荐使用)。string.json 的示例代码如下：

```
{
    "string":[
        {
            "name":"entry_MainAbility",
            "value":"entry_MainAbility"
        },
        {
            "name":"mainability_description",
            "value":"Java_Empty Ability"
        },
```

```
        {
            "name":"mainability_HelloWorld",
            "value":"Hello World"
        },
        {
            "name":"button_Next",
            "value":"Next"
        }
    ]
}
```

(3) 第一个页面内有一个文本和一个按钮，可使用 DependentLayout 布局，通过 Text 和 Button 组件来实现，其中 vp 和 fp 分别表示虚拟像素和字体像素。本例中两个组件的显示文本分别采用直接设置文本字串、引用 string 资源(推荐使用)的方式。

(4) 按钮的背景是蓝色胶囊样式，可以通过 graphic 目录下的 XML 文件来设置。

ability_main.xml 示例

右键单击 graphic 文件夹，选择 New > File 命令，命名为 background_button.xml，按 Enter 键。background_button.xml 的示例代码如下：

```
<?xml version="1.0" encoding="utf-8"?>
<shape
   xmlns:ohos="http://schemas.huawei.com/res/ohos"
   ohos:shape="rectangle">
   <corners
      ohos:radius="100"/>
   <solid
      ohos:color="#007DFF"/>
</shape>
```

在 layout 目录下的 ability_main.xml 文件中，使用 background_element="$graphic:background_button"的方式引用 background_button.xml 文件：

```
<?xml version="1.0" encoding="utf-8"?>
<DependentLayout
   ...
   <Button
      ohos:id="$+id:button"
      ohos:width="match_content"
      ohos:height="match_content"
      ohos:text="Next"
      ohos:text_size="19fp"
      ohos:text_color="#FFFFFF"
      ohos:top_padding="8vp"
      ohos:bottom_padding="8vp"
      ohos:right_padding="70vp"
      ohos:left_padding="70vp"
      ohos:center_in_parent="true"
      ohos:below="$id:text"
      ohos:margin="10vp"
      ohos:background_element="$graphic:background_button"/>
</DependentLayout>
```

(5) 在 XML 文件中添加组件后，需要在 Java 代码中加载 XML 布局。

在 Project 窗口，选择 entry > src > main > java > com.example.myapplication > slice 命令，打开 MainAbilitySlice.java 文件，使用 setUIContent 方法加载 ability_main.xml 布局。此外，运行代码前需用 import(可使用 Alt+Enter 快捷键)命令引入对应类，否则会产生报错提示。

说明：HarmonyOS 提供了 Ability 和 AbilitySlice 两个基础类，一个有界面的 Ability 可以由一个或多个 AbilitySlice 构成。AbilitySlice 主要用于承载单个页面的具体逻辑实现和界面 UI，是应用显示、运行和跳转的最小单元。

本例以同一个 Ability 内的两个 AbilitySlice 之间的跳转为例，如果开发者希望实现两个 Ability 之间的跳转，请参考 6.7.3 节实现页面跳转。

MainAbilitySlice.java 的示例代码如下：

```
//请根据实际工程/包名引入
package com.example.myapplication.slice;
import com.example.myapplication.ResourceTable;
import ohos.aafwk.ability.AbilitySlice;
import ohos.aafwk.content.Intent;
public class MainAbilitySlice extends AbilitySlice {
    @Override
    public void onStart(Intent intent) {
        super.onStart(intent);

super.setUIContent(ResourceTable.Layout_ability_main);
// 加载 layout 目录下的 XML 布局
    }
}
```

图 6-46 运行效果

(6) 使用预览器或模拟器运行项目，效果如图 6-46 所示。

6.7.2 编写另一个页面

在上一节中，我们用 XML 的方式编写了一个包含文本和按钮的页面。为了帮助开发者熟悉在代码中创建布局的方式。接下来，我们使用代码的方式编写第二个页面。

(1) 在 Project 窗口选择 entry > src > main > java >com.xxx.myapplication 命令，右键单击 slice 文件夹，选择 New > Java Class 命令，命名为 SecondAbilitySlice，按 Enter 键。

(2) 第二个页面上有一个文本。打开 SecondAbilitySlice 文件，添加一个 Text，示例代码请扫码查看。

添加一个 Text

6.7.3 实现页面跳转

打开第一个页面，添加按钮的响应逻辑，实现点击按钮跳转到下一页。

实现页面跳转

6.8 使用 JS 语言开发(低代码方式)

低代码开发方式，即通过可视化界面开发方式快速构建布局、编辑 UI 界面，可有效

降低用户的上手成本并提升用户构建 UI 界面的效率。

说明：请使用 DevEco Studio V2.2 Beta1 及更高版本，本节以 DevEco Studio 3.0 Beta2 版本为例。低代码开发功能适用于 Phone 和 Tablet 设备的 JS 工程，且 compileSdkVersion 必须为 6 及以上。

6.8.1　创建 JS 工程

(1)　打开 DevEco Studio，创建一个新工程，选择支持 Phone/Tablet 的模板，如 Empty Ability。

(2)　在工程配置向导中，Language 选择 JS，Device Type 选择 Phone/Tablet，其他参数根据实际需要设置即可，然后单击 Finish 按钮等待工程同步完成。

6.8.2　创建第一个页面

(1)　删除工程运行默认的入口文件夹：entry > src > main > js > default > pages > index。

(2)　在 Project 窗口选择工程中的 entry > src > main > js > default > pages 文件，单击鼠标右键，在弹出的快捷菜单中选择 New > JSVisual 命令。

(3)　创建完成后，可以看到 entry > src > main > supervisual > default > pages > page > page.visual 的文件目录结构，如图 6-47 所示。

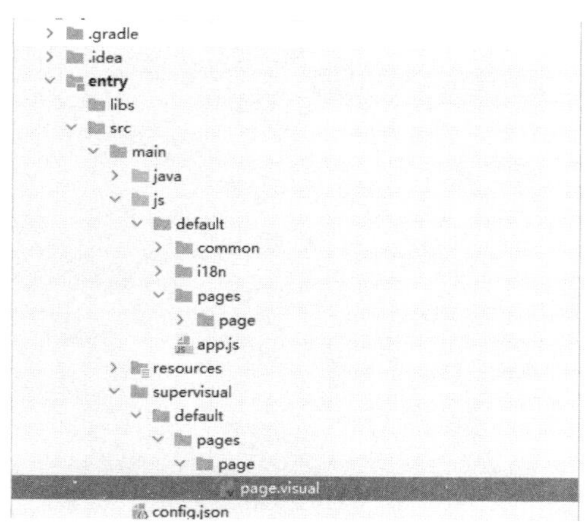

图 6-47　文件目录结构

(4)　第一个页面内有一个容器、文本和一个按钮，可通过 Div、Text 和 Button 组件来实现。

①　打开 page.visual 文件，选中画布中的组件，单击鼠标右键，选择 Delete 命令删除画布原有模板组件。

②　选中 UI Control 中的 Div 组件，将其拖至画布。单击右侧属性样式栏中的样式图标(General)，设置 Div 组件的 Height 为 100%，使其占满屏幕；单击右侧属性样式栏中的样式图标(Flex)，设置 Div 组件的 FlexDirection 样式为 column，使 Div 的主轴垂直；设置 Div 组件的 JustifyContent 样式为 center，将其子组件在主轴上居中显示；设置 Div 组

件的 AlignItems 样式为 center，其子组件在交叉轴上居中显示。

③ 选中 UI Control 中的 Text 组件，将其拖至 Div 组件的中央区域。单击右侧属性样式栏中的属性图标(Properties)，设置 Text 组件的 Content 属性为“Hello World”；单击右侧属性样式栏中的样式图标(Feature)，设置组件的 FontSize 样式为 60px，将其文字放大；设置组件的 TextAlign 样式为 center，将组件文字居中显示；再选中画布上的 Text 组件，拖动放大。

④ 选中 UI Control 中的 Button 组件，将其拖至 Text 组件下面。单击右侧属性样式栏中的属性图标(Properties)，设置 Button 组件的 Value 属性为 Next；单击右侧属性样式栏中的样式图标(Feature)，设置组件的 FontSize 样式为 39px，将其文字放大；再选中画布上的 Button 组件，拖动放大。

(5) 使用预览器或模拟器运行项目，效果如图 6-48 所示。

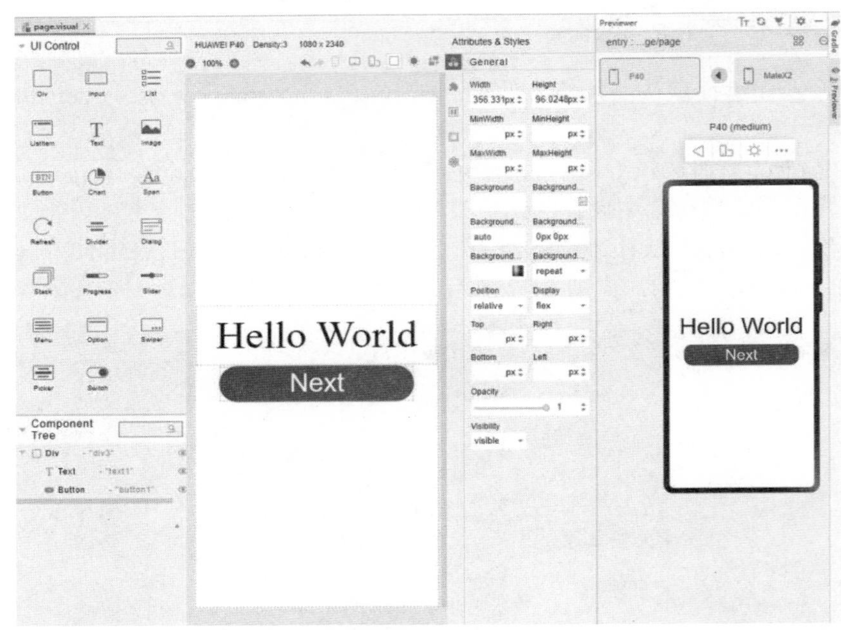

图 6-48　项目效果图

6.8.3　创建另一个页面

(1) 在 Project 窗口，选择工程中的 entry > src > main > js > default > pages 文件，单击鼠标右键，在弹出的快捷菜单中选择 New > JS Visual 命令。创建完成后，单击提示框中的 Confirm 按钮，创建后的 page2.visual 文件目录结构如图 6-49 所示。

(2) 第二个页面中有一个容器和文本，可通过 Div、Text 组件来实现。

选中 Text 组件，拖至 Div 组件的中央区域。单击右侧属性样式栏中的属性图标(Properties)，设置 Text 组件的 Content 属性为“Hello World”；单击右侧属性样式栏中的样式图标(Feature)，设置组件的 FontSize 样式为 60px；设置组件的 TextAlign 样式为 center；再选中画布上的 Text 组件，拖动放大。

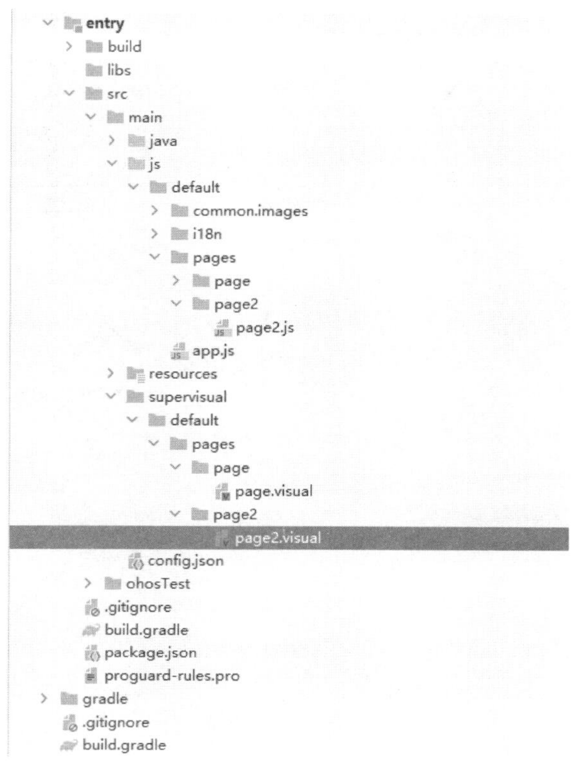

图 6-49　创建另一个页面的文件目录结构

6.8.4　实现页面跳转

(1) 在 Project 窗口，打开工程中的 entry > src > main > js > default > pages > page > page.js 文件，导入 router 模块。页面路由 router 可根据页面的 uri 来找到目标页面，从而实现跳转。示例代码如下：

```
import router from '@system.router';
export default {
    launch() {
        router.push ({
            uri:'pages/page2/page2', // 指定要跳转的页面
        })
    }
}
```

(2) 打开 page.visual 文件，选中画布上的 Button 组件。单击右侧属性样式栏中的事件图标(Events)，再单击 Click 事件的输入框，选择 launch 事件，如图 6-50 所示。

(3) 再次使用预览器或模拟器运行项目，即可得见效果。

图 6-50　页面跳转操作示意

习　　题

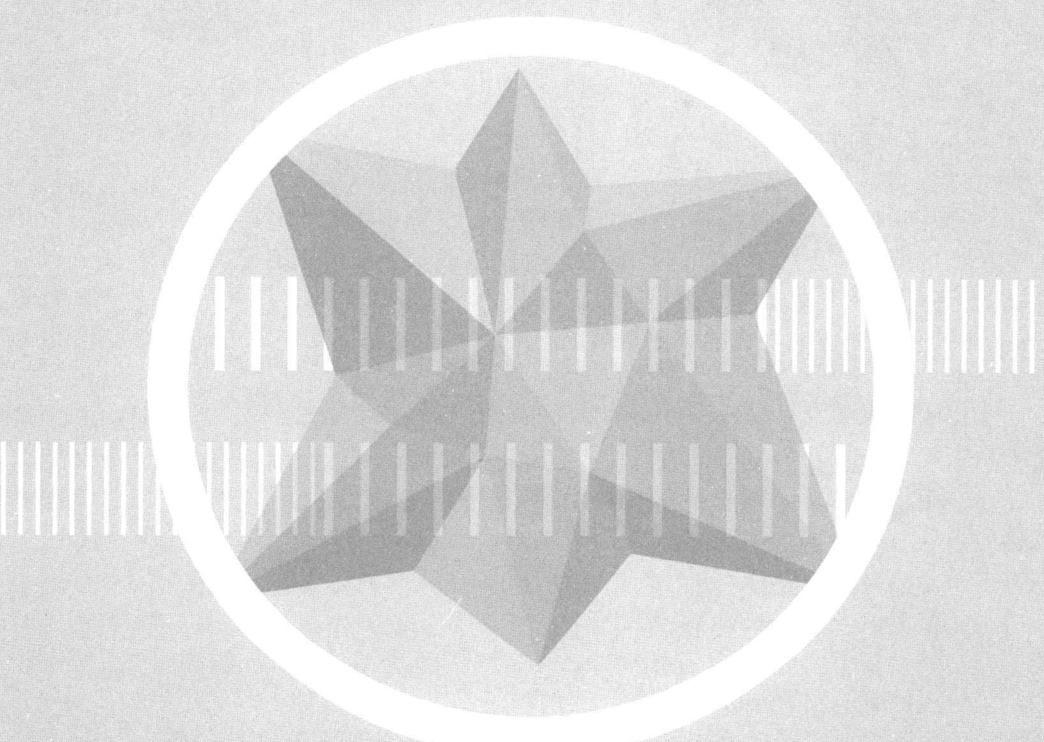

第 7 章

嵌入式系统开发

7.1 原子化服务概述

7.1.1 什么是原子化服务

在万物互联时代，人均持有设备量不断攀升，设备和场景的多样性，使应用开发变得更加复杂、应用入口更加丰富。在此背景下，应用提供方和用户迫切需要一种新的服务提供方式，使应用开发更简单，服务(如听音乐、打车等)的获取和使用更便捷。为此，HarmonyOS 除支持传统方式的需要安装的应用外，还能提供特定功能的免安装应用(即原子化服务)。

原子化服务是 HarmonyOS 提供的一种面向未来的服务提供方式，是有独立入口的(用户可通过点击方式直接触发)、免安装的(无须显式安装，由系统程序框架后台安装后即可使用)、可为用户提供一个或多个便捷服务的应用程序形态。例如，某传统方式的需要安装的购物应用 A，在按照原子化服务理念调整设计后，成为由“商品浏览”“购物车”“支付”等多个便捷服务组成的、可以免安装的购物原子化服务 A*。

原子化服务基于 HarmonyOS API 开发，支持运行在 1+8+N 设备上，供用户在合适的场景、合适的设备上便捷使用。原子化服务相对于传统方式的需要安装的应用，形态更加轻量，同时提供更丰富的入口、更精准的分发。

原子化服务由 1 个或多个 HAP 包组成，1 个 HAP 包对应 1 个 FA 或 1 个 PA。每个 FA 或 PA 均可独立运行，完成 1 个特定功能；1 个或多个功能(对应 FA 或 PA)完成 1 个特定的便捷服务。原子服务与传统方式需要安装的应用对比如表 7-1 所示。

表 7-1 原子化服务与传统方式需要安装的应用对比

项　目	原子化服务	传统方式需要安装的应用
软件包形态	APP Pack(.app)	APP Pack(.app)
分发平台	由原子化服务平台(Huawei Ability Gallery)管理和分发	由应用市场(App Gallery)管理和分发
安装后有无桌面 icon	无桌面 icon，但可手动添加到桌面，显示形式为服务卡片	有桌面 icon
HAP 包免安装要求	所有 HAP 包(包括 Entry HAP 和 Feature HAP)均须满足免安装要求	所有 HAP 包(包括 Entry HAP 和 Feature HAP)均为非免安装的

7.1.2 原子化服务特征

1. 随处可及

- 服务发现：原子化服务可在服务中心发现并使用。
- 智能推荐：原子化服务可以基于合适场景被主动推荐给用户使用；用户可在服务中心发现系统推荐的服务。

2. 服务直达

原子化服务支持免安装使用。

有了服务卡片，用户无须打开原子化服务，便可获取服务内重要信息的展示和动态变化，如天气、关键事务备忘、热点新闻列表。

3. 跨设备

原子化服务支持运行在 1+8+N 设备上，1 指的是手机，8 指的是计算机、音箱、耳机、手表/手环、平板、大屏、PC、AR/VR，N 指的是泛 IOT 设备。

- 支持跨设备分享：例如接入华为分享后，用户可分享原子化服务给好友，好友确认后可打开分享的服务。
- 支持跨端迁移：例如手机上未完成的邮件，可迁移到平板继续编辑。
- 支持多端协同：例如手机用于文档翻页和批注，配合智慧屏显示完成分布式办公；手机作为手柄，与智慧屏配合玩游戏。

7.1.3 原子化服务基础体验

1. 服务中心

服务中心为用户提供统一的原子化服务查看、搜索、收藏和管理功能。以手机为例，示意如图 7-1 所示。

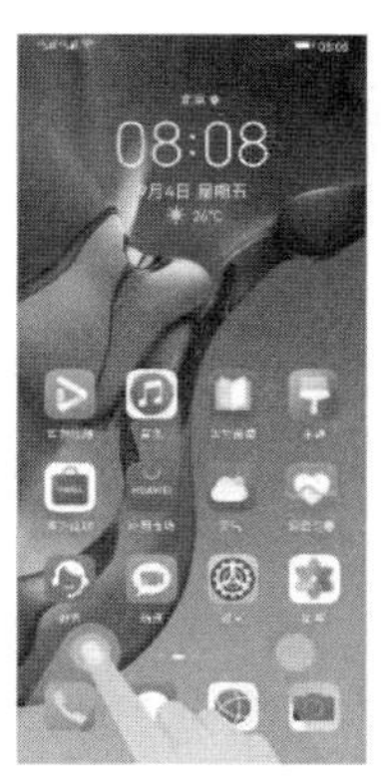

从屏幕左下角或右下角向斜上方滑动，即可进入“服务中心”

“我的服务”版块：展示常用服务和用户主动收藏的服务

“发现”版块：全量的服务供用户进行管理和使用

图 7-1 手机服务中心示意

服务中心为用户提供使用路径更短、体验更好的服务，向用户展示和发现便捷服务入口。便捷服务入口以服务卡片快照的形式在服务中心呈现。我们可以通过如下方式获取服务。

1) 服务中心入口

以手机为例，通过屏幕左下角或右下角向侧上方滑动进入服务中心。

2) 常用服务

“常用服务”涵盖用户常用的本地服务和云端推送的服务，为用户提供贴心便捷的服务体验。

3) 我的收藏

“我的收藏”中收录用户所订阅的服务卡片；通过长按卡片，可将服务添加到桌面或取消收藏。

另外，我们还可以在“发现”版块中查找和浏览所有的服务卡片。服务以卡片(卡片由图标、名称、描述、快照组成)的形式向用户展示。轻点卡片，可以选择将卡片添加到收藏或添加到桌面，随时随地查看信息获取服务。

2. 服务展示

原子化服务在服务中心以服务卡片的形式展示，用户可将服务中心的服务卡片添加到桌面中，示意如图 7-2 所示。

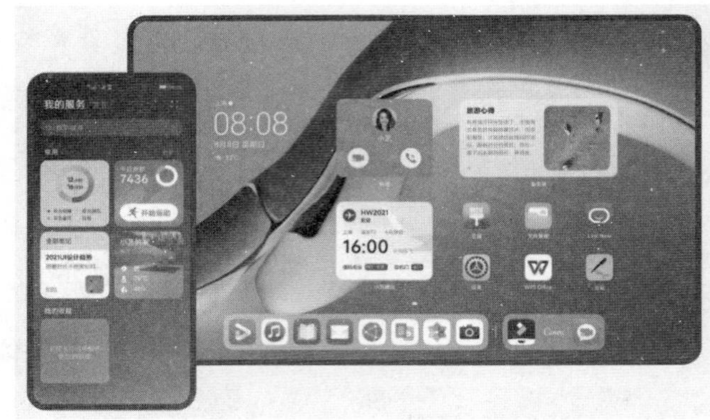

图 7-2 桌面服务卡片展示

7.1.4 原子化服务典型使用场景

1. 释放手机，让用户在更合适的设备上享受服务

打车是人们日常生活中经常使用的服务，通常人们通过手机打车，需要一直停留在手机界面才能准确获取司机的状态信息，此时手机不能做其他事情。

有了原子化服务的分布式能力，在手机打车后，将司机状态实时同步到手表，无须查看手机，抬腕即可获取司机状态。

2. 大小屏互动协作，打造网课新体验

新型冠状病毒感染期间，上网课已经成为学生日常活动，上网课的时间也越来越长。使用手机/平板上网课，屏幕较小，容易损伤视力，且在单一设备上无法获得良好的互动体验。

有了原子化服务，就可以实现在智慧屏听老师讲课，在手机/平板上互动答题，极大地提升了网课体验，并且有效保护了视力。

7.1.5 原子化服务开发流程

原子化服务的基本开发流程可参考表 7-2。

表 7-2　原子化服务基本开发流程

任　务	开发历程	相关内容
了解 HarmonyOS	了解 HarmonyOS 的系统定位、技术特性、应用开发的基本概念和基础知识，熟悉 HarmonyOS 应用开发通用流程	HarmonyOS 概述，开发基础知识，快速入门
设计原子化服务	在设计阶段，需要满足原子化服务的设计规范，包括图标、卡片、分布式等规范	原子化服务设计
掌握原子化服务约束	了解原子化服务之间的调用管控机制	三方应用调用管控机制
开发原子化服务基础体验	了解原子化服务总体开发规则、如何开发服务卡片等基础体验	原子化服务总体开发要求，服务卡片开发指南
开发原子化服务分布式体验	了解如何开发流转、分享等分布式体验	流转开发指南，华为分享接入指南
调试和发布原子化服务	调试并验证原子化服务运行效果，正式发布原子化服务	原子化服务的调试和发布操作与传统方式的需要安装的应用完全一致，具体请参见调试 HarmonyOS 应用，发布 HarmonyOS 应用

7.1.6　总体开发要求

原子化服务相对于传统方式的需要安装的应用更加轻量，同时提供更丰富的入口、更精准的分发，但需要满足一些开发规则要求。

规则 1：原子化服务内所有 HAP 包(HarmonyOS Ability Package，包括 Entry HAP 和 Feature HAP)均需满足免安装要求。(说明：原子化服务由一个或多个 HAP 包组成，1 个 HAP 包对应 1 个 FA 或 1 个 PA。)

- 免安装的 HAP 包不能超过 10MB，以提供秒开体验。超过此大小的 HAP 包不符合免安装要求，也无法在服务中心露出。
- 通过 DevEco Studio 工程向导创建原子化服务，Project Type 字段选择 Atomic Service。
- 对于原子化服务升级场景，版本更新时要保持免安装属性。如果新版本不支持免安装，将不允许新版本上架发布。
- 支持免安装 HAP 包的设备类型如表 7-3 所示。

表 7-3　支持免安装 HAP 包的设备类型

设备类型	是否支持免安装 HAP 包	支持的版本
手机	支持	HarmonyOS 2.0 及以上
平板电脑	支持	HarmonyOS 2.0 及以上
智能穿戴设备	支持	HarmonyOS 2.0 及以上
轻量级智能穿戴设备	不支持	规划中
智慧屏	不支持	规划中

续表

设备类型	是否支持免安装 HAP 包	支持的版本
车机	不支持	规划中
音箱	不支持	规划中
PC	不支持	规划中
耳机	不支持	规划中
眼镜	不支持	规划中

规则 2：如果某便捷服务的入口需要在服务中心露出，则该服务对应 HAP 包必须包含 FA，且 FA 中必须指定一个唯一的 mainAbility(定位为用户操作入口)，mainAbility 必须为 Page Ability。同时，mainAbility 中至少配置 2×2(小尺寸)规格的默认服务卡片(也可以同时提供其他规格的卡片)及该便捷服务对应的基础信息(包括图标、名称、描述、快照)。

- 通过 DevEco Studio 工程向导创建工程时，Project Type 字段选择 Service，同时勾选 Show in Service Center。这样工程中将自动指定 mainAbility，并添加默认服务卡片信息，开发者根据实际业务设计继续开发即可。
- 按要求完成该便捷服务对应的基础信息配置。

7.1.7 便捷服务基础信息开发指导

原子化服务中每个便捷服务应有独立的图标、名称、描述、快照，这些称为便捷服务基础信息。基础信息应能够准确反映便捷服务提供方的特征及便捷服务的核心体验。

便捷服务基础信息将展示在服务中心、搜索等界面，如图 7-3 所示。

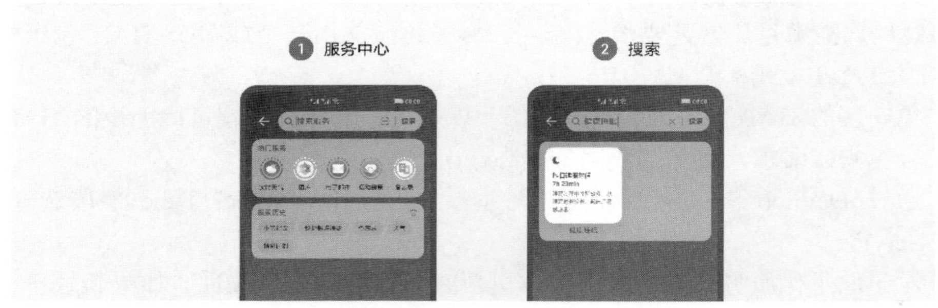

图 7-3　服务中心、搜索界面

当前支持配置基础信息的设备类型有手机、平板电脑、智能穿戴设备和智慧屏。具体开发步骤如下。

1. 配置便捷服务的图标、名称、描述信息

作为该便捷服务入口的 HAP 包的 config.json 配置文件，为 mainAbility 配置图标(icon)、名称(label)、描述(description)。

其中，mainAbility 的 label 标签是便捷服务对用户显示的名称，必须配置，且应以资源索引的方式配置，以支持多语言。不同 HAP 包的 mainAbility 的 label 要唯一，避免用户看到多个同名服务而无法区分。此外，label 的命名应与服务内容强关联，能够通过显而易

见的语义看出服务关键内容。

- label：在 entry > src > main > resources > base > element > string.json 中，定义便捷服务对用户显示的名称，然后在 config.json 中以索引方式引用。
- icon：开发者将便捷服务的图标 png 文件放至 entry > src > main > resources > base > media 目录，然后在 config.json 中以索引方式引用。
- description：在 entry > src > main > resources > base > element > string.json 中定义便捷服务简要描述，然后在 config.json 中以索引方式引用。

config.json 中以索引方式引用 description

2. 配置便捷服务的快照

如前文所述，mainAbility 中至少配置 2×2(小尺寸)规格的默认服务卡片，该卡片对应的快照图需要配置为便捷服务的快照入口，用于在服务中心显示。配置界面如图 7-4 所示。

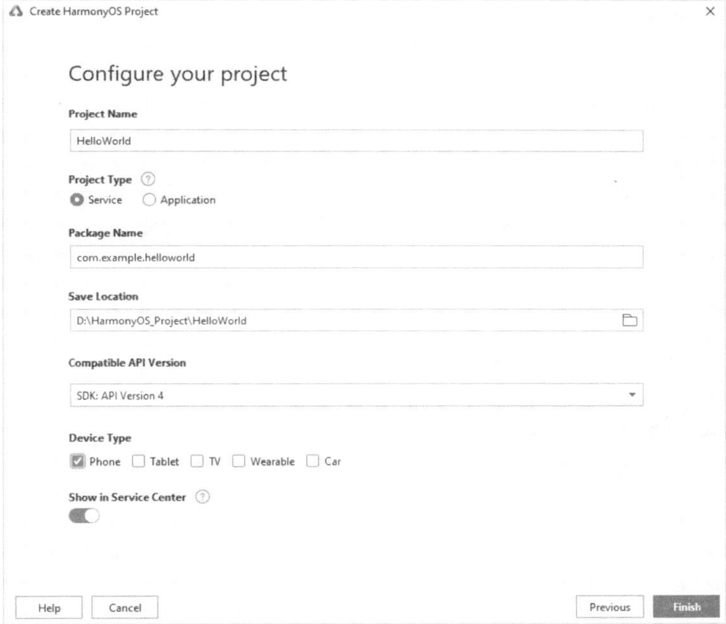

图 7-4　配置快捷服务的快照工程界面

通过 DevEco Studio 工程向导创建 Project Type 为 Service 的新工程或在已有 Project Type 为 Service 的工程中添加新模块时，勾选 Show in Service Center，则会同步创建一个 2×2 的默认服务卡片模板，同时还会创建该卡片对应的快照图。

工程创建完成后，会在工程目录下生成快照(EntryCard)目录，如图 7-5 所示。在该目录下，每个拥有快照(EntryCard)的模块都会生成一个和模块名相同的文件夹，同时还会默认生成一张 2×2(小尺寸)的快照(一张 png 格式的图片)。

开发者可以将其替换为事先设计好的 2×2 快照，样式应与对应的服务卡片保持一致：将新的快照复制到图 7-5 的目录下，删除默认图片，新图片命名遵循格式“服务卡片名-2×2.png”。

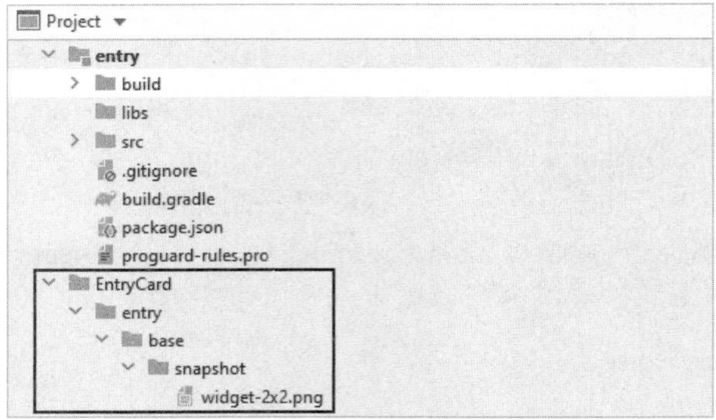

图 7-5　工程目录下的快照目录

说明：服务卡片名可以查看 config.json 文件 forms 数组中的 name 字段。

7.2　Ability 框架

7.2.1　Ability

Ability 是应用所具备能力的抽象，也是应用程序的重要组成部分。一个应用可以具备多种能力(即可以包含多个 Ability)，HarmonyOS 支持应用以 Ability 为单位进行部署。Ability 可以分为 FA(Feature Ability)和 PA(Particle Ability)两种类型，每种类型为开发者提供了不同的模板，以便实现不同的业务功能。

(1) FA 支持 Page Ability。Page 模板是 FA 唯一支持的模板，用于提供与用户交互的能力。一个 Page 实例可以包含一组相关页面，每个页面用一个 AbilitySlice 实例表示。

(2) PA 支持 Service Ability 和 Data Ability。Service 模板用于提供后台运行任务的能力， Data 模板用于对外部提供统一的数据访问抽象。

在配置文件(config.json)中注册 Ability 时，可以通过配置 Ability 元素中的 type 属性来指定 Ability 模板类型，示例如下：

```
{
   "module": {
      ...
      "abilities": [
          {
              ...
              "type": "page"
              ...
          }
      ]
      ...
   }
   ...
}
```

其中，type 的取值可以为 page、service 或 data，分别代表 Page 模板、Service 模板或 Data 模板。为了便于表述，后文中我们将基于 Page 模板、Service 模板、Data 模板实现的

Ability 分别简称为 Page、Service、Data。

1. Page Ability 基本概念

1)　Page 与 AbilitySlice

Page 模板(以下简称 Page)是 FA 唯一支持的模板，用于提供与用户交互的能力。一个 Page 可以由一个或多个 AbilitySlice 构成，AbilitySlice 是指应用的单个页面及其控制逻辑的总和。

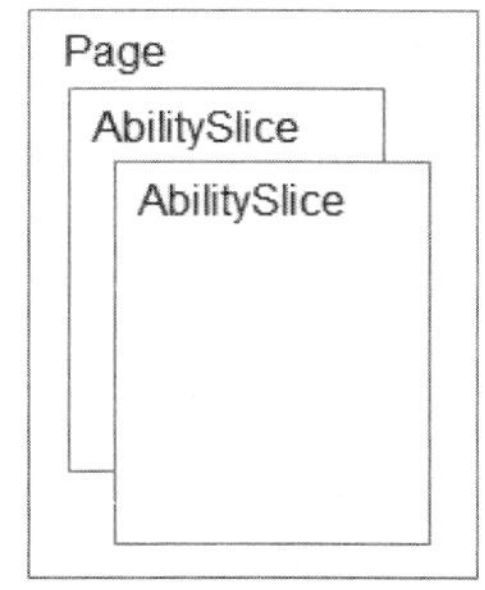

图 7-6　Page 与 AbilitySlice

当一个 Page 由多个 AbilitySlice 共同构成时，这些 AbilitySlice 页面提供的业务能力应具有高度相关性。例如，新闻浏览功能可以通过一个 Page 来实现，其中包含了两个 AbilitySlice：一个 AbilitySlice 用于展示新闻列表，另一个 AbilitySlice 用于展示新闻详情。Page 和 AbilitySlice 的关系如图 7-6 所示。

相比于桌面场景，移动场景下应用之间的交互更为频繁。通常，单个应用专注于某个方面的能力开发，当它需要其他能力辅助时，会调用其他应用提供的能力。例如，外卖应用提供了联系商家的业务功能入口，当用户在使用该功能时，会跳转到通话应用的拨号页面。与此类似，HarmonyOS 支持不同 Page 之间的跳转，并可以指定跳转到目标 Page 中某个具体的 AbilitySlice。

2)　AbilitySlice 路由配置

虽然一个 Page 可以包含多个 AbilitySlice，但是 Page 进入前台时，界面默认只展示一个 AbilitySlice。默认展示的 AbilitySlice 是通过 setMainRoute()方法来指定的。如果需要更改默认展示的 AbilitySlice，可以通过 addActionRoute()方法为此 AbilitySlice 配置一条路由规则。此时，当其他 Page 实例期望导航到此 AbilitySlice 时，可以在 Intent 中指定 Action。

setMainRoute()方法与 addActionRoute()方法的使用示例如下：

```
public class MyAbility extends Ability {
    @Override
    public void onStart(Intent intent) {
        super.onStart(intent);
        // set the main route
        setMainRoute(MainSlice.class.getName());
        // set the action route
        addActionRoute("action.pay", PaySlice.class.getName());
        addActionRoute("action.scan", ScanSlice.class.getName());
    }
}
```

addActionRoute()方法中使用的动作名，需要在应用配置文件(config.json)中注册，例如：

```
{
    "module": {
        "abilities": [
            {
                "skills":[
```

```
                    {
                        "actions":[
                            "action.pay",
                            "action.scan"
                        ]
                    }
                ]
                ...
            }
        ]
        ...
    }
    ...
}
```

2. Page Ability 生命周期

系统管理或用户操作等行为均会引起 Page 实例在其生命周期的不同状态之间进行转换。Ability 类提供的回调机制能够让 Page 及时感知外界变化，从而正确地应对状态变化(比如释放资源)，这有助于提升应用的性能和稳健性。

1) Page 生命周期回调

Page 生命周期的不同状态转换及其对应的回调，如图 7-7 所示。

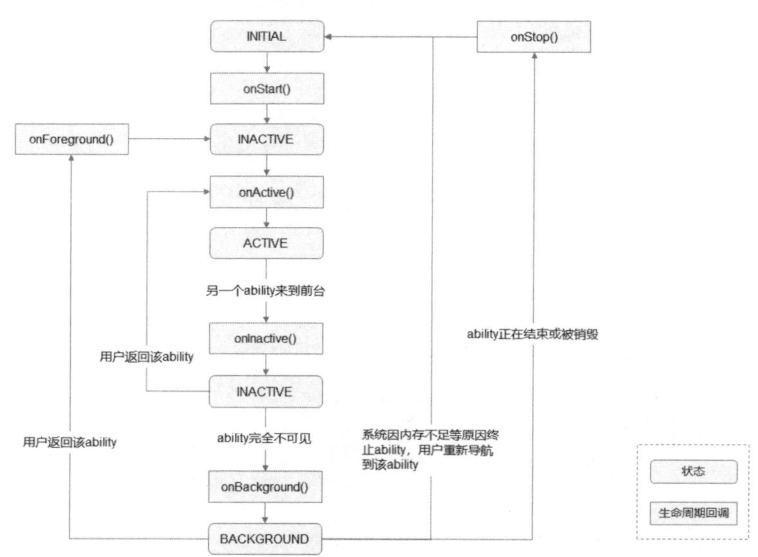

图 7-7 Page 生命周期

说明：INACTIVE 状态是一种短暂存在的状态，可理解为“激活中”。

(1) onStart()

当系统首次创建 Page 实例时，触发该回调。对于一个 Page 实例，该回调在其生命周期过程中仅触发一次，Page 在该逻辑后将进入 INACTIVE 状态。开发者必须重写该方法，并在此配置默认展示的 AbilitySlice。例如：

```
@Override
public void onStart(Intent intent) {
```

```
    super.onStart(intent);
    super.setMainRoute(FooSlice.class.getName());
}
```

(2)　onActive()

Page 会在进入 INACTIVE 状态后来到前台，然后系统调用此回调。Page 在此之后进入 ACTIVE 状态，该状态是应用与用户交互的状态。Page 将保持在此状态，除非某类事件发生导致 Page 失去焦点，比如用户点击返回键或导航到其他 Page。当此类事件发生时，会触发 Page 回到 INACTIVE 状态，系统将调用 onInactive()。此后，Page 可能重新回到 ACTIVE 状态，系统将再次调用 onActive()。因此，开发者通常需要成对实现 onActive()和 onInactive()，并在 onActive()中获取在 onInactive()中被释放的资源。

(3)　onInactive()

当 Page 失去焦点时，系统将调用此回调，此后 Page 进入 INACTIVE 状态。开发者可以在此回调中实现 Page 失去焦点时应表现的恰当行为。

(4)　onBackground()

如果 Page 不再对用户可见，系统将调用此回调通知开发者进行相应的资源释放，此后 Page 进入 BACKGROUND 状态。开发者应该在此回调中释放 Page 不可见时无用的资源，或在此回调中执行较为耗时的状态保存操作。

(5)　onForeground()

处于 BACKGROUND 状态的 Page 仍然驻留在内存中，当重新回到前台时(比如用户重新导航到此 Page)，系统将先调用 onForeground()通知开发者，而后 Page 的生命周期状态回到 INACTIVE。开发者应当在此回调中重新申请在 onBackground()中释放的资源，最后 Page 的生命周期状态进一步回到 ACTIVE 状态，系统将通过 onActive()通知开发者用户。

(6)　onStop()

系统将要销毁 Page 时，将会触发此回调，通知用户进行系统资源的释放。销毁 Page 的可能原因包括以下几个。

- 用户通过系统管理能力关闭指定 Page，例如使用任务管理器关闭 Page。
- 用户行为触发 Page 的 terminateAbility()方法，例如使用应用的退出功能。
- 配置变更导致系统暂时销毁 Page 并重建。

系统出于资源管理目的，自动触发对处于 BACKGROUND 状态 Page 的销毁。

2)　AbilitySlice 生命周期

AbilitySlice 作为 Page 的组成单元，其生命周期依托于其所属的 Page。AbilitySlice 和 Page 具有相同的生命周期状态和同名的回调，当 Page 生命周期发生变化时，它的 AbilitySlice 生命周期也会发生相同的变化。此外，AbilitySlice 还具有独立于 Page 的生命周期变化，即在同一 Page 中的 AbilitySlice 之间导航时，Page 的生命周期状态不会改变。

AbilitySlice 生命周期回调与 Page 的相应回调类似，因此不再赘述。由于 AbilitySlice 承载具体的页面，开发者必须重写 AbilitySlice 的 onStart()，并在此方法中通过 setUIContent()方法设置页面，如下所示：

```
@Override
protected void onStart(Intent intent) {
    super.onStart(intent);
```

```
    setUIContent(ResourceTable.Layout_main_layout);
}
```

AbilitySlice 的实例创建和管理通常由应用负责，系统仅在特定情况下创建 AbilitySlice 实例。例如，通过导航启动某个 AbilitySlice 时，由系统负责实例化；但是在同一个 Page 中不同的 AbilitySlice 间导航时，则由应用负责实例化。

3) Page 与 AbilitySlice 生命周期关联

当 AbilitySlice 处于前台且具有焦点时，其生命周期状态随着所属 Page 的生命周期状态的变化而变化。当一个 Page 拥有多个 AbilitySlice 时，如 MyAbility 下有 FooAbilitySlice 和 BarAbilitySlice，当前 FooAbilitySlice 处于前台并获得焦点，并即将导航到 BarAbilitySlice，在此期间的生命周期状态变化顺序如下。

(1) FooAbilitySlice 从 ACTIVE 状态变为 INACTIVE 状态。

(2) BarAbilitySlice 从 INITIAL 状态首先变为 INACTIVE 状态，然后变为 ACTIVE 状态(假定此前 BarAbilitySlice 未曾启动)。

(3) FooAbilitySlice 从 INACTIVE 状态变为 BACKGROUND 状态。

对应两个 slice 的生命周期方法回调顺序为：FooAbilitySlice.onInactive() → BarAbilitySlice.onStart() → BarAbilitySlice.onActive() → FooAbilitySlice.onBackground()。

在整个流程中，MyAbility 始终处于 ACTIVE 状态。但是，当 Page 被系统销毁时，其所有已实例化的 AbilitySlice 将联动销毁，而不仅是处于前台的 AbilitySlice。

3. AbilitySlice 间导航

1) 同一 Page 内导航

当发起导航的 AbilitySlice 和导航目标的 AbilitySlice 处于同一个 Page 时，可以通过 present()方法实现导航。如下代码片段展示了通过点击按钮导航到其他 AbilitySlice 的方法：

```
@Override
protected void onStart(Intent intent) {
    ...
    Button button = ...;
    button.setClickedListener(listener -> present(new TargetSlice(),
        new Intent()));
    ...
}
```

如果开发者希望用户从导航目标 AbilitySlice 返回时能够获得其返回结果，则应使用 presentForResult()实现导航。用户从导航目标 AbilitySlice 返回时，系统将回调 onResult()来接收和处理返回结果，开发者需要重写该方法。返回结果由导航目标 AbilitySlice 在其生命周期内通过 setResult()进行设置。

系统为每个 Page 维护了一个 AbilitySlice 实例的栈，每个进入前台的 AbilitySlice 实例均会入栈。当开发者在调用 present()或 presentForResult()时指定的 AbilitySlice 实例已经在栈中存在，则栈中位于此实例之上的 AbilitySlice 均会出栈并终止其生命周期。onResult 方法重写示例代码中，导航时指定的 AbilitySlice 实例均是新建的，即

onResult 方法重写

便重复执行此代码(此时作为导航目标的这些实例是同一个类)，也不会导致任何 AbilitySlice 出栈。

2) 不同 Page 间导航

AbilitySlice 作为 Page 的内部单元，以 Action 的形式对外暴露，因此可以通过配置 Intent 的 Action 导航到目标 AbilitySlice。Page 间的导航可以使用 startAbility()或 startAbilityForResult()方法，获得返回结果的回调为 onAbilityResult()。在 Ability 中调用 setResult()时可以设置返回结果。

4. Service Ability

基于 Service 模板的 Ability(以下简称 Service)主要用于后台运行任务(如执行音乐播放、文件下载等)，但不提供用户交互界面。Service 可由其他应用或 Ability 启动，即使用户切换到其他应用，Service 仍将在后台继续运行。

Service 是单实例的。在一个设备上，相同的 Service 只会存在一个实例。如果多个 Ability 共用这个实例，只有当与 Service 绑定的所有 Ability 都退出后，Service 才能退出。由于 Service 是在主线程里执行的，因此，如果在 Service 里面的操作时间过长，开发者必须在 Service 里创建新的线程，防止造成主线程阻塞，应用程序无响应。

1) 创建 Service

下面介绍如何创建一个 Service。

(1) 创建 Ability 的子类，实现 Service 相关的生命周期方法。Service 也是一种 Ability，Ability 为 Service 提供了以下生命周期方法。开发者可以重写这些方法，来添加其他 Ability 请求与 Service Ability 交互时的处理方法。

- onStart()：该方法在创建 Service 的时候调用，用于 Service 的初始化。在 Service 的整个生命周期只会调用一次，调用时传入的 Intent 应为空。
- onCommand()：在 Service 创建完成之后调用。该方法在客户端每次启动该 Service 时都会调用，开发者可以在该方法中做一些调用统计、初始化类的操作。
- onConnect()：在 Ability 和 Service 连接时调用。该方法返回 IRemoteObject 对象，开发者可以在该回调函数中生成对应 Service 的 IPC 通信通道，以便 Ability 与 Service 交互。Ability 可以多次连接同一个 Service，系统会缓存该 Service 的 IPC 通信对象。只有第一个客户端连接 Service 时，系统才会调用 Service 的 onConnect()方法来生成 IRemoteObject 对象，而后系统会将同一个 RemoteObject 对象传递至其他连接同一个 Service 的所有客户端，而无须再次调用 onConnect 方法。
- onDisconnect()：在 Ability 与绑定的 Service 断开连接时调用。
- onStop()：在 Service 销毁时调用。Service 应通过实现此方法来清理所有资源，如关闭线程、注册的侦听器等。

创建 Service 的代码示例

(2) 注册 Service。Service 也需要在应用配置文件中进行注册，注册类型 type 需要设置为 service。例如：

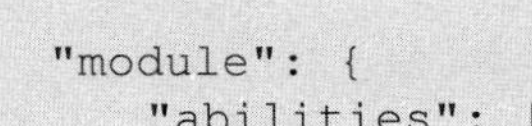

```
{
   "module": {
      "abilities": [
```

```
            {
                "name": ".ServiceAbility",
                "type": "service",
                "visible": true
                ...
            }
        ]
        ...
    }
    ...
}
```

2) 启动 Service

下面介绍通过 startAbility()启动 Service 以及对应的停止方法。

(1) 启动 Service

Ability 为开发者提供了 startAbility()方法来启动另外一个 Ability。因为 Service 也是 Ability 的一种，开发者同样可以通过将 Intent 传递给该方法来启动 Service。它不仅支持启动本地 Service，还支持启动远程 Service。

开发者可以通过构造包含 DeviceId、BundleName 与 AbilityName 的 Operation 对象来设置目标 Service 信息。这三个参数的含义如下。

- DeviceId：表示设备 ID。如果是本地设备，则可以直接留空；如果是远程设备，可以通过 ohos.distributedschedule.interwork.DeviceManager 提供的 getDeviceList 获取设备列表。
- BundleName：表示包名称。
- AbilityName：表示待启动的 Ability 名称。

启动本地设备 Service 的代码如下：

```
Intent intent = new Intent();
Operation operation = new Intent.OperationBuilder()
        .withDeviceId("")
        .withBundleName("com.domainname.hiworld.himusic")
        .withAbilityName("com.domainname.hiworld.himusic.ServiceAbility")
        .build();
intent.setOperation(operation);
startAbility(intent);
```

启动远程设备 Service 的代码如下：

```
Intent intent = new Intent();
Operation operation = new Intent.OperationBuilder()
        .withDeviceId("deviceId")
        .withBundleName("com.domainname.hiworld.himusic")
        .withAbilityName("com.domainname.hiworld.himusic.ServiceAbility")
        .withFlags(Intent.FLAG_ABILITYSLICE_MULTI_DEVICE)
         // 设置支持分布式调度系统多设备启动的标识
        .build();
intent.setOperation(operation);
startAbility(intent);
```

执行上述代码后，Ability 将通过 startAbility() 方法来启动 Service。

如果 Service 尚未运行，则系统会先调用 onStart()来初始化 Service，再回调 Service 的 onCommand()方法来启动 Service。

如果 Service 正在运行，则系统会直接回调 Service 的 onCommand()方法来启动 Service。

(2)　停止 Service

Service 一旦创建就会一直在后台运行，除非必须回收内存资源，否则系统不会停止或销毁 Service。开发者可以在 Service 中通过 terminateAbility()停止本 Service 或在其他 Ability 中调用 stopAbility()来停止 Service。

停止 Service 同样包括停止本地设备 Service 和停止远程设备 Service，使用方法与启动 Service 一样。一旦调用停止 Service 的方法，系统便会尽快销毁 Service。

3)　连接 Service

如果 Service 需要与 Page Ability 或其他应用的 Service Ability 进行交互，则须创建用于连接的 Connection。Service 支持其他 Ability 通过 connectAbility()方法与其进行连接。

在使用 connectAbility()处理回调时，需要传入目标 Service 的 Intent 与 IAbilityConnection 实例。IAbilityConnection 提供了两个方法实现回调：onAbilityConnectDone()用来处理连接 Service 成功的回调，onAbilityDisconnectDone()用来处理 Service 异常死亡的回调。

创建连接 Service 回调实例的代码如下：

```
// 创建连接 Service 回调实例
private IAbilityConnection connection = new IAbilityConnection() {
    // 连接到 Service 的回调
    @Override
    public void onAbilityConnectDone(ElementName elementName,
IRemoteObject iRemoteObject, int resultCode) {
        // Client 侧需要定义与 Service 侧相同的 IRemoteObject 实现类。开发者获取
        // 服务端传过来 IRemoteObject 对象，并从中解析出服务端传过来的信息。
    }
    // Service 异常死亡的回调
    @Override
    public void onAbilityDisconnectDone(ElementName elementName, int
resultCode) {
    }
};
```

连接 Service 的代码如下：

```
// 连接 Service
Intent intent = new Intent();
Operation operation = new Intent.OperationBuilder()
        .withDeviceId("deviceId")
        .withBundleName("com.domainname.hiworld.himusic")
        .withAbilityName("com.domainname.hiworld.himusic.ServiceAbility")
        .build();
intent.setOperation(operation);
connectAbility(intent, connection);
```

同时，Service 侧也需要在执行 onConnect()时返回 IRemoteObject，从而定义与 Service 进行通信的接口。onConnect()需要返回一个 IRemoteObject 对象，HarmonyOS 提供了

IRemoteObject 的默认实现，可以通过继承 LocalRemoteObject 来创建自定义的实现类。Service 侧把自身的实例返回给调用侧的代码如下：

```
// 创建自定义 IRemoteObject 实现类
private class MyRemoteObject extends LocalRemoteObject {
    MyRemoteObject(){
    }
}
// 把 IRemoteObject 返回给客户端
@Override
protected IRemoteObject onConnect(Intent intent) {
    return new MyRemoteObject();
}
```

4) Service Ability 生命周期

与 Page 类似，Service 也拥有生命周期，如图 7-8 所示。根据调用方法的不同，其生命周期有以下两种路径。

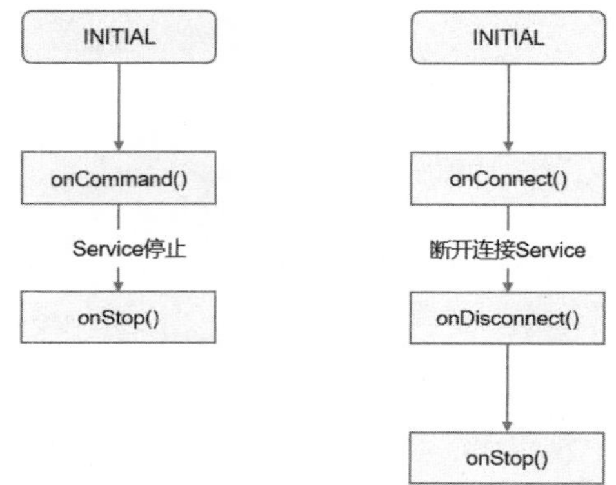

图 7-8　Service 生命周期

(1) 启动 Service

该 Service 在其他 Ability 调用 startAbility()时创建，然后保持运行。其他 Ability 通过调用 stopAbility()来停止 Service，Service 停止后系统会将其销毁。

(2) 连接 Service

该 Service 在其他 Ability 调用 connectAbility()时创建，客户端可通过调用 disconnectAbility()断开连接。多个客户端可以绑定到相同的 Service，而且当所有绑定全部取消后，系统即会销毁该 Service。

connectAbility()也可以连接通过 startAbility()创建的 Service。

5) 前台 Service

一般情况下，Service 都是在后台运行的。后台 Service 的优先级都是比较低的，当资源不足时，系统有可能回收正在运行的后台 Service。

在一些场景下(如播放音乐)，用户希望应用能够一直保持运行，此时就需要使用前台 Service。前台 Service 会始终令正在运行的图标在系统状态栏显示。

使用前台 Service 并不复杂，开发者只需在 Service 创建的方法里调用 keepBackgroundRunning()，

将 Service 与通知绑定。调用 keepBackgroundRunning()方法前，需要在配置文件中声明 ohos.permission.KEEP_BACKGROUND_RUNNING 权限，同时还需要在配置文件中添加对应的 backgroundModes 参数。在 onStop()方法中调用 cancelBackgroundRunning ()方法，可停止前台 Service。

使用前台 Service 的 onStart()代码如下：

```
// 创建通知，其中 1005 为 notificationId
NotificationRequest request = new NotificationRequest(1005);
NotificationRequest.NotificationNormalContent content = new
NotificationRequest.NotificationNormalContent();
content.setTitle("title").setText("text");
NotificationRequest.NotificationContent notificationContent = new
NotificationRequest.NotificationContent(content);
request.setContent(notificationContent);
// 绑定通知，1005 为创建通知时传入的 notificationId
keepBackgroundRunning(1005, request);
```

在配置文件的 module > abilities 字段下对当前 Service 做如下配置：

```
{
    "name": ".ServiceAbility",
    "type": "service",
    "visible": true,
    "backgroundModes": ["dataTransfer", "location"]
}
```

5. Data Ability

使用 Data 模板的 Ability(以下简称 Data)有助于应用管理其自身和其他应用存储数据的访问，并提供与其他应用共享数据的方法。Data 既可用于同设备、不同应用的数据共享，也支持跨设备、不同应用的数据共享。

数据的存放形式多样，可以是数据库，也可以是磁盘上的文件。Data 对外提供对数据的增、删、改、查，以及打开文件等接口，这些接口的具体实现由开发者提供。

1)　URI 介绍

Data 的提供方和使用方都通过 URI(Uniform Resource Identifier)来标识一个具体的数据，例如数据库中的某个表或磁盘上的某个文件。HarmonyOS 的 URI 仍基于 URI 通用标准，格式如图 7-9 所示。

图 7-9　URI 通用标准

- scheme：协议方案名，固定为 dataability，代表 Data Ability 所使用的协议类型。
- device_id：设备 ID。如果为跨设备场景，则为目标设备的 ID；如果为本地设备场景，则不需要填写。
- path：资源的路径信息，代表特定资源的位置信息。
- query：查询参数。

- fragment：用于指示要访问的子资源。

例如，跨设备场景 dataability://device_id/com.domainname.dataability.persondata/person/10，本地设备 dataability:///com.domainname.dataability.persondata/person/10。

说明：*本地设备的 device_id 字段为空，因此在“dataability:”后面有三个“/”*。

2) 创建 Data

使用 Data 模板的 Ability 形式仍然是 Ability，因此开发者需要为应用添加一个或多个 Ability 的子类，来提供程序与其他应用之间的接口。Data 为结构化数据和文件提供了不同 API 接口，因此开发者需要首先确定使用何种类型的数据。下面主要讲述创建 Data 的基本步骤和需要使用的接口。

Data 提供方可以自定义数据的增、删、改、查，以及文件打开等功能，并对外提供这些接口。

(1) 确定数据存储方式

Data 支持以下两种数据形式。

- 文件数据：如文本、图片、音乐等。
- 结构化数据：如数据库等。

(2) 实现 UserDataAbility

UserDataAbility 用于接收其他应用发送的请求，提供外部程序访问的入口，从而实现应用间的数据访问。

实现 UserDataAbility，需要在 Project 窗口当前工程的主目录(entry > src > main > java > com.xxx.xxx)选择 File > New > Ability > Empty Data Ability 命令，设置 Data Name 后完成 UserDataAbility 的创建。

Data 提供了文件存储和数据库存储两组接口供用户使用。

① 文件存储。

开发者需要在 Data 中重写 FileDescriptor openFile(Uri uri，String mode)方法来操作文件，其中 uri 为客户端传入的请求目标路径；mode 为开发者对文件的操作选项，可选方式包含 r(读)，w(写)，rw(读写)等。

开发者可通过 MessageParcel 静态方法 dupFileDescriptor()复制待操作文件流的文件描述符，并将其返回，供远端应用访问文件。

根据传入的 uri
打开对应的文件

② 数据库存储。

第一步：初始化数据库连接。

系统会在应用启动时调用 onStart()方法创建 Data 实例。在此方法中，开发者应该创建数据库连接，并获取连接对象，以便后续对数据库进行操作。为了避免影响应用启动速度，开发者应当尽可能将非必要的耗时任务推迟到使用时执行，而不是在此方法中执行所有初始化。

初始化时连接数据库的代码如下：

```
private static final String DATABASE_NAME = "UserDataAbility.db";
private static final String DATABASE_NAME_ALIAS = "UserDataAbility";
private static final HiLogLabel LABEL_LOG = new HiLogLabel(HiLog.LOG_APP,
    0xD00201, "Data_Log");
private OrmContext ormContext = null;
```

```
@Override
public void onStart(Intent intent) {
    super.onStart(intent);
    DatabaseHelper manager = new DatabaseHelper(this);
    ormContext = manager.getOrmContext(DATABASE_NAME_ALIAS, DATABASE_NAME,
        BookStore.class);
}
```

第二步：编写数据库操作方法。

Ability 定义了 6 个方法供用户对数据库表数据进行增、删、改、查，如表 7-4 所示。这 6 个方法在 Ability 中已默认实现，开发者可按需重写。

表 7-4 Ability 编写数据库的方法

方 法	描 述
ResultSet query(Uri uri, String[] columns, DataAbilityPredicates predicates)	查询数据库
int insert(Uri uri, ValuesBucket value)	向数据库中插入单条数据
int batchInsert(Uri uri, ValuesBucket[] values)	向数据库中插入多条数据
int delete(Uri uri, DataAbilityPredicates predicates)	删除一条或多条数据
int update(Uri uri, ValuesBucket value, DataAbilityPredicates predicates)	更新数据库
DataAbilityResult[] executeBatch (ArrayList<DataAbilityOperation> operations)	批量操作数据库

这些方法的使用说明如下。

- query()：该方法接收三个参数，分别是查询的目标路径、查询的列名以及查询条件，查询条件由类 DataAbilityPredicates 构建。
- insert()：该方法接收两个参数，分别是插入的目标路径和插入的数据值。其中，插入的数据由 ValuesBucket 封装，服务端可以从该参数中解析出对应的属性，然后插入数据库中。此方法返回一个 int 类型的值用于标识结果。
- batchInsert()：该方法为批量插入方法，接收一个 ValuesBucket 数组用于单次插入一组对象。它的作用是提高插入多条重复数据的效率。系统已实现该方法，开发者可以直接调用。
- delete()：该方法用来执行删除操作。删除条件由类 DataAbilityPredicates 构建，服务端在接收到该参数之后可以从中解析出要删除的数据，然后到数据库中执行删除。
- executeBatch()：此方法用来批量执行操作。DataAbilityOperation 中提供了设置操作类型、数据和操作条件的方法，用户可自行设置自己要执行的数据库操作。系统已实现该方法，开发者可以直接调用。

根据传入的列名和查询条件查询

保存到数据库

删除用户表数据

说明：上述代码示例中，初始化了数据库类 BookStore.class，并通过实体类 User.class 对该数据库的表 User 进行增删改查操作。

(3) 注册 UserDataAbility

和 Service 类似，开发者必须在配置文件中注册 Data。

在配置文件中，该字段在创建 Data Ability 时会自动创建，name 与创建的 Data

Ability 一致。

需要关注以下属性。

- type：类型设置为 data。
- uri：对外提供的访问路径，全局唯一。
- permissions：访问该 data ability 时需要申请的访问权限。

说明： 如果是非系统权限，需要在配置文件中进行自定义。请参考权限开发指导中关于“自定义权限”的相关说明。

示例代码如下。

```
{
    "name": ".UserDataAbility",
     "type": "data",
     "visible": true,
     "uri": "dataability://com.example.myapplication5.DataAbilityTest",
     "permissions": [
        "com.example.myapplication5.DataAbility.DATA"
     ]
}
```

3) 访问 Data

开发者可以通过 DataAbilityHelper 类来访问当前应用或其他应用提供的共享数据。DataAbilityHelper 作为客户端，与提供方的 Data 进行通信。Data 接收到请求后，执行相应的处理，并返回结果。DataAbilityHelper 提供了一系列与 Data Ability 对应的方法。

下面介绍 DataAbilityHelper 具体的使用步骤。

(1) 声明使用权限

如果待访问的 Data 声明了访问需要的权限，则访问此 Data 需要在配置文件中声明需要此权限。例如：

```
"reqPermissions": [
    {
        "name": "com.example.myapplication5.DataAbility.DATA"
    },
    // 访问文件还需要添加访问存储读写权限
    {
        "name": "ohos.permission.READ_USER_STORAGE"
    },
    {
        "name": "ohos.permission.WRITE_USER_STORAGE"
    }
]
```

(2) 创建 DataAbilityHelper

DataAbilityHelper 提供了 creator()方法来创建 DataAbilityHelper 实例。该方法为静态方法，有多个重载。最常见的方法是通过传入一个 context 对象来创建 DataAbilityHelper 对象。

获取 helper 对象示例如下：

```
DataAbilityHelper helper = DataAbilityHelper.creator(this);
```

(3) 访问 Data Ability

DataAbilityHelper 提供了一系列接口来访问不同类型的数据(文件、数据库等)。

① 访问文件。

DataAbilityHelper 提供了 FileDescriptor openFile(Uri uri，String mode)方法来操作文件。此方法需要传入两个参数，其中 uri 用来确定目标资源路径；mode 用来指定打开文件的方式，可选方式包含 r(读)，w(写)，rw(读写)，wt(覆盖写)，wa(追加写)，rwt(覆盖写且可读)。

该方法返回一个目标文件的 FD(文件描述符)，把文件描述符封装成流，开发者就可以对文件流进行自定义处理。

访问文件示例如下：

```
// 读取文件描述符
FileDescriptor fd = helper.openFile(uri, "r");
FileInputStream fis = new FileInputStream(fd);
// 使用文件描述符封装成的文件流，进行文件操作
```

② 访问数据库。

DataAbilityHelper 为开发者提供了增、删、改、查以及批量处理等方法来操作数据库。

6. Intent

1) 基本概念

Intent 是对象之间传递信息的载体。例如，当一个 Ability 需要启动另一个 Ability 时，或者一个 AbilitySlice 需要导航到另一个 AbilitySlice 时，可以通过 Intent 指定启动的目标，同时携带相关数据。Intent 的构成元素包括 Operation 与 Parameters(见表 7-5)。

表 7-5　Intent 的构成元素

属　性	子属性	描　述
Operation	Action	表示动作，通常使用系统预置 Action，应用也可以自定义 Action。例如：IntentConstants.ACTION_HOME 表示返回桌面动作
	Entity	表示类别，通常使用系统预置 Entity，应用也可以自定义 Entity。例如：Intent.ENTITY_HOME 表示在桌面显示图标
	Uri	表示 Uri 描述。如果在 Intent 中指定了 Uri，则 Intent 将匹配指定的 Uri 信息，包括 scheme、schemeSpecificPart、authority 和 path 信息
	Flags	表示处理 Intent 的方式。例如 Intent.FLAG_ABILITY_CONTINUATION 标记在本地的一个 Ability 是否可以迁移到远端设备继续运行
	BundleName	表示包描述。如果在 Intent 中同时指定了 BundleName 和 AbilityName，则 Intent 可以直接匹配到指定的 Ability

续表

属 性	子属性	描 述
Operation	AbilityName	表示待启动的 Ability 名称。如果在 Intent 中同时指定了 BundleName 和 AbilityName，则 Intent 可以直接匹配到指定的 Ability
	DeviceId	表示运行指定 Ability 的设备 ID
Parameters	-	Parameters 是一种支持自定义的数据结构，开发者可以通过 Parameters 传递某些请求所需的额外信息

当 Intent 用于发起请求时，根据指定元素的不同，分为如下两种类型。

- 如果同时指定了 BundleName 与 AbilityName，则根据 Ability 的全称(例如 com.demoapp.FooAbility)来直接启动应用。
- 如果未同时指定 BundleName 和 AbilityName，则根据 Operation 中的其他属性来启动应用。

说明：Intent 设置属性时，必须先设置 Operation 属性。如果需要新增或修改属性，必须在设置 Operation 后再执行操作。

2) 根据 Ability 的全称启动应用

通过构造包含 BundleName 与 AbilityName 的 Operation 对象，可以启动一个 Ability 并导航到该 Ability。示例代码如下：

```
Intent intent = new Intent();
// 通过 Intent 中的 OperationBuilder 类构造 operation 对象，指定设备标识(空串表示
// 当前设备)、应用包名、Ability 名称
Operation operation = new Intent.OperationBuilder()
        .withDeviceId("")
        .withBundleName("com.demoapp")
        .withAbilityName("com.demoapp.FooAbility")
        .build();
// 把 operation 设置到 intent 中
intent.setOperation(operation);
startAbility(intent);
```

作为处理请求的对象，会在相应的回调方法中接收请求方传递的 Intent 对象。以导航到另一个 Ability 为例，导航的目标 Ability 可以在其 onStart()回调的参数中获得 Intent 对象。

3) 根据 Operation 的其他属性启动应用

有些场景下，开发者需要在应用中使用其他应用提供的某种能力，但不需要知道提供该能力的是哪一个具体应用。例如开发者需要通过浏览器打开一个链接，而不关心用户最终选择哪一个浏览器，则可以通过 Operation 的其他属性(除 BundleName 与 AbilityName 之外的属性)描述需要的能力。如果设备上存在多个应用提供同种能力，系统则弹出候选列表，由用户选择由哪个应用处理请求。

(1) 请求方

在 Ability 中构造 Intent 以及包含 Action 的 Operation 对象，并调用 startAbilityForResult()方法发起请求。然后重写 onAbilityResult()方法，对请求结果进行处理。

重写 onAbilityResult 回调方法

(2) 处理方

① 作为处理请求的对象，首先需要在配置文件中声明对外提供的能力，以便系统据此找到自身并成为候选的请求处理者。

在配置文件中声明对外提供的能力

② 在 Ability 中配置路由，以便导航到对应的 AbilitySlice。例如：

```
@Override
protected void onStart(Intent intent) {
    ...
    addActionRoute(Intent.ACTION_QUERY_WEATHER, DemoSlice.class.getName());
    ...
}
```

③ 在 Ability 中处理请求，并调用 setResult()方法暂存返回结果：

```
@Override
protected void onActive() {
    ...
    Intent resultIntent = new Intent();
    setResult(0, resultIntent);   //0 为当前 Ability 销毁后返回的 resultCode
    ...
}
```

7.2.2　公共事件与通知

1. 公共事件与通知开发概述

HarmonyOS 通过 CES(Common Event Service，公共事件服务)为应用程序提供订阅、发布、退订等公共事件的能力，通过 ANS(Advanced Notification Service，通知增强服务)系统服务来为应用程序提供发布通知的能力。

(1) 公共事件可分为系统公共事件和自定义公共事件。

- 系统公共事件：系统将收集到的事件信息，根据系统策略发送给订阅该事件的用户程序。系统公共事件包括终端设备用户可感知的亮灭屏事件，以及系统关键服务发布的系统事件(例如 USB 插拔，网络连接，系统升级)等。
- 自定义公共事件：应用自定义一些公共事件来处理业务逻辑。

(2) 通知提供应用的即时消息或通信消息，用户可以直接删除或点击通知触发进一步的操作。

(3) IntentAgent 封装了一个指定行为的 Intent，它可以通过 IntentAgent 启动 Ability 和发布公共事件。

应用如果需要接收公共事件，需要订阅相应的事件。

1) 公共事件的约束与限制

目前公共事件仅支持动态订阅，部分系统事件需要具有指定的权限。

目前公共事件订阅不支持多用户。

ThreadMode 表示线程模型，目前仅支持 HANDLER 模式，即在当前 UI 线程上执行回调函数。

deviceId 用来指定订阅本地公共事件还是远端公共事件。deviceId 为 null、空字符串或本地设备 deviceId 时，表示订阅本地公共事件，否则表示订阅远端公共事件。

2) 通知的约束与限制

通知目前支持六种样式：普通文本、长文本、图片、社交、多行文本和媒体样式。创建通知时，必须包含一种样式。

通知支持快捷回复。

3) IntentAgent 的限制

使用 IntentAgent 启动 Ability 时，Intent 必须指定 Ability 的包名和类名。

2. 公共事件开发指导

1) 场景介绍

每个应用都可以订阅自己感兴趣的公共事件，订阅成功且公共事件发布后，系统会将其发送给应用。这些公共事件可能来自系统、其他应用和应用自身。HarmonyOS 提供了一套完整的 API，支持用户订阅、发布和接收公共事件。发布公共事件需要借助 CommonEventData 对象，接收公共事件需要继承 CommonEventSubscriber 类并实现 onReceiveEvent()回调函数。

2) 接口说明

公共事件相关基础类包含 CommonEventData、CommonEventPublishInfo、CommonEventSubscribeInfo、CommonEventSubscriber 和 CommonEventManager。公共事件基础类之间的关系如图 7-10 所示。

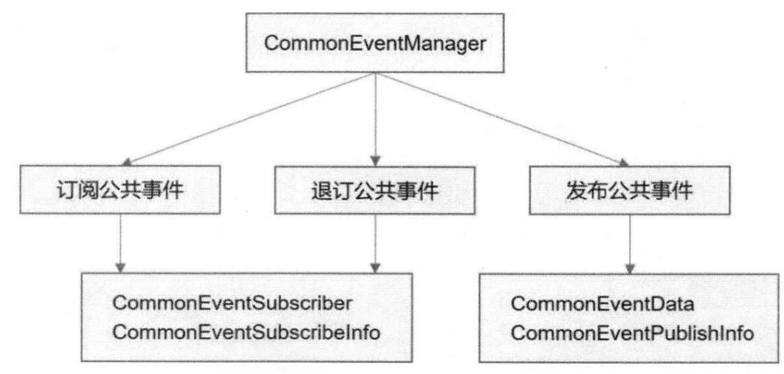

图 7-10　公共事件基础类关系

(1) CommonEventData

CommonEventData 封装公共事件相关信息，用于在发布、分发和接收事件时处理数据。在构造 CommonEventData 对象时，相关参数需要注意以下事项。

- code 为有序公共事件的结果码，data 为有序公共事件的结果数据，仅用于有序公共事件场景。
- intent 不允许为空，否则发布公共事件失败。

(2) CommonEventPublishInfo

CommonEventPublishInfo 封装公共事件发布的相关属性、限制等信息，包括公共事件类型(有序或黏性)、接收者权限等。

- 有序公共事件：主要场景是多个订阅者有依赖关系或者对处理顺序有要求，如高优先级订阅者可修改公共事件内容或处理结果，包括终止公共事件处理；或者低优先级订阅者依赖高优先级的处理结果等。有序公共事件的订阅者可以通过 CommonEventSubscribeInfo.setPriority()方法指定优先级，默认为 0，优先级范围 [-1000, 1000]，值越大优先级越高。
- 黏性公共事件：指公共事件的订阅动作是在公共事件发布之后进行，订阅者也能收到的公共事件类型。主要使用场景是由公共事件服务记录某些系统状态，如蓝牙、WLAN、充电等事件和状态。不使用黏性公共事件机制时，应用可以通过直接访问系统服务获取该状态；在状态变化时，系统服务、硬件需要提供类似 observer 的方式通知应用。发布黏性公共事件可以通过 setSticky()方法进行设置，发布黏性公共事件需要申请如下权限：

```
"reqPermissions": [
  {
    "name": "ohos.permission.COMMONEVENT_STICKY",
    "reason": "Obtain the required permission",
    "usedScene": {
      "ability": [
        ".MainAbility"
      ],
      "when": "inuse"
    ...
```

(3) CommonEventSubscribeInfo

CommonEventSubscribeInfo 封装公共事件的订阅相关信息，比如优先级、线程模式、事件范围等。

线程模式(ThreadMode)用于设置订阅者的回调方法执行的线程模式，有 HANDLER、POST、ASYNC、BACKGROUND 四种模式。目前只支持 HANDLER 模式。

- HANDLER：在 Ability 的主线程上执行。
- POST：在事件分发线程上执行。
- ASYNC：在一个新创建的异步线程上执行。
- BACKGROUND：在后台线程上执行。

(4) CommonEventSubscriber

CommonEventSubscriber 封装公共事件的订阅者及相关参数，由 CommonEventSubscriber. AsyncCommonEventResult 类处理有序公共事件的异步执行，目前只能通过调用 CommonEventManager 的 subscribeCommonEvent()方法进行订阅。

(5) CommonEventManager

CommonEventManager 是为应用提供订阅、退订和发布公共事件的静态接口类。

3) 发布公共事件

开发者可以发布四种公共事件：无序的公共事件、带权限的公共事件、有序的公共事件、黏性的公共事件。

(1) 发布无序的公共事件：构造 CommonEventData 对象，设置 Intent，通过构造 operation 对象把需要发布的公共事件信息传入 intent 对象。然后调用 CommonEventManager.

publishCommonEvent(CommonEventData) 接口发布公共事件。例如：

```
try {
    Intent intent = new Intent();
    Operation operation = new Intent.OperationBuilder()
            .withAction("com.my.test")
            .build();
    intent.setOperation(operation);
    CommonEventData eventData = new CommonEventData(intent);
    CommonEventManager.publishCommonEvent(eventData);
    HiLog.info(LABEL_LOG, "Publish succeeded");
} catch (RemoteException e) {
    HiLog.error(LABEL_LOG, "Exception occurred during publishCommonEvent
        invocation.");
}
```

(2) 发布带权限的公共事件：构造 CommonEventPublishInfo 对象，设置订阅者的权限，订阅者在 config.json 中申请所需的权限，例如：

```
"reqPermissions": [
  {
    "name": "com.example.MyApplication.permission",
    "reason": "Obtain the required permission",
    "usedScene": {
      "ability": [
        ".MainAbility"
      ],
      "when": "inuse"
    ...
```

说明：非系统已定义的权限，需要先在 config.json 中自定义，才可以申请使用。

发布带权限的公共事件

(3) 发布有序的公共事件：构造 CommonEventPublishInfo 对象，通过 setOrdered(true) 语句指定公共事件属性为有序公共事件，也可以指定一个最后的公共事件接收者。

发布有序的公共事件

(4) 发布黏性公共事件：构造 CommonEventPublishInfo 对象，通过 setSticky(true)语句指定公共事件属性为黏性公共事件。应用时，发布者首先在 config.json 中申请发布黏性公共事件所需的权限，例如：

```
{
    "reqPermissions": [{
        "name": "ohos.permission.COMMONEVENT_STICKY",
        "reason": "Obtain the required permission",
        "usedScene": {
           "ability": [
            ".MainAbility"
           ],
           "when": "inuse"
        }
    }, {
    ...
```

```
    }]
}
```

然后发布黏性公共事件，例如：

```
CommonEventPublishInfo publishInfo = new CommonEventPublishInfo();
publishInfo.setSticky(true); // 设置属性为黏性公共事件
try {
   CommonEventManager.publishCommonEvent(eventData, publishInfo);
} catch (RemoteException e) {
   HiLog.error(LABEL, "Exception occurred during publishCommonEvent
invocation.");
}
```

4)　订阅公共事件

订阅公共事件过程如下。

(1)　创建 CommonEventSubscriber 派生类，在 onReceiveEvent()回调函数中处理公共事件。代码如下：

```
class MyCommonEventSubscriber extends CommonEventSubscriber {
    MyCommonEventSubscriber(CommonEventSubscribeInfo info) {
        super(info);
    }
    @Override
    public void onReceiveEvent(CommonEventData commonEventData) {
    }
}
```

说明：*此处不能执行耗时操作，否则会阻塞 UI 线程，产生用户点击没有反应等异常。*

(2)　构造 MyCommonEventSubscriber 对象，调用 CommonEventManager.subscribeCommonEvent()接口进行订阅。

如果订阅拥有指定权限应用发布的公共事件时，发布者需要在 config.json 中申请权限。例如：

调用 subscribeCommonEvent 接口进行订阅

```
"reqPermissions": [
    {
        "name": "ohos.abilitydemo.permission.PROVIDER",
        "reason": "Obtain the required permission",
        "usedScene": {
            "ability": ["com.hmi.ivi.systemsetting.MainAbility"],
            "when": "inuse"
        }
    }
]
```

如果订阅的公共事件是有序的，可以调用 setPriority()方法指定优先级。例如：

```
String event = "com.my.test";
MatchingSkills matchingSkills = new MatchingSkills();
matchingSkills.addEvent(event); // 自定义事件
CommonEventSubscribeInfo subscribeInfo = new
CommonEventSubscribeInfo(matchingSkills);
subscribeInfo.setPriority(100);
```

```
// 设置优先级，优先级取值范围[-1000, 1000]，值默认为0
MyCommonEventSubscriber subscriber = new
MyCommonEventSubscriber(subscribeInfo);
try {
    CommonEventManager.subscribeCommonEvent(subscriber);
} catch (RemoteException e) {
    HiLog.error(LABEL, "Exception occurred during subscribeCommonEvent
        invocation.");
}
```

(3) 针对在 onReceiveEvent 中不能执行耗时操作的限制，可以使用 CommonEventSubscriber 的 goAsyncCommonEvent()方法来实现异步操作，方法返回后该公共事件活跃仍保持，且执行完成后必须调用 AsyncCommonEventResult.finishCommonEvent()方法来结束事件。

解决不能执行耗时操作的限制

5) 退订公共事件

在 Ability 的 onStop()中调用 CommonEventManager.unsubscribeCommonEvent()方法来退订公共事件。调用后，之前订阅的所有公共事件均被退订。例如：

```
try {
    CommonEventManager.unsubscribeCommonEvent(subscriber);
 } catch (RemoteException e) {
    HiLog.error(LABEL, "Exception occurred during unsubscribeCommonEvent
invocation.");
 }
```

3. 通知开发指导

1) 场景介绍

HarmonyOS 提供了通知功能，即在一个应用的 UI 界面之外显示消息，主要用来提醒用户有来自该应用中的信息。当应用向系统发出通知时，它将先以图标的形式显示在通知栏中，用户可以下拉通知栏查看通知的详细信息。常见的使用场景如下。

- 显示接收到的短消息、即时消息等。
- 显示应用的推送消息，如广告、版本更新等。
- 显示当前正在执行的事件，如播放音乐、导航、下载等。

2) 接口说明

通知相关基础类包含 NotificationSlot、NotificationRequest 和 NotificationHelper。基础类之间的关系如图 7-11 所示。

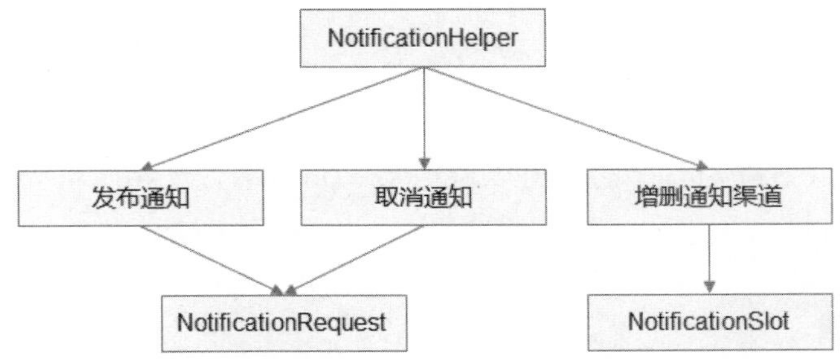

图 7-11 通知基础类关系图

(1) NotificationSlot

NotificationSlot 可以对提示音、振动、重要级别等进行设置。一个应用可以创建一个或多个 NotificationSlot。在发布通知时，通过绑定不同的 NotificationSlot 可实现不同用途。

说明：NotificationSlot 需要先通过 NotificationHelper 的 addNotificationSlot(NotificationSlot)方法发布，通知才能绑定；所有绑定该 NotificationSlot 的通知在发布后都具备相应的特性，对象创建后将无法更改这些设置，对于是否启动相应设置，用户有最终控制权。

不指定 NotificationSlot 时，当前通知会使用默认的 NotificationSlot，其优先级为 LEVEL_DEFAULT。

NotificationSlot 的级别目前支持如下几种(由低到高)。

- LEVEL_NONE：表示通知不发布。
- LEVEL_MIN：表示通知可以发布，但不在状态栏显示，不自动弹出，无提示音；该级别不适用于前台服务的场景。
- LEVEL_LOW：表示通知发布后在状态栏显示，不自动弹出，无提示音。
- LEVEL_DEFAULT：表示通知发布后在状态栏显示，不自动弹出，触发提示音。
- LEVEL_HIGH：表示通知发布后在状态栏显示，自动弹出，触发提示音。

(2) NotificationRequest

NotificationRequest 用于设置具体的通知对象，包括设置通知的属性，如通知的发布时间、小图标、大图标、自动删除；以及设置具体的通知类型，如普通文本、长文本等。

具体的通知类型目前支持六种，包括普通文本(notification normal content)、长文本(notification long text content)、图片(notification picture content)、多行(notification multiline content)、社交(notification conversational content)、媒体(notification media content)。

说明：通知发布后，通知的设置不可修改。如果下次发布通知使用相同的 ID，就会更新之前发布的通知。

(3) NotificationHelper

NotificationHelper 封装了发布、更新、删除通知等静态方法。

3) 开发步骤

通知的开发分为创建 NotificationSlot、发布通知和取消通知等开发场景。

(1) 创建 NotificationSlot

NotificationSlot 可以设置公共通知的振动、重要级别等，并通过调用 NotificationHelper.addNotificationSlot()发布 NotificationSlot 对象。例如：

```
NotificationSlot slot = new NotificationSlot("slot_001", "slot_default",
   NotificationSlot.LEVEL_MIN); // 创建 notificationSlot 对象
slot.setDescription("NotificationSlotDescription");
slot.setEnableVibration(true); // 设置振动提醒
slot.setEnableLight(true); // 设置开启呼吸灯提醒
slot.setLedLightColor(Color.RED.getValue());// 设置呼吸灯的提醒颜色
try {
  NotificationHelper.addNotificationSlot(slot);
} catch (RemoteException ex) {
  HiLog.error(LABEL, "Exception occurred during addNotificationSlot
     invocation.");
}
```

(2) 发布通知

构建 NotificationRequest 对象，应用发布通知前，通过 NotificationRequest 的 setSlotId()方法与 NotificationSlot 绑定，使该通知在发布后都具备该对象的特征。例如：

```
int notificationId = 1;
NotificationRequest request = new NotificationRequest(notificationId);
request.setSlotId(slot.getId());
```

调用 setContent()设置通知的内容。例如：

```
String title = "title";
String text = "There is a normal notification content.";
NotificationNormalContent content = new NotificationNormalContent();
content.setTitle(title)
      .setText(text);
NotificationRequest.NotificationContent notificationContent = new
NotificationRequest.NotificationContent(content);
request.setContent(notificationContent); // 设置通知的内容
```

调用 publishNotification()发布通知。例如：

```
try {
   NotificationHelper.publishNotification(request);
} catch (RemoteException ex) {
   HiLog.error(LABEL, "Exception occurred during publishNotification
      invocation.");
}
```

(3) 取消通知

取消通知分为取消指定单条通知和取消所有通知，应用只能取消自己发布的通知。

调用 cancelNotification()取消指定的单条通知。例如：

```
int notificationId = 1;
try {
   NotificationHelper.cancelNotification(notificationId);
} catch (RemoteException ex) {
   HiLog.error(LABEL, "Exception occurred during cancelNotification
invocation.");
}
```

调用 cancelAllNotifications()取消所有通知。例如：

```
try {
   NotificationHelper.cancelAllNotifications();
} catch (RemoteException ex) {
   HiLog.error(LABEL, "Exception occurred during cancelAllNotifications
      invocation.");
}
```

4. IntentAgent 开发指导

1) 场景介绍

IntentAgent 封装了一个指定行为的 Intent，可以通过 triggerIntentAgent 接口主动触发，也可以与通知绑定被动触发，具体的行为包括启动 Ability 和发布公共事件。例如，收到通知后，点击通知跳转到一个新的 Ability，不点击则不会触发。

2)　接口说明

IntentAgent 相关基础类包括 IntentAgentHelper、IntentAgentInfo、IntentAgentConstant 和 TriggerInfo，IntentAgent 基础类之间的关系如图 7-12 所示。

(1)　IntentAgentHelper

IntentAgentHelper 封装了获取、激发、取消 IntentAgent 的静态方法。

(2)　IntentAgentInfo

IntentAgentInfo 类封装了获取一个 IntentAgent 实例所需的数据，构造函数为：

```
IntentAgentInfo(int requestCode, OperationType operationType,
List<Flags> flags, List<Intent> intents, IntentParams extraInfo)
```

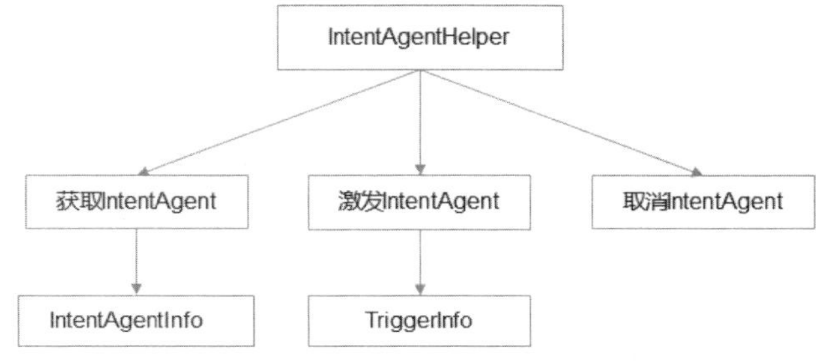

图 7-12　IntentAgent 基础类关系图

参数介绍如下。

- requestCode：使用者定义的一个私有值。
- operationType：为 IntentAgentConstant.OperationType 枚举中的值。
- flags：为 IntentAgentConstant.Flags 枚举中的值。
- intents：将被执行的意图列表。当 operationType 的值为 START_ABILITY、START_SERVICE 和 SEND_COMMON_EVENT 时，intents 列表只允许包含一个 Intent；当 operationType 的值为 START_ABILITIES 时，intents 列表允许包含多个 Intent。
- extraInfo：表明如何启动一个有页面的 Ability，可以为 null。只在 operationType 的值为 START_ABILITY 和 START_ABILITIES 时有意义。

(3)　IntentAgentConstant

IntentAgentConstant 类中包含 OperationType 和 Flags 两个枚举类。

(4)　TriggerInfo

TriggerInfo 类封装了主动激发一个 IntentAgent 实例所需的数据，构造函数为

```
TriggerInfo(String permission, IntentParams extraInfo, Intent intent, int
code)
```

参数介绍如下。

- permission：IntentAgent 接收者的权限，只有在 operationType 的值为 SEND_COMMON_EVENT 时，该参数才有意义。
- extraInfo：激发 IntentAgent 时用户自定义的额外数据。

- intent：额外的 Intent。如果 IntentAgentInfo 成员变量 flags 包含 CONSTANT_FLAG，则忽略该参数；如果 flags 包含 REPLACE_ELEMENT、REPLACE_ACTION、REPLACE_URI、REPLACE_ENTITIES 或 REPLACE_BUNDLE，则使用额外 Intent 的 element、action、uri、entities 或 bundleName 属性替换原始 Intent 中对应的属性。如果 intent 为空，则不替换原始 Intent 的属性。
- code：提供给 IntentAgent 目标的结果码。

获取 IntentAgent 的代码示例

3) 开发步骤

通知中添加 IntentAgent 的代码示例如下：

```
int notificationId = 1;
NotificationRequest request = new NotificationRequest(notificationId);
String title = "title";
String text = "There is a normal notification content.";
NotificationRequest.NotificationNormalContent content = new
    NotificationRequest.NotificationNormalContent();
content.setTitle(title).setText(text);
NotificationContent notificationContent = new
    NotificationContent(content);
request.setContent(notificationContent); // 设置通知的内容
request.setIntentAgent(agent); // 设置通知的 IntentAgent
```

主动激发 IntentAgent 的代码示例如下：

```
int code = 100;
IntentAgentHelper.triggerIntentAgent(this, agent, null, null, new
    TriggerInfo(null, null, null, code));
```

7.2.3 后台任务调度和管控

对于有用户交互的 OS 来说，资源要优先分配给与用户交互的业务进程。换句话说，在支撑 OS 运行的进程以外，用户能感知到的业务进程优先级最高，所以后台任务调度控制的范围是用户感知不到的业务进程。

HarmonyOS 将应用的资源根据生命周期划分为前台、后台和挂起三个阶段。前台运行不受资源调度的约束；后台会根据应用的具体任务进行资源管理；在挂起状态时，会对应用的资源进行调度和控制，以保障其他体验类业务对资源的竞争使用。

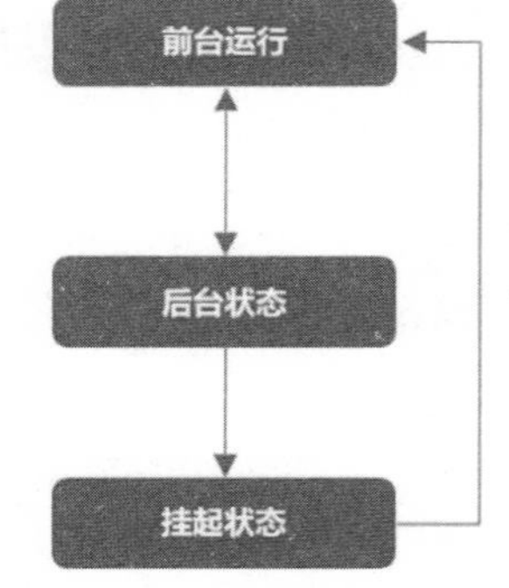

图 7-13 HarmonyOS 应用的资源使用生命周期

后台任务调度和管控主要对在后台状态下的资源进行控制。应用从前台退到后台，可能有各种业务诉求，为了达到系统资源使用能效最优的目的，HarmonyOS 提供了后台任务能力。HarmonyOS 应用的资源使用生命周期的三个阶段如图 7-13 所示。

1. 后台任务类型

本书描述的后台任务特指应用或业务模块处于后台(无可见界面)时，需要继续执行或者后续执行的业务。对这些应用不可见但要继续或者将要执行的业务动作，为避免后台任务调度和管控对业务执行的影响，HarmonyOS 将后台任务分为三种类型。

- 无后台业务：退后台后，无任务需要处理。
- 短时任务：退后台后，如果有紧急不可推迟且短时间能完成的任务，如应用退后台进行数据压缩，不可中断，则使用短时任务申请延迟进入挂起(suspend)状态。
- 长驻任务：如果是用户发起的可感知业务需要长时间后台运行的，如后台播放音乐、导航、上传下载、设备连接、VoIP 等，则使用长驻任务避免进入挂起(suspend)状态。

2. 短时任务

退到后台的应用有不可中断且短时间能完成的任务时，可以使用短时任务机制，该机制允许应用在后台短时间内完成任务，保障应用业务运行不受后台生命周期管理的影响。

注意：短时任务仅针对应用的临时任务提供资源使用生命周期保障，限制单次最大使用时长为 3 分钟，全天使用配额默认为 10 分钟(具体时长由系统根据应用场景和系统状态智能调整)。

短时任务的使用需要遵从如下约束和规则。

- 申请时机：允许应用在前台时，或退后台在被挂起之前(应用退到后台默认有 6～12 秒的运行时长，具体时长由系统根据具体场景决定)申请延迟挂起，否则可能被挂起(suspend)，导致申请失败。
- 超时：延迟挂起超时(timeout)，系统通过回调通知应用，应用需要取消对应的延迟挂起，或再次申请延迟挂起。超期不取消或不处理，该应用会被强制取消延迟挂起。
- 取消时机：任务完成后，申请方应用应主动取消延时申请，不要等到超时后被系统取消，否则会影响该应用的后台允许运行时长配额。
- 配额机制：为了防止应用滥用保活，或者申请后不取消，每个应用每天都会有一定申请配额(会根据用户的使用习惯动态调整)，配额消耗完就不再允许申请短时任务，所以应用完成短时任务后应立刻取消延时申请，避免消耗配额(配额指的是申请的时长，系统默认应用在后台运行的时间不计算在内)。

3. 长驻任务

长驻任务类型给用户能直观感知到的且需要一直在后台运行的业务提供后台运行生命周期的保障。比如，业务需要在后台播放声音，或者需要在后台持续导航定位等，此类用户可以感知到的后台业务行为，可以通过使用长驻任务对应的后台模式保障业务在后台的运行，支撑应用完成在后台的业务。

1)　后台模式分类

HarmonyOS 提供了 10 种后台模式，供需要在后台做长驻任务的业务使用，具体的后台模式类型如表 7-6 所示。

表 7-6 HarmonyOS 后台模式类型

长驻任务后台模式	英文名	描 述
数据传输	data-transfer	通过网络/对端设备进行数据下载、备份、分享、传输等业务
播音	audio-playback	音频输出业务
录音	audio-recording	音频输入业务
画中画	picture-in-picture	画中画、小窗口播放视频业务
音视频通话	voip	音视频电话，VoIP 业务
导航/位置更新	location	定位、导航业务
蓝牙设备连接及传输	bluetooth-interaction	蓝牙扫描、连接、传输业务
WLAN 设备连接及传输	wifi-interaction	WLAN 扫描、连接、传输业务
屏幕抓取	screen-fetch	录屏、截屏业务
多设备互联	multiDeviceConnection	多设备互联，分布式调度和迁移等业务

2) 使用长驻任务

(1) HarmonyOS 应用开发工具 DevEco Studio 在业务创建 ServiceAbility 时提供了后台模式的选择，针对当前创建的 ServiceAbility 可以赋予对应的后台模式类型设置，如图 7-14 所示。

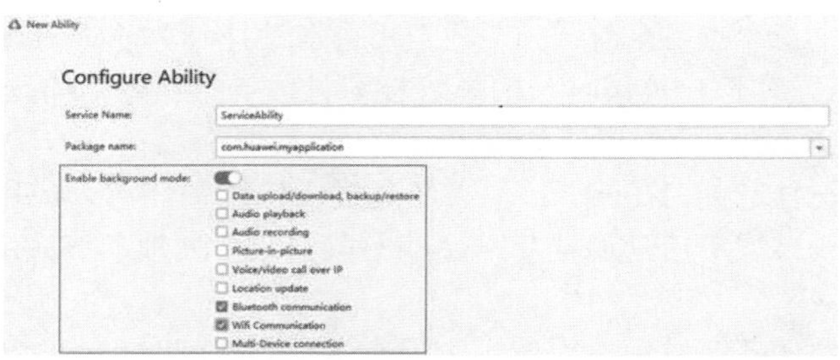

图 7-14 后台模式类型设置

业务根据需要选择对应的后台模式以后，会在应用的 config.json 文件中新创建的 ServiceAbility 组件下生成对应的后台模式配置，如图 7-15 所示。

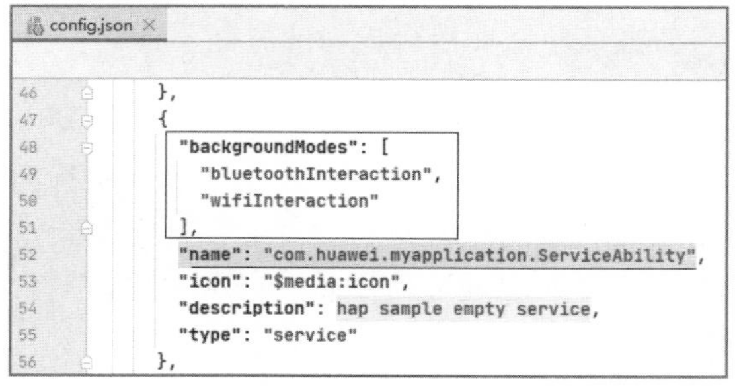

图 7-15 ServiceAbility 后台配置

说明：只有 ServiceAbility 有对应的后台模式类型选择和配置功能。

(2) 在 Service 创建的方法里面调用 keepBackgroundRunning()，将 Service 与通知绑定。

调用 keepBackgroundRunning()方法前，需要在配置文件中声明 ohos.permission.KEEP_BACKGROUND_RUNNING 权限。

完成对应的后台业务以后，在销毁服务的方法中调用 cancelBackgroundRunning()方法，即可停止使用长驻任务。

3) 长驻任务使用约束

- 如果用户选择可感知业务(如播音、导航、上传下载等)，触发对应后台模式，在任务启动时或退入后台时，需要提醒用户。
- 如果任务结束，应用应主动退出后台模式。若在后台运行期间系统监测到应用并未使用对应后台模式的资源，则会被挂起(suspend)。
- 避免不合理地申请后台长驻任务，长驻任务类型要与应用的类型匹配。如果执行的任务和申请的类型不匹配，也会被系统检测到并被挂起(suspend)。
- 长驻任务是为了真正在后台长时间执行某任务。如果一个应用申请了长驻任务，但在实际运行过程中并未真正运行或执行此类任务，也会被系统检测到并被挂起(suspend)。

4. 托管任务

托管任务是系统提供的一种后台代理机制。通过系统提供的代理 API 接口，用户可以把任务(如后台下载、定时提醒、后台非持续定位)交由系统托管。

1) 托管任务类型

- 后台非持续定位(non-sustained location)：如果应用未申请 location 常驻模式，且在后台依然尝试获取位置信息，此时应用行为被视为使用非持续定位功能后台。非持续定位限制每 30 分钟提供一次位置信息。应用不需要高频次定位时，建议优先使用非持续定位。
- 后台提醒代理(reminder)：后台提醒代理主要提供了一种机制，使开发者在开发应用时可以调用这些接口去创建定时提醒，包括倒计时、日历、闹钟三种类型。使用后台代理提醒功能后，应用可以被冻结或退出，计时和弹出提醒的功能将被后台系统服务代理。
- 后台下载代理：系统提供 DownloadSession 接口实现下载任务代理功能。应用提交下载任务后，应用被退出，下载任务仍然可以继续执行，且支持下载任务断点续传。

2) 托管任务使用约束

- 后台下载代理类型中，系统会根据用户场景和设备状态，对不同的下载任务进行相应的管控，避免影响功耗和性能。
- 后台非持续定位和后台提醒代理需要申请对应的权限。后台提醒需要申请 ohos.permission.PUBLISH_AGENT_REMINDER 权限，后台非持续定位需要申请 ohos.permission.LOCATION 和 ohos.permission.LOCATION_IN_BACKGROUND 权限。

- 资源滥用会影响系统性能和功耗，托管任务类型要与应用类型匹配。

7.2.4 线程管理

1. 线程管理开发概述

不同应用在各自独立的进程中运行。当应用以某种形式启动时，系统为其创建进程，该进程将持续运行。当进程完成当前任务处于等待状态，且系统资源不足时，系统自动回收该进程占用的资源。

在启动应用时，系统会为该应用创建一个称为“主线程”的执行线程。该线程随着应用一起创建或消失，是应用的核心线程。UI 界面的显示和更新等操作都是在主线程上进行。主线程又称 UI 线程，默认情况下，所有的操作都是在主线程上执行。如果需要执行比较耗时的任务(如下载文件、查询数据库)，可通过创建其他线程来处理。

2. 线程管理开发指导

1) 场景介绍

如果应用的业务逻辑比较复杂，可能需要创建多个线程来执行多个任务。这种情况下，代码复杂难以维护，任务与线程的交互也会更加繁杂。要解决此问题，开发者可以使用 TaskDispatcher 来分发不同的任务。

2) 接口说明

TaskDispatcher 是一个任务分发器，它是 Ability 分发任务的基本接口，会隐藏任务所在线程的实现细节。

为保证应用有更好的响应性，需要设计任务的优先级。在 UI 线程上运行的任务，默认以高优先级运行，如果某个任务无须等待结果，则可以用低优先级。优先级介绍如表 7-7 所示。

表 7-7 线程优先级

优先级	详细描述
HIGH	最高任务优先级，比默认优先级、低优先级的任务有更高的概率得到执行
DEFAULT	默认任务优先级，比低优先级的任务有更高的概率得到执行
LOW	低任务优先级，比高优先级、默认优先级的任务有更低的概率得到执行

TaskDispatcher 具有多种实现，每种实现对应不同的任务分发器。在分发任务时可以指定任务的优先级，由同一个任务分发器分发出的任务具有相同的优先级。系统提供的任务分发器有 GlobalTaskDispatcher、ParallelTaskDispatcher、SerialTaskDispatcher、SpecTaskDispatcher、UITaskDispatcher。

- GlobalTaskDispatcher。全局并发任务分发器，由 Ability 执行 getGlobalTaskDispatcher() 获取，适用于任务之间没有联系的情况。一个应用只有一个 GlobalTaskDispatcher，它在程序结束时才被销毁。例如：

```
TaskDispatcher globalTaskDispatcher =
    getGlobalTaskDispatcher(TaskPriority.DEFAULT);
```

- ParallelTaskDispatcher。并发任务分发器，由 Ability 执行 createParallelTaskDispatcher()创建并返回。与 GlobalTaskDispatcher 不同的是，ParallelTaskDispatcher 不具有全局唯一性，可以创建多个。开发者在创建或销毁 Dispatcher 时，需要持有对应的对象引用。例如：

```
String dispatcherName = "parallelTaskDispatcher";
TaskDispatcher parallelTaskDispatcher = createParallelTaskDispatcher
    (dispatcherName, TaskPriority.DEFAULT);
```

- SerialTaskDispatcher。串行任务分发器，由 Ability 执行 createSerialTaskDispatcher()创建并返回。由该分发器分发的所有任务都是按顺序执行，但是执行这些任务的线程并不是固定的。如果要执行并行任务，应使用 ParallelTaskDispatcher 或者 GlobalTaskDispatcher，而不是创建多个 SerialTaskDispatcher。如果任务之间没有依赖，应使用 GlobalTaskDispatcher 来实现。它的创建和销毁由开发者自己管理，开发者在使用期间需要持有该对象引用。例如：

```
String dispatcherName = "serialTaskDispatcher";
TaskDispatcher serialTaskDispatcher =
createSerialTaskDispatcher(dispatcherName, TaskPriority.DEFAULT);
```

- SpecTaskDispatcher。专有任务分发器，绑定到专有线程上。目前已有的专有线程为 UI 线程，通过 UITaskDispatcher 进行任务分发。
- UITaskDispatcher。绑定到应用主线程的专有任务分发器，由 Ability 执行 getUITaskDispatcher()创建并返回。由该分发器分发的所有任务都是在主线程上按顺序执行，它在应用程序结束时被销毁。例如：

```
TaskDispatcher uiTaskDispatcher = getUITaskDispatcher();
```

3) 开发步骤

(1) syncDispatch

同步派发任务。派发任务并在当前线程等待任务执行完成。在返回前，当前线程会被阻塞。

使用 GlobalTaskDispatcher 派发同步任务

说明：如果对 syncDispatch 使用不当，将会导致死锁。如下情形可能导致死锁发生。

- 在专有线程上，利用该专有任务分发器进行 syncDispatch。
- 在被某个串行任务分发器(dispatcher_a)派发的任务中，再次利用同一个串行任务分发器(dispatcher_a)对象派发任务。
- 在被某个串行任务分发器(dispatcher_a)派发的任务中，经过数次派发任务，最终又利用该串行任务分发器(dispatcher_a)派发任务。例如，dispatcher_a 派发的任务使用 dispatcher_b 进行任务的派发，在 dispatcher_b 派发的任务中又利用 dispatcher_a 进行派发任务。
- 串行任务分发器 dispatcher_a 派发的任务中利用串行任务分发器 dispatcher_b 进行同步派发任务，同时 dispatcher_b 派发的任务中利用串行任务分发器 dispatcher_a

进行同步派发任务。在特定的线程执行顺序下将导致死锁。

(2) asyncDispatch

异步派发任务。派发任务并立即返回，返回值是一个可用于取消任务的接口。

如下代码示例展示了如何使用 GlobalTaskDispatcher 派发异步任务：

```
TaskDispatcher globalTaskDispatcher = getGlobalTaskDispatcher
    (TaskPriority.DEFAULT);
Revocable revocable = globalTaskDispatcher.asyncDispatch(new Runnable()
{
    @Override
    public void run() {
        HiLog.info(LABEL_LOG, "async task1 run");
    }
});
HiLog.info(LABEL_LOG, "after async task1");

// 执行结果可能如下:
// after async task1
// async task1 run
```

(3) delayDispatch

异步延迟派发任务。异步执行，函数立即返回，系统会在延时指定时间后将任务派发到相应队列中。延时时间参数仅代表在这段时间以后任务分发器会将任务加入队列中，任务的实际执行时间可能晚于这个时间。具体比这个数值晚多久，取决于队列及内部线程池的繁忙情况。

使用 GlobalTaskDispatcher 延迟派发任务

(4) Group

任务组。表示一组任务，且该组任务之间有一定的联系，由 TaskDispatcher()执行 createDispatchGroup()创建并返回。将任务加入任务组，返回一个用于取消任务的接口。

任务组的使用方式

(5) Revocable

取消任务。Revocable 是取消一个异步任务的接口。异步任务包括通过 asyncDispatch、delayDispatch、asyncGroupDispatch 派发的任务。如果任务已经在执行中或执行完成，则会返回“取消失败”。

如下代码示例展示了如何取消一个异步延时任务：

```
TaskDispatcher dispatcher = getUITaskDispatcher();
Revocable revocable = dispatcher.delayDispatch(new Runnable() {
    @Override
    public void run() {
        HiLog.info(LABEL_LOG, "delay dispatch");
    }
}, 10);
boolean revoked = revocable.revoke();
HiLog.info(LABEL_LOG, "%{public}b", revoked);
// 一种可能的结果如下 :
// true
```

(6) syncDispatchBarrier

同步设置屏障任务。在任务组上设立任务执行屏障，同步等待任务组中的所有任务执行完成，再执行指定任务。

同步设置屏障

说明：在全局并发任务分发器(GlobalTaskDispatcher)上同步设置任务屏障，将不会起到屏障作用。

(7) asyncDispatchBarrier

异步设置屏障任务。在任务组上设立任务执行屏障后直接返回，指定任务将在任务组中的所有任务执行完成后再执行。

异步设置屏障

说明：在全局并发任务分发器(GlobalTaskDispatcher)上异步设置任务屏障，将不会起到屏障作用。可以使用并发任务分发器(parallelTaskDispatcher)分离不同的任务组，达到微观并行、宏观串行的目的。

(8) applyDispatch

执行多次任务。对指定任务执行多次。

执行多次任务

7.2.5　线程间通信

1. 线程间通信开发概述

在开发过程中，开发者经常需要在当前线程中处理下载任务等较为耗时的操作，但是又不希望当前的线程受到阻塞，此时就可以使用 EventHandler 机制。EventHandler 是 HarmonyOS 用于处理线程间通信的一种机制，可以通过 EventRunner 创建新线程，将耗时的操作放到新线程上执行。这样既不阻塞原来的线程，任务又可以得到合理的处理。比如，主线程使用 EventHandler 创建子线程，子线程做耗时的下载图片操作；下载完成后，子线程通过 EventHandler 通知主线程，主线程再更新 UI。

1)　基本概念

EventRunner 是一种事件循环器，循环处理该 EventRunner 创建的新线程事件队列中的 InnerEvent 事件或者 Runnable 任务。InnerEvent 是 EventHandler 投递的事件。

EventHandler 是一种用户在当前线程上投递 InnerEvent 事件或者 Runnable 任务到异步线程上的机制。每一个 EventHandler 和指定的 EventRunner 所创建的新线程绑定，并且该新线程内部有一个事件队列。EventHandler 可以投递指定的 InnerEvent 事件或 Runnable 任务到这个事件队列。EventRunner 从事件队列里循环地取出事件，如果取出的事件是 InnerEvent 事件，将在 EventRunner 所在线程执行 processEvent 回调；如果取出的事件是 Runnable 任务，将在 EventRunner 所在线程执行 Runnable 的 run 回调。一般 EventHandler 有两个主要作用。

- 在不同线程间分发和处理 InnerEvent 事件或 Runnable 任务。
- 延迟处理 InnerEvent 事件或 Runnable 任务。

2)　运作机制

EventHandler 的运作机制如图 7-16 所示。

使用 EventHandler 实现线程间通信的主要流程如下。

(1) EventHandler 投递具体的 InnerEvent 事件或者 Runnable 任务到 EventRunner 所创建的线程事件队列。

(2) EventRunner 循环从事件队列中获取 InnerEvent 事件或者 Runnable 任务。

(3) 处理事件或任务。

① 如果 EventRunner 取出的事件为 InnerEvent 事件，则触发 EventHandler 的回调方法并触发 EventHandler 的处理方法，在新线程上处理该事件。

② 如果 EventRunner 取出的事件为 Runnable 任务，则 EventRunner 直接在新线程上处理 Runnable 任务。

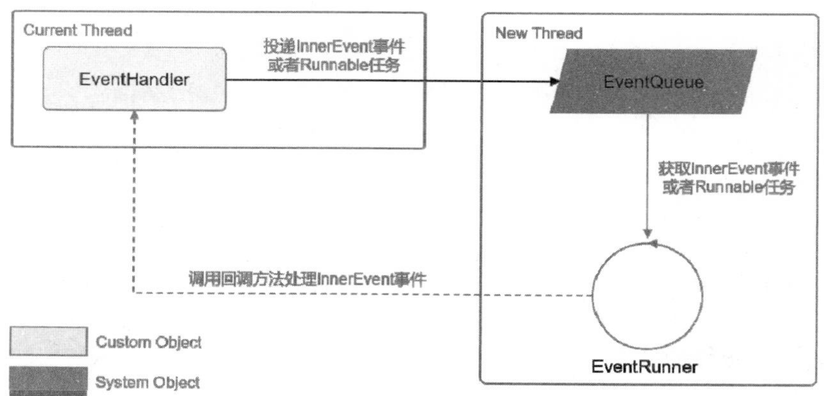

图 7-16 EventHandler 的运作机制

3) 约束限制

在进行线程间通信的时候，EventHandler 只能和 EventRunner 所创建的线程进行绑定。EventRunner 创建线程时需要判断是否创建成功，只有确保获取的 EventRunner 实例非空时，才可以用 EventHandler 绑定 EventRunner。

一个 EventHandler 只能同时与一个 EventRunner 绑定，而一个 EventRunner 可以同时绑定多个 EventHandler。

2. 线程间通信开发指导

1) EventHandler 开发场景

EventHandler 的主要功能是将 InnerEvent 事件或者 Runnable 任务投递到其他的线程进行处理，其使用的场景如下。

- InnerEvent 事件：开发者需要将 InnerEvent 事件投递到新的线程，按照优先级和延时进行处理。投递时，EventHandler 的优先级可在 IMMEDIATE、HIGH、LOW、IDLE 中选择，并设置合适的 delayTime。
- Runnable 任务：开发者需要将 Runnable 任务投递到新的线程，并按照优先级和延时进行处理。投递时，EventHandler 的优先级可在 IMMEDIATE、HIGH、LOW、IDLE 中选择，并设置合适的 delayTime。
- 开发者需要在新创建的线程里投递事件到原线程进行处理。

2)　EventRunner 工作模式

EventRunner 的工作模式可以分为托管模式和手动模式。两种模式是在调用 EventRunner 的 create()方法时，通过选择不同的参数来实现的，默认为托管模式。

- 托管模式：不需要开发者调用 run()和 stop()方法去启动和停止 EventRunner。当 EventRunner 实例化时，系统调用 run()来启动 EventRunner；当 EventRunner 不被引用时，系统调用 stop()来停止 EventRunner。
- 手动模式：需要开发者自行调用 EventRunner 的 run()方法和 stop()方法来确保线程的启动和停止。

3)　接口说明

(1)　EventHandler

EventHandler 的 Priority(优先级)属性如表 7-8 所示。EventRunner 将根据优先级的高低从事件队列中获取事件或者 Runnable 任务进行处理。

表 7-8　EventHandler 的 Priority 属性

属　性	描　述
Priority.IMMEDIATE	表示事件被立即投递
Priority.HIGH	表示事件先于 LOW 优先级投递
Priority.LOW	表示事件优于 IDLE 优先级投递，事件的默认优先级是 LOW
Priority.IDLE	表示在没有其他事件的情况下，才投递该事件

EventHandler 的主要接口如表 7-9 所示。

表 7-9　EventHandler 的主要接口

接 口 名	描　述
EventHandler(EventRunner runner)	利用已有的 EventRunner 来创建 EventHandler
current()	在 processEvent 回调中，获取当前的 EventHandler
processEvent(InnerEvent event)	回调处理事件，由开发者实现
sendEvent(InnerEvent event)	发送一个事件到事件队列，延时为 0ms，优先级为 LOW
sendEvent(InnerEvent event, long delayTime)	发送一个延时事件到事件队列，优先级为 LOW

(2)　EventRunner

EventRunner 的主要接口如表 7-10 所示。

表 7-10　EventRunner 主要接口

接 口 名	描　述
create()	创建一个拥有新线程的 EventRunner
create(boolean inNewThread)	创建一个拥有新线程的 EventRunner，inNewThread 为 true 时，EventRunner 为托管模式，系统将自动管理该 EventRunner；inNewThread 为 false 时，EventRunner 为手动模式
create(String newThreadName)	创建一个拥有新线程的 EventRunner，新线程的名字是 newThreadName
current()	获取当前线程的 EventRunner

续表

接口名	描述
run()	EventRunner 为手动模式时，调用该方法启动新的线程
stop()	EventRunner 为手动模式时，调用该方法停止新的线程

(3) InnerEvent

InnerEvent 的属性如表 7-11 所示。

表 7-11 InnerEvent 的属性

属性	描述
eventId	事件的 ID，由开发者定义，用来辨别事件
object	事件携带的 Object 信息
param	事件携带的 long 型数据

InnerEvent 的主要接口如表 7-12 所示。

表 7-12 InnerEvent 的主要接口

接口名	描述
drop()	释放一个事件实例
get()	获得一个事件实例
get(int eventId)	获得一个指定 eventId 的事件实例
PacMap getPacMap()	获取 PacMap，如果没有，会新建一个
Runnable getTask()	获取 Runnable 任务
PacMap peekPacMap()	获取 PacMap
void setPacMap(PacMap pacMap)	设置 PacMap

4) 开发步骤

(1) EventHandler 投递 InnerEvent 事件，并按照优先级和延时进行处理，开发步骤如下。

创建 EventHandler 的子类

步骤 1：创建 EventHandler 的子类，在子类中重写实现方法 processEvent()来处理事件。

步骤 2：创建 EventRunner，以手动模式为例，代码如下：

```
EventRunner runner = EventRunner.create(false);
// create()的参数是 true 时，则为托管模式
```

步骤 3：创建 EventHandler 子类的实例，代码如下：

```
MyEventHandler myHandler = new MyEventHandler(runner);
```

步骤 4：获取 InnerEvent 事件，代码如下：

```
// 获取事件实例，其属性 eventId, param, object 由开发者确定，代码中只是示例
long param = 0L;
Object object = null;
InnerEvent normalInnerEvent = InnerEvent.get(EVENT_MESSAGE_NORMAL, param, object);
InnerEvent delayInnerEvent = InnerEvent.get(EVENT_MESSAGE_DELAY, param, object);
```

步骤 5：投递事件，投递的优先级以 IMMEDIATE 为例，延时选择 0ms 和 2ms。代码如下：

```
// 优先级 IMMEDIATE，投递之后立即处理，延时为 0ms，该语句等价于同步投递
sendSyncEvent(event1, EventHandler.Priority.IMMEDIATE);
myHandler.sendEvent(normalInnerEvent, 0, EventHandler.Priority.IMMEDIATE);
myHandler.sendEvent(delayInnerEvent, 2, EventHandler.Priority.IMMEDIATE);
// 延时 2ms 后立即处理
```

步骤 6：启动和停止 EventRunner。如果为托管模式，则不需要此步骤。代码如下：

```
runner.run();
// 待执行操作
runner.stop();// 开发者根据业务需要在适当时机停止 EventRunner
```

(2) EventHandler 投递 Runnable 任务，并按照优先级和延时进行处理，开发步骤如下。

步骤 1：创建 EventHandler 的子类，创建 EventRunner，并创建 EventHandler 子类的实例，步骤与 EventHandler 投递 InnerEvent 场景的步骤 1～3 相同。

步骤 2：创建 Runnable 任务，代码如下：

```
Runnable normalTask = new Runnable() {
    @Override
    public void run() {
        // 待执行的操作，由开发者定义
    }
};
Runnable delayTask = new Runnable() {
    @Override
    public void run() {
        // 待执行的操作，由开发者定义
    }
};
```

步骤 3：投递 Runnable 任务，投递的优先级以 IMMEDIATE 为例，延时选择 0ms 和 2ms，代码如下：

```
// 优先级为 immediate，延时 0ms，该语句等价于同步投递
myHandler.postSyncTask(task1, EventHandler.Priority.IMMEDIATE);
myHandler.postTask(normalTask, 0, EventHandler.Priority.IMMEDIATE);
myHandler.postTask(delayTask, 2, EventHandler.Priority.IMMEDIATE);
// 延时 2ms 后立即执行
```

步骤 4：启动和停止 EventRunner，如果是托管模式，则不需要此步骤。代码如下：

```
runner.run();
// 待执行操作
runner.stop();// 停止 EventRunner
```

创建 EventHandler 的子类

(3) EventHandler 从新创建的线程投递事件到原线程并进行处理，开发步骤如下。

步骤 1：创建 EventHandler 的子类，在子类中重写方法 processEvent()

来处理事件。

步骤 2：创建 EventRunner，以手动模式为例。代码如下：

```
EventRunner runner = EventRunner.create(false);
// create()的参数是 true 时，则为托管模式
```

步骤 3：创建 EventHandler 子类的实例。代码如下：

```
MyEventHandler myHandler = new MyEventHandler(runner);
```

步骤 4：获取 InnerEvent 事件。代码如下：

```
// 获取事件实例，其属性 eventId, param, object 由开发者确定，代码中只是示例
long param = 0L;
InnerEvent event = InnerEvent.get(EVENT_MESSAGE_CROSS_THREAD, param,
    EventRunner.current());
```

步骤 5：投递事件，在新线程上直接处理。代码如下：

```
// 将与当前线程绑定的 EventRunner 投递到与 runner 创建的新线程中
myHandler.sendEvent(event);
```

步骤 6：启动和停止 EventRunner。如果是托管模式，则不需要此步骤。代码如下：

```
runner.run();
// 待执行操作
runner.stop();// 停止 EventRunner
```

7.2.6 剪贴板

用户通过系统剪贴板服务，可实现应用之间的简单数据传递。例如，在应用 A 中复制的数据，可以在应用 B 中粘贴，反之亦可。

HarmonyOS 提供系统剪贴板服务的操作接口，支持用户程序从系统剪贴板中读取、写入和查询剪贴板数据。

HarmonyOS 提供剪贴板数据的对象定义，包含内容对象和属性对象。

1. 场景介绍

同一设备的应用程序 A、B 之间可以借助系统剪贴板服务完成简单数据的传递，即应用程序 A 向剪贴板服务写入数据后，应用程序 B 可以从中读取数据，如图 7-17 所示。

在使用剪贴板服务时，需要注意以下几点。

- 只有在前台获取到焦点的应用才有读取系统剪贴板的权限(系统默认输入法应用除外)。
- 写入剪贴板服务中的数据不会随应用程序结束而销毁。
- 对同一用户而言，写入剪贴板服务的数据会被下一次写入的剪贴板数据覆盖。
- 在同一设备内，剪贴板单次传递内容不应超过 500KB。

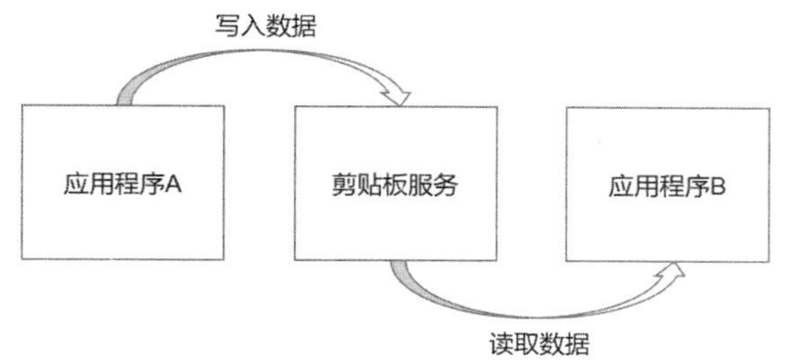

图 7-17　剪贴板服务示意图

2. 接口说明

(1)　SystemPasteboard

SystemPasteboard 提供系统剪贴板服务的操作接口，比如复制、粘贴、配置回调等。

(2)　PasteData

PasteData 是剪贴板服务操作的数据对象，其中内容条目定义为 PasteData.Record，属性集合定义为 PasteData.DataProperty。

(3)　PasteData.Record

一个 PasteData 中包含若干个特定 MIME 类型的 PasteData.Record，每个 Record 是存放剪贴板数据内容信息的最小单位。

(4)　PasteData.DataProperty

每个 PasteData 中都有一个 PasteData.DataProperty 成员，其中存放着该数据对象的属性集合，例如自定义标签、MIME 类型集合列表等。

(5)　IPasteDataChangedListener

IPasteDataChangedListener 是定义剪贴板数据变化回调的接口类，开发者需要实现此接口来触发回调时的处理逻辑。

3. 开发步骤

(1)　应用 A 获取系统剪贴板服务，代码如下。

```
SystemPasteboard pasteboard = SystemPasteboard.getSystemPasteboard(appContext);
```

(2)　应用 A 向系统剪贴板中写入一条纯文本数据，代码如下。

```
if (pasteboard != null) {
   pasteboard.setPasteData(PasteData.creatPlainTextData("Hello, world!"));
}
```

(3)　应用 B 从系统剪贴板读取数据，将数据对象中的首个文本类型(纯文本/HTML)内容信息在控件中显示，忽略其他类型内容。

从系统剪贴板读取数据

(4)　应用 C 注册添加系统剪贴板数据变化回调，当系统剪贴板数据发生变化时触发处理逻辑。代码如下：

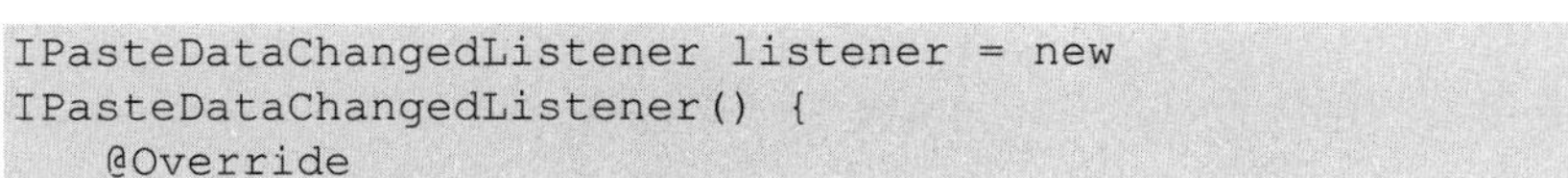

```
IPasteDataChangedListener listener = new
IPasteDataChangedListener() {
   @Override
```

```
    public void onChanged() {
        PasteData pasteData = pasteboard.getPasteData();
        if (pasteData == null) {
            return;
        }
        // Operations to handle data change on the system pasteboard
    }
};
pasteboard.addPasteDataChangedListener(listener);
```

7.3 用户界面 UI

7.3.1 Java UI 框架

1. Java UI 框架概述

应用将在屏幕上显示一个用户界面，该界面用来显示所有可被用户查看和交互的内容。

应用中所有的用户界面元素都是由 Component 和 ComponentContainer 对象构成。Component 是绘制在屏幕上的一个对象，用户能与之交互。ComponentContainer 是一个用于容纳其他 Component 和 ComponentContainer 对象的容器。

Java UI 框架提供了一部分 Component 和 ComponentContainer 的具体子类，即创建用户界面(UI)的各类组件，包括一些常用的组件(比如文本、按钮、图片、列表等)和常用的布局(比如 DirectionalLayout 和 DependentLayout)。用户可通过组件进行交互操作，并获得响应。

所有的 UI 操作都应该在主线程中进行设置。

1) 组件和布局

用户界面元素统称为组件，组件根据一定的层级结构进行组合形成布局。组件在未被添加到布局中时，既无法显示也无法交互，因此一个用户界面至少包含一个布局。在 UI 框架中，具体的布局类通常以 XXLayout 命名。完整的用户界面是一个布局，用户界面中的一部分也可以是一个布局。布局可容纳 Component 与 ComponentContainer 对象。

- Component：提供内容显示，是界面中所有组件的基类，开发者可以给 Component 设置事件处理回调来创建一个可交互的组件。Java UI 框架提供了一些常用的界面元素，也可称之为组件，组件一般直接继承 Component 或它的子类，如 Text、Image 等。
- ComponentContainer：作为容器容纳 Component 或 ComponentContainer 对象，并对它们进行布局。Java UI 框架提供了一些标准布局功能的容器，它们继承自 ComponentContainer，一般以 Layout 结尾，如 DirectionalLayout、DependentLayout 等。

2) 组件树

布局把 Component 和 ComponentContainer 以树状的层级结构进行组织，这样的一个布局就称为组件树。组件树的特点是仅有一个根组件，其他组件有且仅有一个父节点，组件之间的关系受到父节点的规则约束。组件树示意如图 7-18 所示。

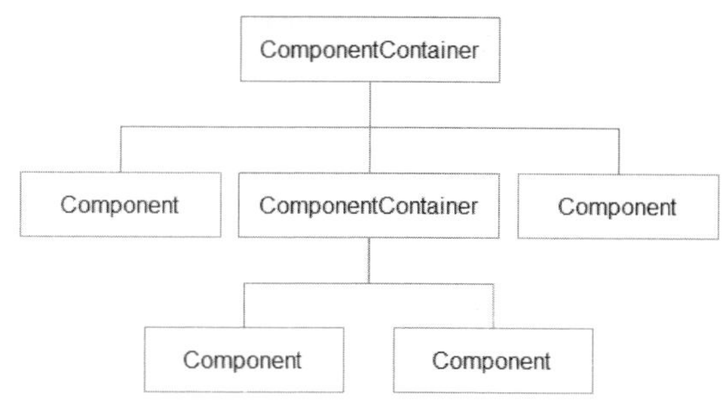

图 7-18　组件树

每种布局都根据自身特点提供 LayoutConfig 用于 Component 设定布局属性和参数，通过指定布局属性可以对 Component 在布局中的显示效果进行约束。例如，width、height 是最基本的布局属性，它们指定了组件的大小，如图 7-19 所示。

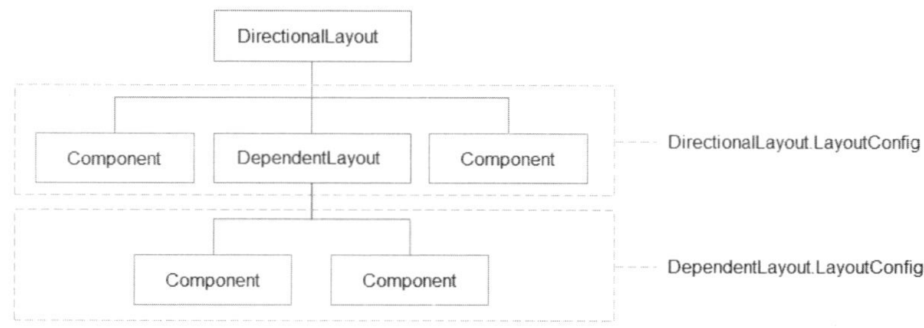

图 7-19　LayoutConfig

2. 组件布局与开发指导

1)　开发说明

HarmonyOS 提供了 Ability 和 AbilitySlice 两个基础类。一个有界面的 Ability 可以由一个或多个 AbilitySlice 构成，AbilitySlice 主要用于承载单个页面的具体逻辑实现和界面 UI，是应用显示、运行和跳转的最小单元。AbilitySlice 通过 setUIContent 为界面设置布局，其接口如表 7-13 所示。

表 7-13　AbilitySlice 的 UI 接口

接口声明	接口描述
setUIContent(ComponentContainer root)	设置界面入口，root 为界面组件树根节点

组件需要进行组合，并添加到界面的布局中。在 Java UI 框架中，提供了两种编写布局的方式。

- 在代码中创建布局：用代码创建 Component 和 ComponentContainer 对象，为这些对象设置合适的布局参数和属性值，并将 Component 添加到 ComponentContainer 中，从而创建出完整界面。
- 在 XML 中声明 UI 布局：按层级结构来描述 Component 和 ComponentContainer 的关系，给组件节点设定合适的布局参数和属性值，可直接加载生成此布局。

这两种方式创建的布局没有本质差别。对于在 XML 中声明的布局，在加载完成后同样可在代码中对该布局进行修改。

2) 组件分类

根据功能，可以将组件分为布局类、显示类、交互类三类(见表 7-14)。

表 7-14 组件分类

组件类别	组件名称	功能描述
布局类	PositionLayout、DirectionalLayout、StackLayout、DependentLayout、TableLayout、AdaptiveBoxLayout	提供了不同布局规范的组件容器，例如以单一方向排列的 DirectionalLayout、以相对位置排列的 DependentLayout、以确切位置排列的 PositionLayout 等
显示类	Text、Image、Clock、TickTimer、ProgressBar	提供了单纯的内容显示，例如用于文本显示的 Text，用于图像显示的 Image 等
交互类	TextField、Button、Checkbox、RadioButton、RadioContainer、Switch、ToggleButton、Slider、Rating、ScrollView、TabList、ListContainer、PageSlider、PageFlipper、PageSliderIndicator、Picker、TimePicker、DatePicker、SurfaceProvider、ComponentProvider	提供了具体场景下与用户交互响应的功能，例如 Button 提供了点击响应功能，Slider 提供了进度选择功能等

3) 代码创建布局

开发如图 7-20 所示界面，需要添加一个 Text 组件和 Button 组件。由于两个组件从上到下依次居中排列，可以使用竖向的 DirectionalLayout 布局来放置组件。

代码创建布局需要在 MainAbilitySlice 中分别创建组件和布局，并将它们进行关联。文件目录如图 7-21 所示。

My name is Text.

My name is Button.

图 7-20 开发样例

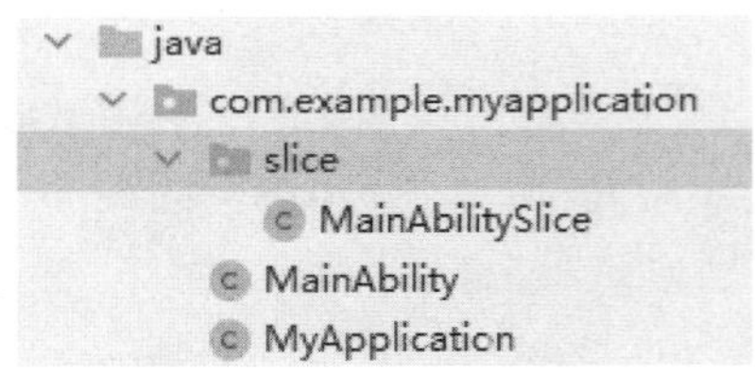

图 7-21 文件目录

4) 创建组件

(1) 声明组件语句如下：

```
Button button = new Button(getContext());
```

(2) 设置组件大小代码如下：

```
button.setWidth(ComponentContainer.LayoutConfig.MATCH_CONTENT);
button.setHeight(ComponentContainer.LayoutConfig.MATCH_CONTENT);
```

(3) 设置组件属性代码如下：

```
button.setText("My name is Button.");
```

```
button.setTextSize(50);
```

5) 创建布局并使用

(1) 声明布局语句如下：

```
DirectionalLayout directionalLayout = new DirectionalLayout(getContext());
```

(2) 设置布局大小代码如下：

```
directionalLayout.setWidth(ComponentContainer.LayoutConfig.MATCH_PARENT);
directionalLayout.setHeight(ComponentContainer.LayoutConfig.MATCH_PARENT);
```

(3) 设置布局属性代码如下：

```
directionalLayout.setOrientation(Component.VERTICAL);
```

(4) 将组件添加到布局中(视布局需要对组件设置布局属性进行约束)代码如下：

```
directionalLayout.addComponent(button);
```

(5) 将布局添加到组件树中代码如下：

```
setUIContent(directionalLayout);
```

根据以上步骤创建组件和布局后的界面显示效果如图 7-20 所示。其中，代码示例中为组件设置了一个按键回调，在按键被按下后，应用会执行自定义的操作。

在代码中，可以看到设置组件大小的方法有两种。

- 通过 setWidth 和 setHeight 方法直接设置宽高。
- 通过 setLayoutConfig 方法设置布局属性。

这两种方法的区别是后者可以增加更多的布局属性设置，例如使用 alignment 设置水平居中的约束。另外，这两种方法设置的宽高以最后的设置作为最终结果。它们的取值一致，可以是以下取值。

- 以像素为单位的具体数值。
- MATCH_PARENT：表示组件大小将扩展为父组件允许的最大值，它将占据父组件方向上的剩余大小。
- MATCH_CONTENT：表示组件大小与它内容占据的大小范围相适应。

6) 在 XML 中声明布局

XML 中声明布局的方式更加简便直观。每一个 Component 和 ComponentContainer 对象的大部分属性都支持在 XML 中进行设置，它们都有各自的 XML 属性列表。某些属性仅适用于特定的组件，如只有 Text 支持 text_color 属性，不支持该属性的组件如果添加了该属性，该属性则会被忽略。具有继承关系的组件子类将继承父类的属性列表。Component 作为组件的基类，拥有各个组件常用的属性，比如 ID、布局参数等。

(1) 声明 ID 语句如下：

```
ohos:id="$+id:text"
```

在 XML 中使用此格式声明一个对开发者友好的 ID，它会在编译过程中转换成一个常量。尤其在 DependentLayout 布局中，组件之间需要描述相对位置关系，描述时要通过 ID 来指定对应组件。

布局中的组件通常要设置独立的 ID，以便在程序中查找该组件。如果布局中的不同组件设置了相同的 ID，在通过 ID 查找组件时会返回查找到的第一个组件，因此要尽量在布局中为组件设置独立的 ID 值，避免出现与预期不符合的问题。

(2) 布局参数设置语句如下：

```
ohos:width="20vp"
ohos:height="10vp"
```

与代码中设置组件的宽度和高度类似，在 XML 中它们的取值如下。

- 具体的数值：10(以像素为单位)、10vp(以屏幕相对像素为单位)。
- match_parent：表示组件大小将扩展为父组件允许的最大值，它将占据父组件方向上的剩余大小。
- match_content：表示组件大小与它的内容占据的大小范围相适应。

(3) 创建 XML 布局文件。在 DevEco Studio 的 Project 窗口，打开 entry > src > main > resources > base 文件夹，右键单击 layout 文件夹，选择 New > Layout Resource File 命令，命名为 first_layout。

布局文件内容

打开新创建的 first_layout.xml 布局文件，修改其中的内容，对布局和组件的属性和层级进行描述。

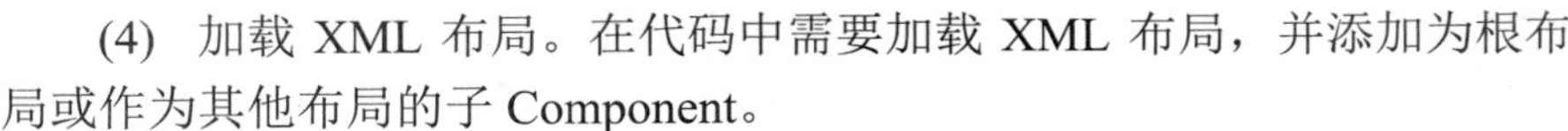

(4) 加载 XML 布局。在代码中需要加载 XML 布局，并添加为根布局或作为其他布局的子 Component。

在代码中需要加载 XML 布局

3. 常用组件开发指导

1) Text

Text 是用来显示字符串的组件，在界面上显示为一块文本区域。Text 作为一个基本组件，有很多扩展，常见的有按钮组件 Button 和文本编辑组件 TextField。

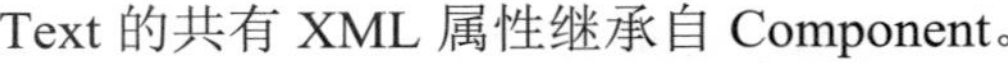

Text 的共有 XML 属性继承自 Component。

(1) 在 layout 目录下的 xml 文件中创建 Text 组件，代码如下：

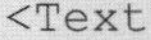

```
<Text
    ohos:id="$+id:text"
    ohos:width="match_content"
    ohos:height="match_content"
    ohos:text="Text"/>
```

(2) 在 xml 中设置 Text 的背景，layout 目录下 xml 文件的代码如下：

```
<Text
    ...
    ohos:background_element="$graphic:background_text"/>
```

常用的背景如文本背景、按钮背景，可以用 XML 格式放置在 graphic 目录下。

在 Project 窗口，打开 entry > src > main > resources > base 文件夹，右键单击 graphic 文件夹，选择 New > File 命令，命名为 background_text.xml，定义文本背景的代码如下：

```
<?xml version="1.0" encoding="utf-8"?>
<shape xmlns:ohos="http://schemas.huawei.com/res/ohos"
```

```
    ohos:shape="rectangle">
    <corners
        ohos:radius="20"/>
    <solid
        ohos:color="#878787"/>
</shape>
```

(3) 设置字体大小和颜色，代码如下：

```
<Text
    ...
    ohos:text_size="28fp"
    ohos:text_color="#0000FF"
    .../>
```

(4) 当文本过长时，可以设置跑马灯效果，实现文本滚动显示。前提是文本换行关闭且最大显示行数为 1，默认情况下即可满足前提要求。

跑马灯效果

2) Button

Button 是一种常见的组件，单击可以触发对应的操作，通常由文本或图标组成，也可以由图标和文本共同组成。图 7-22～图 7-24 为不同的 Button。

(1) 创建 Button

下面创建如图 7-25 样式的按钮。

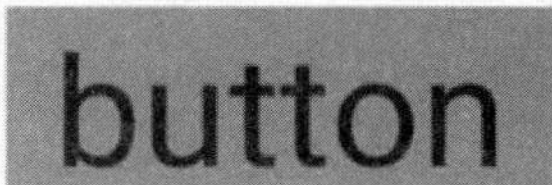

图 7-22　文本按钮

图 7-23　图标按钮

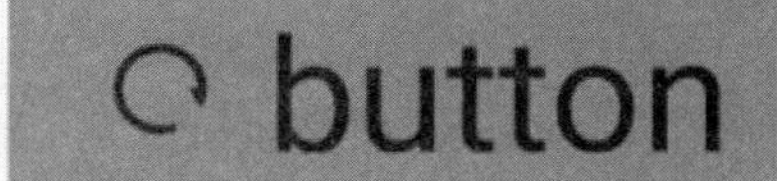

图 7-24　图标和文本共同组成的按钮

图 7-25　创建按钮样式

在 layout 目录下的 xml 文件中创建 Button，并设置按钮的背景形状、颜色。

常用的背景如文本背景、按钮背景，通常采用 XML 格式放置在 graphic 目录下。

在 Project 窗口，打开 entry > src > main > resources > base > media，拖动所需图片文件添加至 media 目录下。

文件中创建 Button

打开 entry > src > main > resources > base 文件夹，右键单击 graphic 文件夹，选择 New > File 命令，命名为 background_button.xml，在该文件中定义按钮的背景形状、颜色，代码如下：

```
<?xml version="1.0" encoding="utf-8"?>
<shape xmlns:ohos="http://schemas.huawei.com/res/ohos"
   ohos:shape="rectangle">
   <corners
      ohos:radius="10"/>
   <solid
      ohos:color="#007CFD"/>
</shape>
```

(2) 响应点击事件

按钮的重要作用是当用户单击按钮时，会执行相应的操作或者界面出现相应的变化。实际上用户单击按钮时，Button 对象将收到一个单击事件。开发者可以自定义响应单击事件的方法。例如，创建一个 Component.ClickedListener 对象，然后通过调用 setClickedListener 将其分配给按钮，代码如下：

```
Button button = (Button) findComponentById(ResourceTable.Id_button);
// 为按钮设置单击事件回调
button.setClickedListener(new Component.ClickedListener() {
   @Override
   public void onClick(Component component) {
      // 此处添加单击按钮后的事件处理逻辑
   }
});
```

(3) 不同类型的按钮

按照形状，按钮可以分为普通按钮、椭圆按钮、胶囊按钮、圆形按钮等。

① 普通按钮如图 7-26 所示。普通按钮和其他按钮的区别在于不需要设置任何形状，只设置文本和背景颜色即可，例如：

```
<Button
   ……
   ohos:background_element="$graphic:color_blue_element"
   ……
/>
```

graphic 目录下的 color_blue_element.xml 文件示例如下：

```
<?xml version="1.0" encoding="utf-8"?>
<shape xmlns:ohos="http://schemas.huawei.com/res/ohos"
   ohos:shape="rectangle">
   <solid
      ohos:color="#007CFD"/>
</shape>
```

② 椭圆按钮如图 7-27 所示。椭圆按钮是通过设置 background_element 来实现的，将 background_element 的 shape 设置为椭圆(oval)，例如：

图 7-26 普通按钮

图 7-27 椭圆按钮

```
<Button
    ......
    ohos:background_element="$graphic:oval_button_element"
    ......
    ohos:element_left="$media:ic_btn_reload"
/>
```

graphic 目录下的 oval_button_element.xml 文件如下：

```
<?xml version="1.0" encoding="utf-8"?>
<shape xmlns:ohos="http://schemas.huawei.com/res/ohos"
    ohos:shape="oval">
    <solid
        ohos:color="#007CFD"/>
</shape>
```

③　胶囊按钮如图 7-28 所示。胶囊按钮是一种常见的按钮，按钮背景设置为矩形形状，并且设置 ShapeElement 的 radius(半径)，例如：

```
<Button
   ......
    ohos:background_element="$graphic:capsule_button_element"
    ......
/>
```

graphic 目录下的 capsule_button_element.xml 文件如下：

```
<?xml version="1.0" encoding="utf-8"?>
<shape xmlns:ohos="http://schemas.huawei.com/res/ohos"
    ohos:shape="rectangle">
    <corners
        ohos:radius="100"/>
    <solid
        ohos:color="#007CFD"/>
</shape>
```

④　圆形按钮如图 7-29 所示。圆形按钮和椭圆按钮的区别在于组件本身的宽度和高度相同，例如：

图 7-28　胶囊按钮

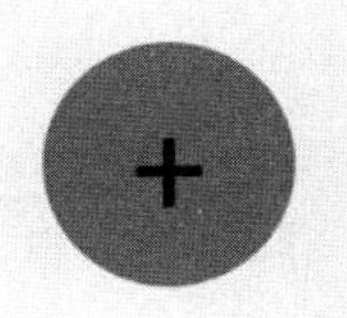

图 7-29　圆形按钮

```
<Button
   ......
    ohos:background_element="$graphic:circle_button_element"
    ohos:text="+"
    ......
/>
```

graphic 目录下的 circle_button_element.xml 文件如下:

```
<?xml version="1.0" encoding="utf-8"?>
<shape xmlns:ohos="http://schemas.huawei.com/res/ohos"
    ohos:shape="oval">
    <solid
        ohos:color="#007CFD"/>
</shape>
```

3) TextField

TextField 提供了一种文本输入框。

(1) 在 layout 目录下的 xml 文件中创建一个 TextField，代码如下：

```
<TextField
    ...
    ohos:id="$+id:text_field"
    ohos:height="40vp"
    ohos:width="200vp"
    ohos:top_margin="100vp"
    ohos:left_margin="80vp"
    ohos:left_padding="20vp"
 />
```

获取输入框的内容，代码如下：

```
TextField textField = (TextField)
findComponentById(ResourceTable.Id_text_field);
String content = textField.getText();
```

(2) 设置 TextField 的背景，layout 目录下 xml 文件的代码如下：

```
<TextField
    ...
    ohos:background_element="$graphic:background_text_field"
 />
```

graphic 目录下 xml 文件(如 background_text_field.xml)的代码如下：

```
<?xml version="1.0" encoding="UTF-8" ?>
<shape xmlns:ohos="http://schemas.huawei.com/res/ohos"
      ohos:shape="rectangle">
    <corners
        ohos:radius="40"/>
    <solid
        ohos:color="#2788d9"/>
</shape>
```

(3) 设置 TextField 的提示文字，代码如下：

```
<TextField
    ...
    ohos:hint="Enter phone number or email"
    ohos:text_alignment="vertical_center"/>
```

TextField 的提示文字效果如图 7-30 所示。

图 7-30　创建的 TextField 效果

(4) 设置 Bubble，代码如下：

```
<TextField
    ...
    ohos:element_cursor_bubble="$graphic:ele_cursor_bubble" />
```

其中 ele_cursor_bubble.xml 代码如下：

```
<?xml version="1.0" encoding="UTF-8" ?>
<shape xmlns:ohos="http://schemas.huawei.com/res/ohos"
       ohos:shape="rectangle">
    <corners
        ohos:radius="40"/>
    <solid
        ohos:color="#17a98e"/>
    <stroke
        ohos:color="#17a98e"
        ohos:width="10"/>
</shape>
```

(5) 设置 TextField 的内边距，代码如下：

```
<TextField
    ...
    ohos:left_padding="24vp"
    ohos:right_padding="24vp"
    ohos:top_padding="8vp"
    ohos:bottom_padding="8vp"/>
```

(6) 设置 TextField 的多行显示，代码如下：

```
<TextField
    ...
    ohos:multiple_lines="true"/>
```

(7) 通过 TextField 的 Enable 属性来控制文本框是否可用，当设置成 false 后，文本框输入功能不可用。代码如下：

```
textField.setEnabled(false);
```

(8) 响应焦点变化，代码如下：

```
textField.setFocusChangedListener((component, isFocused) -> {
        if (isFocused) {
        // 获取到焦点
        ...
    } else {
        // 失去焦点
        ...
```

```
    }
});
```

(9) 设置基线，代码如下：

```
<TextField
    ...
    ohos:basement="#ff0000" />
```

基线效果如图 7-31 所示。

图 7-31　设置基线的效果

4)　Image

Image 是用来显示图片的组件。

在 Project 窗口，打开 entry > src > main > resources > base > media 文件夹，拖动 plant.jpg 图片文件添加至 media 文件夹下，如图 7-32 所示。

文件中创建 Image

既可以在 XML 中创建 Image，也可以在代码中创建 Image，效果如图 7-33 所示。

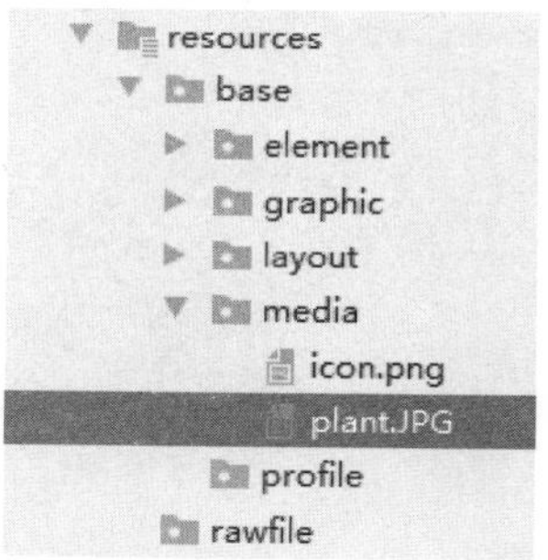

图 7-32　添加图片

图 7-33　创建一个 Image

(1) 使用 XML 方式创建 Image。

(2) 使用代码创建 Image。

(3) 设置透明度，代码如下：

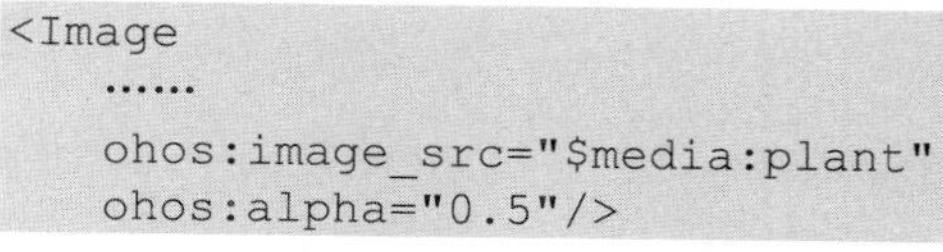

```
<Image
    ......
    ohos:image_src="$media:plant"
    ohos:alpha="0.5"/>
```

使用代码创建 Image

(4) 设置缩放系数，代码如下：

```
<Image
    ohos:id="$+id:image"
    ohos:width="match_content"
    ohos:height="match_content"
```

```
    ohos:layout_alignment="center"
    ohos:image_src="$media:plant"
    ohos:scale_x="0.5"
    ohos:scale_y="0.5"/>
```

(5) 设置缩放方式。当图片尺寸与 Image 尺寸不同时，可以根据不同的缩放方式来对图片进行缩放，如设置 Image 的宽高为 200vp。

以按比例缩小居中显示为例，设置 ohos:scale_mode="zoom_center"，代码如下：

```
<Image
    ohos:id="$+id:image"
    ohos:width="200vp"
    ohos:height="200vp"
    ohos:layout_alignment="center"
    ohos:image_src="$media:plant"
    ohos:scale_mode="zoom_center"/>
```

(6) 设置裁剪对齐方式。当 Image 组件设定的尺寸小于图片实际尺寸时，可以对图片进行裁剪。

以 Image 组件宽高 200vp 为例(演示图片实际尺寸为 416×218)，设置左对齐代码如下：

```
<Image
    ohos:id="$+id:image"
    ohos:width="200vp"
    ohos:height="200vp"
    ohos:layout_alignment="center"
    ohos:image_src="$media:plant"
    ohos:clip_alignment="left"/>
```

5) TabList 和 Tab

TabList 可以实现多个页签栏的切换，Tab 为某个页签。子页签通常放在内容区上方，展示不同的分类。页签名称应该简洁明了，清晰描述分类的内容。

xml 中创建 TabList

(1) 在 XML 中创建 TabList

设置默认状态和选中状态的字体颜色和 indicator 的颜色，代码如下：

```
<TabList
    ...
    ohos:normal_text_color="#999999"
    ohos:selected_text_color="#FFFFFF"
    ohos:selected_tab_indicator_color="#FFFFFF"
    ohos:selected_tab_indicator_height="2vp"/>
```

(2) TabList 中添加 Tab，代码如下：

```
TabList tabList = (TabList) findComponentById(ResourceTable.Id_tab_list);
TabList.Tab tab = tabList.new Tab(getContext());
tab.setText("Image");
tabList.addTab(tab);
... //请自行创建其他 Tab
```

(3) 设置 Tab 的布局。在 XML 中设置 Tab 的布局，代码如下：

```
<TabList
```

```
...
ohos:tab_margin="24vp"
ohos:tab_length="140vp"/>
```

或者在代码中设置 Tab 的布局

```
tabList.setTabLength(140 * 3); // 设置 Tab 的宽度
tabList.setTabMargin(24 * 3); // 设置两个 Tab 之间的间距
```

(4) 设置 fixedMode，默认为 false，此时 TabList 的总宽度是各 Tab 宽度的总和；若固定了 TabList 的宽度，当超出可视区域，则可以通过滑动 TabList 来显示。如果设置为 true，TabList 的总宽度将与可视区域相同，各个 Tab 的宽度也会根据 TabList 的宽度而平均分配，该模式适用于 Tab 较少的情况。代码如下：

```
tabList.setFixedMode(true);
```

(5) 在某个位置新增 Tab，代码如下：

```
// 本示例在"图片"和"视频"之间的页签中新增"新闻"页签
TabList.Tab tab = tabList.new Tab(getContext());
tab.setText("News");
tab.setMinWidth(64);
tab.setPadding(12, 0, 12, 0);
tabList.addTab(tab, 1, false); // 1 表示位置，false 表示不选中
```

(6) 响应焦点变化，代码如下：

```
tabList.addTabSelectedListener(new TabList.TabSelectedListener() {
    @Override
    public void onSelected(TabList.Tab tab) {
        // 当某个 Tab 从未选中状态变为选中状态时的回调
        ...
    }
    @Override
    public void onUnselected(TabList.Tab tab) {
        // 当某个 Tab 从选中状态变为未选中状态时的回调
        ...
    }
    @Override
    public void onReselected(TabList.Tab tab) {
        // 当某个 Tab 已处于选中状态，再次被点击时的状态回调
        ...
    }
});
```

(7) 设置 Tab 属性，代码如下：

```
tab.setMinWidth(64);
tab.setPadding(12, 0, 12, 0);
```

(8) 选中某个 Tab，代码如下：

```
tab.select();
```

(9) 获取 Tab 在 TabList 中的位置索引，代码如下：

```
tab.getPosition();
```

6)　Picker

Picker 提供了滑动选择器，允许用户从预定义范围中进行选择。Picker 默认竖向显示，目前不支持横向显示。

(1)　在 XML 中创建 Picker，代码如下：

```
<Picker
    ohos:id="$+id:test_picker"
    ohos:height="match_content"
    ohos:width="300vp"
    ohos:background_element="#E1FFFF"
    ohos:layout_alignment="horizontal_center"/>
```

(2)　设置 Picker 的取值范围，代码如下：

```
Picker picker = (Picker) findComponentById(ResourceTable.Id_test_picker);
picker.setMinValue(0); // 设置选择器中的最小值
picker.setMaxValue(6); // 设置选择器中的最大值
```

设置 Picker 的取值范围示例效果如图 7-34 所示。

图 7-34　创建的选择器

(3)　响应选择器变化，代码如下：

```
picker.setValueChangedListener((picker1, oldVal,
newVal) -> {
    // oldVal:上一次选择的值; newVal: 最新选择的值
});
```

(4)　格式化 Picker 的显示。通过 Picker 的 setFormatter (Formatter formatter)方法，用户可以将 Picker 选项中显示的字符串修改为特定的格式。

格式化 Picker 的显示

(5)　设置要显示的字符串数组。对于不直接显示数字的组件，可以设置字符串与数字一一对应，字符串数组长度必须等于取值范围内的值总数。在使用时要注意，该方法会覆盖 picker.setFormatter (Formatter formatter)方法。代码如下：

```
picker.setDisplayedData(new String[]{"Mon", "Tue", "Wed", "Thu", "Fri",
"Sat", "Sun"});
```

(6)　在 XML 文件中设置文本样式，代码如下：

```
<Picker
    ...
    ohos:normal_text_size="16fp"
    ohos:normal_text_color="#FFA500"
    ohos:selected_text_size="16fp"
    ohos:selected_text_color="#00FFFF"/>
```

在 Java 代码中设置文本样式，代码如下：

```
picker.setNormalTextFont(Font.DEFAULT_BOLD);
picker.setNormalTextSize(40);
picker.setNormalTextColor(new Color(Color.getIntColor("#FFA500")));
picker.setSelectedTextFont(Font.DEFAULT_BOLD);
picker.setSelectedTextSize(40);
```

```
picker.setSelectedTextColor(new Color(Color.getIntColor("#00FFFF")));
```

7) DatePicker

DatePicker 主要供用户选择日期。

(1) 在 XML 中创建 DatePicker，代码如下：

```
<DatePicker
    ohos:id="$+id:date_pick"
    ohos:height="match_content"
    ohos:width="300vp"
    ohos:background_element="#C89FDEFF">
</DatePicker>
```

在 XML 中创建 DatePicker 示例效果如图 7-35 所示。

(2) 获取当前选择日期。DatePicker 默认选择当前日期，代码如下：

```
// 获取 DatePicker 实例
DatePicker datePicker = (DatePicker)
findComponentById(ResourceTable.Id_date_pick);
int day = datePicker.getDayOfMonth();
int month = datePicker.getMonth();
int year = datePicker.getYear();
```

图 7-35 创建 DatePicker

(3) 响应日期改变事件。

在 XML 中添加 Text，显示选择日期，代码如下：

```
<Text
    ohos:id="$+id:text_date"
    ohos:height="match_content"
    ohos:width="match_parent"
    ohos:hint="date"
    ohos:margin="8vp"
    ohos:padding="4vp"
    ohos:text_size="14fp">
</Text>
```

在 Java 代码中响应日期改变事件，代码如下：

```
Text selectedDate = (Text) findComponentById(ResourceTable.Id_text_date);
datePicker.setValueChangedListener(
    new DatePicker.ValueChangedListener() {
       @Override
    public void onValueChanged(DatePicker datePicker, int year,
        int monthOfYear, int dayOfMonth) {
 selectedDate.setText(String.format("%02d/%02d/%4d", dayOfMonth,
        monthOfYear, year));
            }
        }
);
```

(4) 设置日期，代码如下：

```
datePicker.updateDate(2021, 8, 8);
```

(5) 如需对 DatePicker 的日期选择范围有要求，可以设置属性 min_date 和 max_date。设置的值为日期对应的 Unix 时间戳。

在 XML 中设置最小值，代码如下：

```
<DatePicker
    ...
    ohos:min_date="1627747200">
</DatePicker>
```

在 Java 中设置最小值，代码如下：

```
datePicker.setMinDate(1627747200);
```

(6) 在 XML 中设置已选项的字体大小和颜色，代码如下：

```
<DatePicker
    ...
    ohos:selected_text_color="#FFA500"
    ohos:selected_text_size="20fp">
</DatePicker>
```

在 Java 代码中设置参数，代码如下：

```
datePicker.setSelectedTextSize(40);
datePicker.setSelectedTextColor(new Color(Color.getIntColor("#FFA500")));
```

8) TimePicker

TimePicker 主要供用户选择时间。

(1) 创建 TimePicker，代码如下：

```
<TimePicker
    ohos:id="$+id:time_picker"
    ohos:height="match_content"
    ohos:width="match_parent" />
```

创建 TimePicker 的效果如图 7-36 所示。

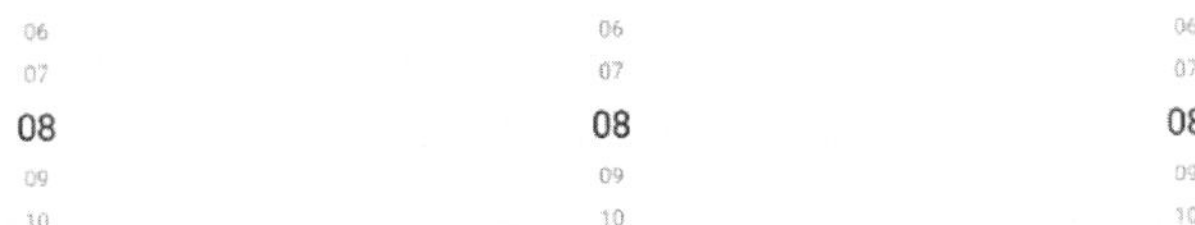

图 7-36　创建一个默认的 TimePicker 的效果

(2) 获取时间，代码如下：

```
TimePicker timePicker = (TimePicker)
findComponentById(ResourceTable.Id_time_picker);
int hour = timePicker.getHour();
int minute = timePicker.getMinute();
int second = timePicker.getSecond();
```

(3) 设置时间，代码如下：

```
timePicker.setHour(19);
```

```
timePicker.setMinute(18);
timePicker.setSecond(12);
```

(4) 响应时间改变事件，代码如下：

```
timePicker.setTimeChangedListener(new TimePicker.TimeChangedListener() {
    @Override
    public void onTimeChanged(TimePicker timePicker, int hour, int minute,
      int second) {
        ...
    }
});
```

9) Switch

Switch 是切换单个组件开/关两种状态的组件。

(1) 在 layout 目录下的 XML 文件中创建 Switch，代码如下：

```
<Switch
    ohos:id="$+id:btn_switch"
    ohos:height="30vp"
    ohos:width="60vp"/>
```

创建 Switch 的效果如图 7-37 所示。

(2) 设置 Switch 状态，代码如下：

```
Switch btnSwitch = (Switch) findComponentById(ResourceTable.Id_btn_switch);
//设置 Switch 默认状态
btnSwitch.setChecked(true);
```

(3) 在 XML 中设置 Switch 在开启和关闭时的文本，代码如下：

```
<Switch
    ...
    ohos:text_state_off="OFF"
    ohos:text_state_on="ON"/>
```

在 Java 代码中设置 Switch 在开启和关闭时的文本，代码如下：

```
btnSwitch.setStateOffText("OFF");
btnSwitch.setStateOnText("ON");
```

设置 Switch 在开启和关闭时的文本效果如图 7-38 所示。

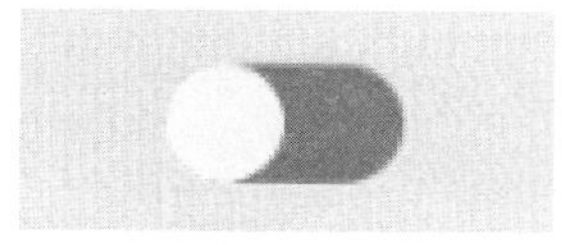

图 7-37 Switch 效果

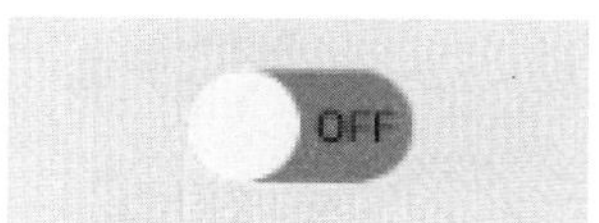

图 7-38 设置开启和关闭文本效果

(4) 设置响应 Switch 状态改变的事件，代码如下：

```
btnSwitch.setCheckedStateChangedListener(new
AbsButton.CheckedStateChangedListener() {
    // 回调处理 Switch 状态改变事件
    @Override
    public void onCheckedChanged(AbsButton button, boolean isChecked) {
```

```
    }
});
```

10) RadioButton

RadioButton 用于多选一的操作，需要搭配 RadioContainer 使用，实现单选效果。

(1) 在 layout 目录下的 XML 文件中创建 RadioButton，代码如下：

```
<RadioButton
    ohos:id="$+id:rb_1"
    ohos:height="40vp"
    ohos:width="match_content"
    ohos:text="A.Learning"
    ohos:text_size="20fp"/>
```

创建 RadioButton 效果如图 7-39 所示。

图 7-39　RadioButton 效果

(2) 设置单选按钮的字体颜色。在 XML 中，text_color_on 为选中状态的字体颜色，text_color_off 为未选中状态的字体颜色，代码如下：

```
<RadioButton
    ...
    ohos:text_color_on="#00BFFF"
    ohos:text_color_off="#808080"/>
```

在 Java 代码中设置颜色，代码如下：

```
rBtn.setTextColorOn(new Color
    (Color.getIntColor("#0066FF")));
rBtn.setTextColorOff(new Color
    (Color.getIntColor("#505050")));
```

创建 RadioContainer

11) RadioContainer

RadioContainer 是 RadioButton 的容器，在其包裹下的 RadioButton 保证只有一个被选项。

(1) 创建 RadioContainer。在 layout 目录下的 XML 文件中创建 RadioContainer，并在 RadioContainer 中创建 RadioButton。

创建 RadioContainer 示例效果如图 7-40 所示。

图 7-40　RadioContainer 效果

(2) 设置响应 RadioContainer 状态改变的事件，代码如下：

```
RadioContainer container = (RadioContainer)
    findComponentById(ResourceTable.Id_radio_container);
container.setMarkChangedListener(new
    RadioContainer.CheckedStateChangedListener() {
    @Override
```

```
    public void onCheckedChanged(RadioContainer radioContainer, int index)
{
    // 可参考下方场景实例代码，自行实现
    ...
    }
});
```

(3) 根据索引值设置指定 RadioButton 为选定状态，代码如下：

```
container.mark(0);
```

(4) 清除 RadioContainer 中所有 RadioButton 的选定状态，代码如下：

```
container.cancelMarks();
```

(5) 设置 RadioButton 的布局方向。orientation 设置为 horizontal，表示横向布局；orientation 设置为 vertical，表示纵向布局。默认为纵向布局。

在 XML 中设置方向，代码如下：

```
<RadioContainer
    ...
    ohos:orientation="horizontal">
    ...
</RadioContainer>
```

在 Java 代码中设置方向，代码如下：

```
container.setOrientation(Component.HORIZONTAL);
```

设置布局方向为横向的效果如图 7-41 所示。

A.Learning B.Innovation C.Benefit D.Unity

图 7-41 设置布局方向为横向

12) Checkbox

Checkbox 可以实现选中和取消选中的功能。

(1) 在 layout 目录下的 XML 文件中创建一个 Checkbox，代码如下：

```
<Checkbox
    ohos:id="$+id:check_box"
    ohos:height="match_content"
    ohos:width="match_content"
    ohos:text="This is a checkbox"
    ohos:text_size="20fp" />
```

(2) 在 XML 中配置 Checkbox 的选中和取消选中的状态标志样式。

layout 目录下 XML 文件的代码如下：

```
<Checkbox
    ...
    ohos:check_element="$graphic:checkbox_check_element" />
```

在 graphic 目录下创建 checkbox_check_element.xml、background_checkbox_checked.xml

和 background_checkbox_empty.xml 三个文件。

配置 Checkbox 选中的状态标志样式，效果如图 7-42 所示。

在 XML 中配置 Checkbox 的选中和取消选中

■ This is a checkbox

图 7-42　在 XML 中配置选中和取消选中状态效果

(3) 设置 Checkbox 的文字在选中和取消选中时的颜色，代码如下：

```
<Checkbox
    ...
    ohos:text_color_on="#00AAEE"
    ohos:text_color_off="#000000" />
```

(4) 设置 Checkbox 的选中状态，代码如下：

```
checkbox.setChecked(true);
```

(5) 设置不同状态之间的切换。如果当前为选中状态，那么将变为未选中状态；如果当前是未选中状态，将变为选中状态，代码如下：

```
checkbox.toggle();
```

(6) 设置响应 Checkbox 状态变更的事件，代码如下：

```
// state 表示是否被选中
checkbox.setCheckedStateChangedListener((component, state) -> {
    // 状态改变的逻辑
    ...
});
```

13) ProgressBar

ProgressBar 用于显示内容或操作的进度。

(1) 在 layout 目录下的 XML 文件中创建一个 ProgressBar，代码如下：

```
<ProgressBar
    ohos:id="$+id:progressbar"
    ohos:progress_width="10vp"
    ohos:height="60vp"
    ohos:width="600vp"
    ohos:max="100"
    ohos:min="0"
    ohos:progress="60"/>
```

创建 ProgressBar 效果如图 7-43 所示。

(2) 设置 ProgressBar 方向为垂直，代码如下：

```
<ProgressBar
    ohos:orientation="vertical"
   ......
    ohos:progress="60"/>
```

设置 ProgressBar 为垂直方向的效果如图 7-44 所示。

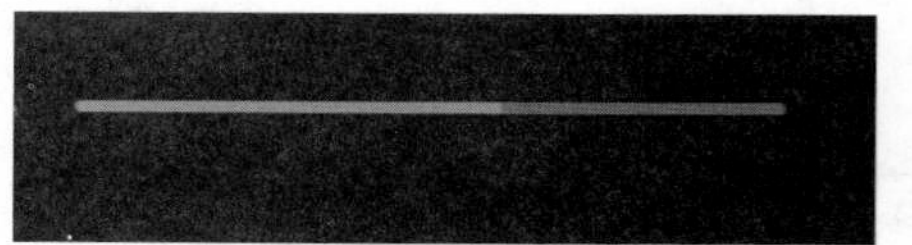

图 7-43　创建 ProgressBar 效果

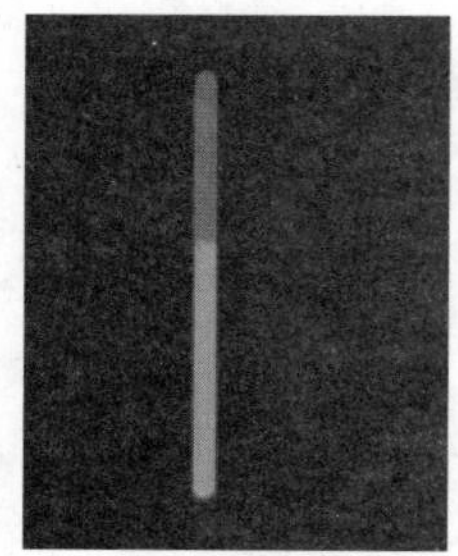

图 7-44　垂直 ProgressBar 效果

(3) 设置 ProgressBar 的进度。

在 XML 中设置，代码如下：

```
<ProgressBar
    ...
    ohos:progress="60"/>
```

在 Java 中设置，代码如下：

```
ProgressBar progressBar = (ProgressBar)
findComponentById(ResourceTable.Id_progressbar);
progressBar.setProgressValue(60);
```

(4) 设置最大值和最小值。

在 XML 中设置，代码如下：

```
<ProgressBar
    ...
    ohos:max="400"
    ohos:min="0"/>
```

在 Java 中设置，代码如下：

```
progressBar.setMaxValue(400);
progressBar.setMinValue(0);
```

(5) 设置 ProgressBar 的提示文字，代码如下：

```
<ProgressBar
    ...
    ohos:progress_hint_text="20%"
    ohos:progress_hint_text_color="#FFCC99" />
```

设置 ProgressBar 提示文字的效果如图 7-45 所示。

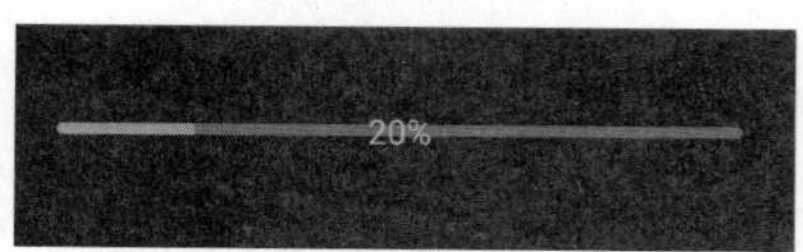

图 7-45　设置提示文字效果

14) RoundProgressBar

RoundProgressBar 继承自 ProgressBar，拥有 ProgressBar 的属性，在设置同样的属性时方法和 ProgressBar 一致，用于显示环形进度。

15) ToastDialog

ToastDialog 是在窗口上方弹出的对话框，是通知操作的简单反馈。ToastDialog 会在一

段时间后消失，在此期间，用户还可以操作当前窗口的其他组件。

(1) 创建一个 ToastDialog，代码如下：

```
new ToastDialog(getContext())
        .setText("This is a ToastDialog")
        .show();
```

(2) 设置位置，代码如下：

```
new ToastDialog(getContext())
    .setText("This is a ToastDialog displayed in the middle")
    .setAlignment(LayoutAlignment.CENTER)
    .show();
```

16) PopupDialog

气泡对话框是覆盖在当前界面之上的弹出框，可以相对组件或者屏幕显示。它显示时会获取焦点，中断用户操作，与被覆盖的其他组件无法交互。气泡对话框内容一般简单明了，用于提示用户一些需要确认的信息。

(1) 在创建组件之前需要先获取一个用来参照的组件，因为气泡对话框的主要特点就是相对其他组件进行显示的。XML 代码如下：

```
<?xml version="1.0" encoding="utf-8"?>
<DependentLayout
    xmlns:ohos="http://schemas.huawei.com/res/ohos"
    ohos:height="match_parent"
    ohos:width="match_parent"
    ohos:background_element="#3C3F41">

    <Button
        ohos:id="$+id:target_component"
       ……
        ohos:text="Click Here"
        ……
        ohos:horizontal_center="true"/>
</DependentLayout>
```

(2) 创建气泡对话框，代码如下：

```
PopupDialog popupDialog = new PopupDialog(getContext(), component);
```

该构造方法中的第二个参数为 Component 对象，是显示气泡对话框时参照的组件，气泡对话框会根据对齐模式在这个参照组件的相对位置进行显示。

第二个构造方法如下：

```
PopupDialog popupDialog = new PopupDialog(getContext(), component, 100,
100);
```

调用这个构造方法，是在上文两个参数的构造方法的基础上设置气泡对话框的尺寸。

(3) 使用气泡对话框。在 Java 代码中实现单击 Button 组件时显示带有简单文本信息的气泡对话框，代码如下：

```
Component button = findComponentById(ResourceTable.Id_target_component);
button.setClickedListener(new Component.ClickedListener() {
```

```
    @Override
    public void onClick(Component component) {
        PopupDialog popupDialog = new PopupDialog(getContext(), component);
        popupDialog.setText("This is PopupDialog");
        popupDialog.show();
    }
});
```

说明：常用方法需在调用 popupDialog.show()之前设置，否则设置无法生效。

(4) 修改对齐模式，代码如下：

```
popupDialog.setMode(LayoutAlignment.TOP | LayoutAlignment.LEFT);
```

用户可以使用 setMode 方法来设置气泡对话框的相对位置，包括左上对齐、左下对齐、右上对齐、右下对齐、上对齐及下对齐。

(5) 显示箭头(箭头默认不显示)，代码如下：

```
popupDialog.setHasArrow(true);
```

显示气泡对话框箭头效果如图 7-46 所示。

图 7-46　显示气泡对话框箭头的效果

17) CommonDialog

CommonDialog 是一种在弹出框消失之前出现，使用户无法操作其他界面内容的对话框，通常用来展示用户当前需要的或用户必须关注的信息或操作。对话框的内容通常是不同组件的组合布局，如文本、列表、输入框、网格、图标或图片，常用于选择或确认信息。

(1) 创建对话框，代码如下：

```
CommonDialog dialog = new CommonDialog(getContext());
```

在 UI 线程调用该方法，会创建一个 CommonDialog 的实例。getContext()是获取上下文对象的方法，也可以用其他的方式将其传入使用。

(2) 使用对话框。下面显示一个包含标题、内容和按钮的简单对话框。设置按钮时，IDialog.BUTTON3 表示按钮区从左至右第三个按钮；当只设置一个按钮时，按钮居中显示；设置多个按钮时，各个按钮以相同比例平均分配在按钮区。代码如下：

```
CommonDialog dialog = new CommonDialog(getContext());
dialog.setTitleText("Notification");
dialog.setContentText("This is CommonDialog Content area.");
dialog.setButton(IDialog.BUTTON3, "CONFIRM", (iDialog, i) ->
    iDialog.destroy());
dialog.show();
```

说明：常用方法需在调用 dialog.show()之前设置，否则设置无法生效。

(3) 修改窗口尺寸，代码如下：

```
import static ohos.agp.components.ComponentContainer.LayoutConfig.MATCH_CONTENT;
// 注意引入
...
dialog.setSize(800, MATCH_CONTENT);
```

该方法输入 int 类型的参数，或者是 MATCH_CONTENT 和 MATCH_PARENT。参数大小代表屏幕所占像素大小。

(4)　修改位置。用户可以通过设置对话框的对齐属性和偏移量来设置对话框显示的位置，代码如下：

```
dialog.setAlignment(LayoutAlignment.BOTTOM);
dialog.setOffset(0, 200);
```

(5)　销毁监听。如果需要监听对话框的销毁事件，可以通过 setDestroyedListener()方法进行相关操作。代码如下：

```
dialog.setDestroyedListener(() -> {
    // TODO：销毁后需要执行的任务。
});
```

(6)　延时关闭。通过设置方法 setDuration()来实现对话框显示指定时间后自动关闭的功能，传入值为 int 类型，单位为毫秒。代码如下：

```
dialog.setDuration(5000);
```

18) ScrollView

ScrollView 是一种带滚动功能的组件，它采用滑动的方式在有限的区域内显示更多的内容。

(1)　创建 ScrollView。在 layout 目录下的 XML 文件中创建 ScrollView。ScrollView 的展示需要布局支持，此处以 DirectionalLayout 为例。

在 XML 中创建 ScrollView

(2)　根据像素数平滑滚动。添加按钮，点击后根据像素数平滑滚动 ScrollView。代码如下：

```
<ScrollView...>
<Button
    ......
    ohos:text="Scroll By Y:300"
    ......
    ohos:top_margin="16vp"/>
<!-- 或：ohos:text="Scroll To Y:500" -->
```

按钮使用 graphic 文件夹的背景资源 btn_bg_element.xml，代码如下：

```
<?xml version="1.0" encoding="utf-8"?>
<shape xmlns:ohos="http://schemas.huawei.com/res/ohos"
       ohos:shape="rectangle">
    <corners
       ohos:radius="20vp"/>
    <solid
       ohos:color="#1E90FF"/>
</shape>
```

在 Java 代码中设置按钮点击事件并开启滑动，代码如下：

```
ScrollView scrollView = (ScrollView) findComponentById
    (ResourceTable.Id_scrollview);
```

```
Button btnScroll = (Button)findComponentById
    (ResourceTable.Id_btn_scroll);
btnScroll.setClickedListener(component -> {
    scrollView.fluentScrollByY(300);
});
```

(3) 设置回弹效果。

在 XML 中设置，代码如下：

```
<ScrollView
    ...
    ohos:rebound_effect="true">
        ...
</ScrollView>
```

在 Java 代码中设置，代码如下：

```
scrollView.setReboundEffect(true);
```

4. 常用布局开发指导

1) DirectionalLayout

DirectionalLayout 是 Java UI 中的一种重要组件布局，用于将一组组件(Component)按照水平或者垂直方向排布，能够方便地对齐布局内的组件。该布局和其他布局进行组合，可以实现更加丰富的布局方式。

DirectionalLayout 的排列方向(orientation)分为水平(horizontal)或者垂直(vertical)，默认为垂直排列。

垂直排列

(1) 垂直排列

垂直方向排列三个按钮，效果如图 7-47 所示。

(2) 水平排列

水平方向排列三个按钮，子组件未超过布局本身大小，效果如图 7-48 所示。

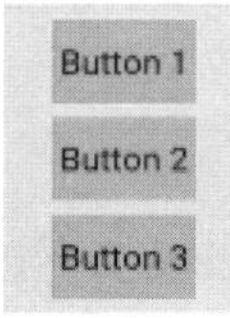

图 7-47 三个垂直排列的按钮

图 7-48 三个水平排列的按钮

但由于 DirectionalLayout 不会自动换行，超出布局大小的组件部分无法显示。界面显示如图 7-49 所示。

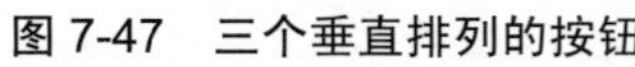

图 7-49 DirectionalLayout 不自动换行示例

(3) 对齐方式

DirectionalLayout 中的组件使用 layout_alignment 控制自身在布局中的

对齐方式

对齐方式。对齐方式和排列方式密切相关，当排列方式为水平方向时，可选的对齐方式只有作用于垂直方向的类型(top、bottom、vertical_center、center)，其他对齐方式不会生效。当排列方式为垂直方向时，可选的对齐方式只有作用于水平方向的类型(left、right、start、end、horizontal_center、center)，其他对齐方式不会生效。

三种对齐方式效果如图 7-50 所示。

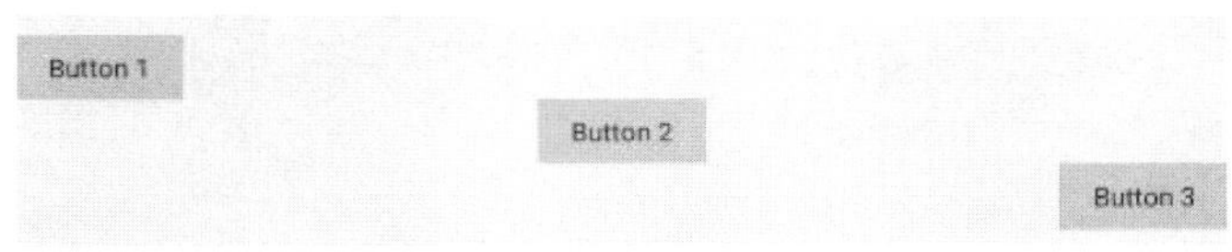

图 7-50　三种对齐方式效果示例

(4) 权重

权重(weight)就是按比例来分配组件占用父组件的大小，在水平布局下计算公式为：

父布局可分配宽度=父布局宽度-所有子组件 width 之和

组件宽度=组件 weight/所有组件 weight 之和×父布局可分配宽度

实际使用过程中，建议使用 width=0 来按比例分配父布局的宽度，1:1:1 效果如图 7-51 所示。

图 7-51　1:1:1 权重布局效果示例

2) DependentLayout

DependentLayout 是 Java UI 框架里的一种常见布局。与 DirectionalLayout 相比，它拥有更多的排布方式，每个组件可以指定相对于其他同级元素的位置，或者指定相对于父组件的位置。

DependentLayout 的排列方式是相对于其他同级组件或者父组件的位置进行布局。

(1) 相对于同级组件的对齐

- 根据位置对齐：left_of、right_of、start_of、end_of、above 和 below 均相对于同级组件的不同位置进行对齐。例如，left_of 对齐方式，即将组件边缘与同级组件的左边缘对齐，组件位于同级组件的左侧。其他几种对齐方式遵循的逻辑与此相同，需要注意的是 start_of 和 end_of 会随当前布局起始方向变化。这几种不同对齐方式的效果如图 7-52 所示。
- 根据边对齐：align_left、align_right、align_top、align_bottom、align_start 和 align_end 都是与同级组件的相同边对齐。例如，align_left 对齐方式，即将当前组件与同级组件的左边缘对齐。其他几种对齐方式遵循的逻辑与此相同，需要注意的是 align_start 和 align_end 会随当前布局起始方向变化。这几种不同对齐方式的效果如图 7-53 所示。
- 组合属性对齐方式：在逻辑不冲突的情况下，开发者可以组合使用多种对齐方式来进行布局。一些常用的对齐效果如图 7-54 所示。

(2) 相对于父级组件的对齐

● 单个属性对齐方式：效果如图 7-55 所示。

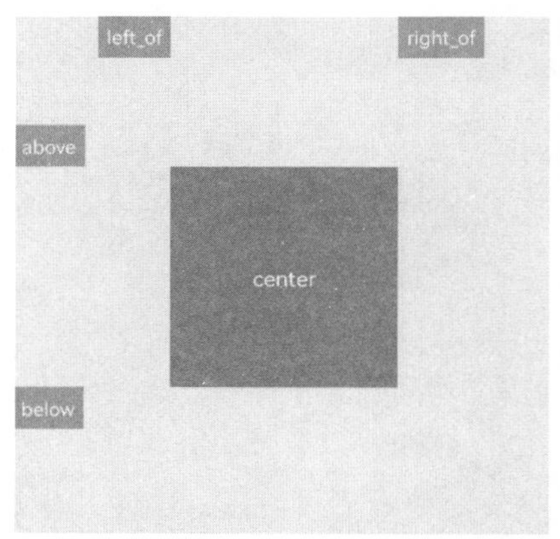

图 7-52 根据位置对齐的效果示意

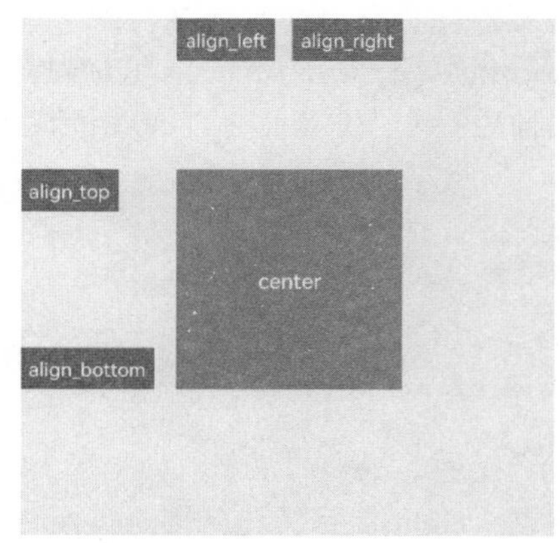

图 7-53 根据边对齐的效果示意

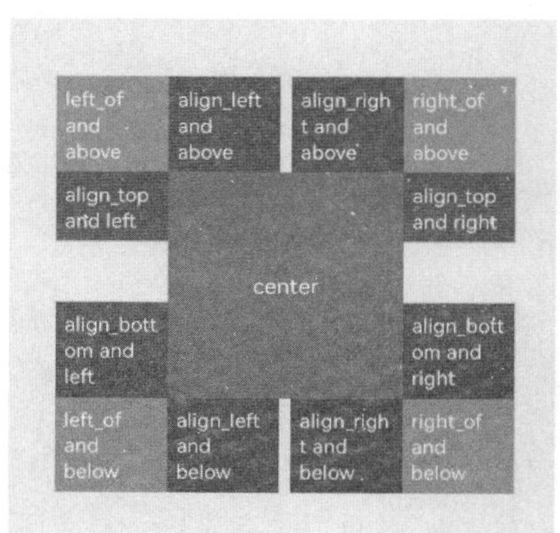

图 7-54 组合属性对齐示意

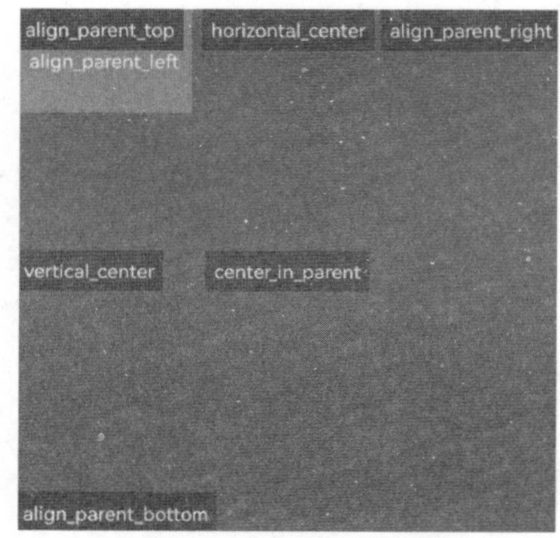

图 7-55 单个属性对齐示意

● 组合属性对齐方式：效果如图 7-56 所示。

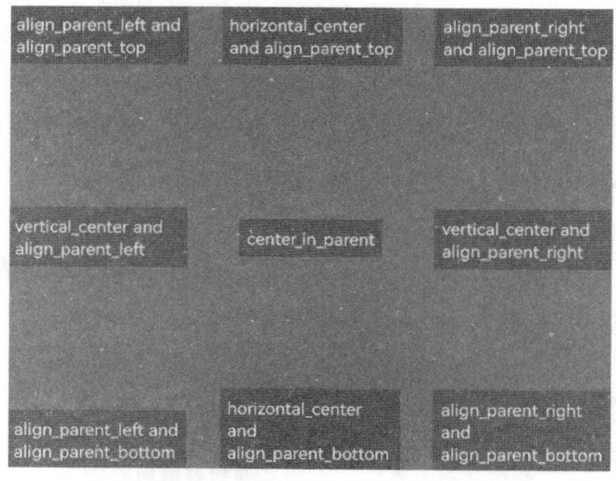

图 7-56 组合属性对齐示意

3)　StackLayout

StackLayout 直接在屏幕上开辟出一块空白的区域，添加到这个布局中的视图都是以层叠的方式显示，并把这些视图默认放到这块区域的左上角。第一个添加到布局中的视图显示在最底层，最后一个被放在最顶层，上一层的视图会覆盖下一层的视图。

(1)　创建 StackLayout，代码如下：

```
<?xml version="1.0" encoding="utf-8"?>
<StackLayout
   xmlns:ohos="http://schemas.huawei.com/res/ohos"
   ohos:height="match_parent"
   ohos:width="match_parent">
</StackLayout>
```

(2)　使用默认布局添加组件。StackLayout 中组件的布局默认在区域的左上角，并且以后创建的组件会位于其上层。多个视图排列效果如图 7-57 所示。

(3)　使用相对位置添加组件。使用 layout_alignment 属性可以指定组件在 StackLayout 中的相对位置。如图 7-58 所示，Button 组件位于 StackLayout 的右边。

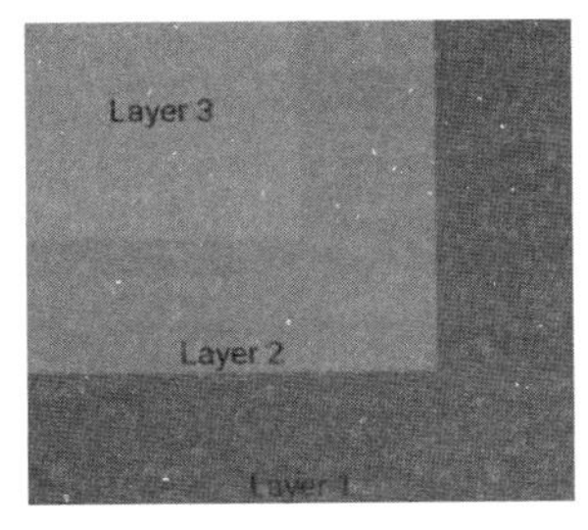

图 7-57　多个视图排列效果

图 7-58　右边布局

4)　TableLayout

TableLayout 使用表格的方式划分子组件，表格布局示意如图 7-59 所示。

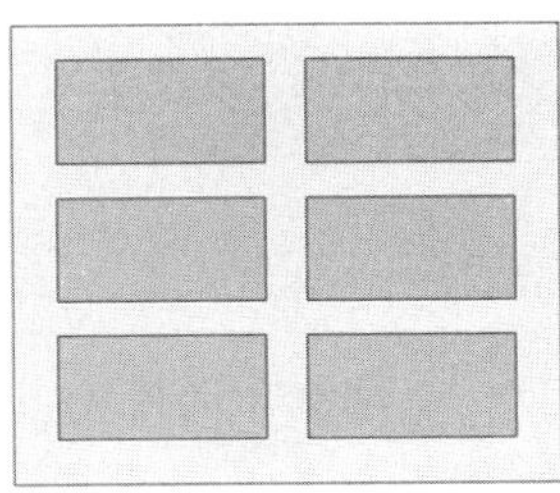

图 7-59　表格布局示意

(1)　在 XML 中创建 TableLayout，代码如下：

```
<?xml version="1.0" encoding="utf-8"?>
<TableLayout
   xmlns:ohos="http://schemas.huawei.com/res/ohos"
   ohos:height="match_parent"
   ohos:width="match_parent"
   ohos:background_element="#87CEEB"
   ohos:padding="8vp">
```

```
</TableLayout>
```

在 graphic 文件夹下创建 Text 的背景文件 table_text_bg_element.xml，代码如下：

```
<?xml version="1.0" encoding="utf-8"?>
<shape xmlns:ohos="http://schemas.huawei.com/res/ohos"
      ohos:shape="rectangle">
   <corners
      ohos:radius="5vp"/>
   <stroke
      ohos:width="1vp"
      ohos:color="gray"/>
   <solid
      ohos:color="#00BFFF"/>
</shape>
```

在 TableLayout 布局中添加子组件时，默认为一列多行效果，如图 7-60 所示。

在 TableLayout 布局中添加子组件

(2) 设置行列数，代码如下：

```
<TableLayout
   ...
   ohos:row_count="2"
   ohos:column_count="2">
```

设置 TableLayout 的行为 2、列为 2 的效果如图 7-61 所示。

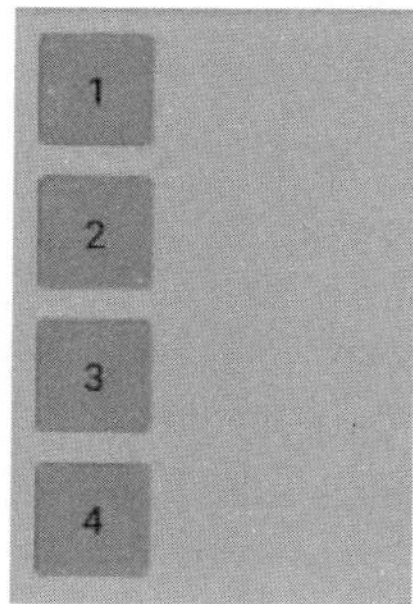

图 7-60 TableLayout 默认一列多行

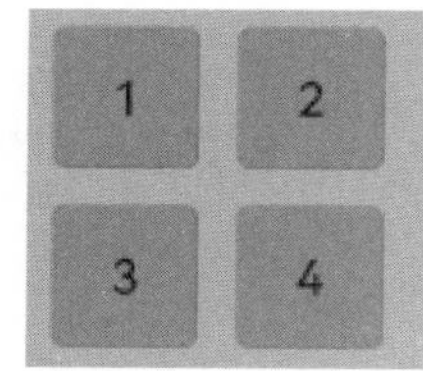

图 7-61 设置 TableLayout 的行为 2、列为 2 的效果

(3) 设置布局排列方向。在 XML 中设置布局排列方向，以 vertical 为例，代码如下：

```
<TableLayout
   ...
   ohos:orientation="vertical">
   ...
</TableLayout>
```

设置布局排列方向为 vertical 的效果如图 7-62 所示。

(4) PositionLayout。在 PositionLayout 中，子组件通过指定准确的 x、y 坐标值在屏幕上显示。(0, 0)为左上角；当向下或向右移动时，坐标值变大；组件之间允许互相重叠。PositionLayout 示意如图 7-63 所示。

使用 PositionLayout 的布局

可在 layout 目录下的 XML 文件中创建 PositionLayout 并添加多个组件，再通过 position_x 和 position_y 属性设置子组件的坐标。

使用 PositionLayout 的布局效果如图 7-64 所示。

图 7-62 设置布局排列方向为 vertical 的效果

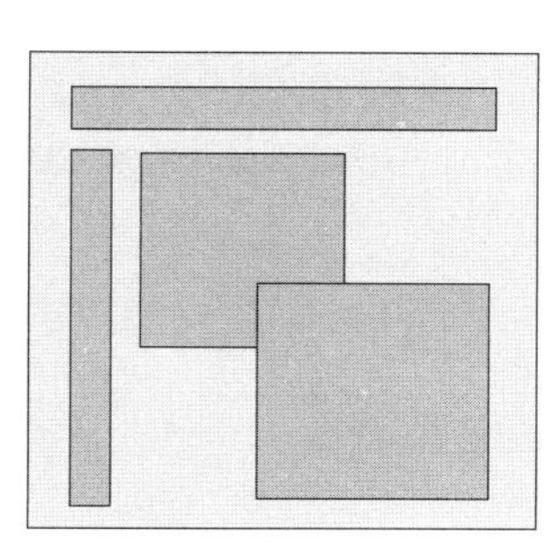

图 7-63 PositionLayout 示意

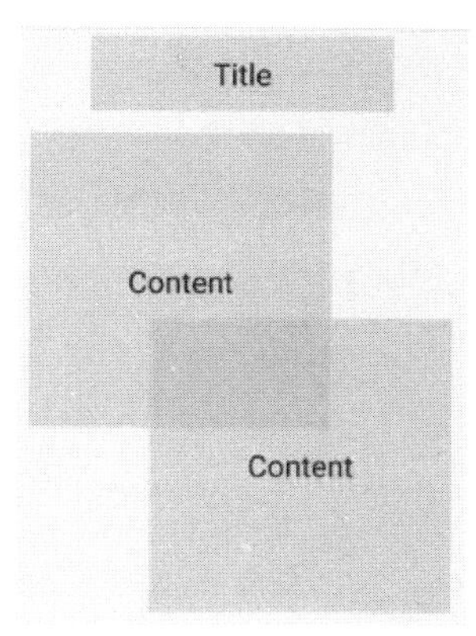

图 7-64 使用 PositionLayout 的布局效果

设置子组件的坐标时(position_x 和 position_y 属性)，除了使用上述的 XML 方式，还可以在对应的 AbilitySlice 中通过 setPosition(int x, int y)接口设置，Java 代码如下：

```
Text title = (Text)findComponentById(ResourceTab
```

对于超过布局本身大小的组件，超出部分将不显示。

5) AdaptiveBoxLayout

AdaptiveBoxLayout 是自适应盒子布局，它提供了在不同屏幕尺寸设备上的自适应布局能力，主要用于相同级别的多个组件需要在不同屏幕尺寸设备上自动调整列数的场景。

该布局中的每个子组件都用一个单独的“盒子”装起来，子组件设置的布局参数都是以盒子作为父布局生效范围，而不以整个自适应布局为生效范围。

该布局中每个盒子的宽度固定为布局总宽度除以自适应得到的列数，高度为 match_content，每一行中的所有盒子按高度最高者进行对齐。

该布局水平方向是自动分块，因此水平方向不支持 match_content，布局水平宽度仅支持 match_parent 或固定宽度。

自适应仅在水平方向进行了自动分块，纵向没有做限制，因此如果某个子组件的高设置为 match_parent 类型，可能导致后续行无法显示。

5. 可见即可说开发指导

可见即可说是要求 Component 通过与热词关联，从而达到指定的效果。例如，在浏览图片时，说出图片的名字或角标序号，从而实现打开图片的效果。

说明：目前仅在智慧屏产品上支持该功能。

1) 热词注册

开发者首先需要进行 Component 的热词注册，即告诉设备，哪些热词是这个 Component 所需要响应的。

(1) 构建 Component.VoiceEvent 对象，需要设置热词，中英文都可以。代码如下：

```
Component component = new Component(getContext());
component.VoiceEvent eventKeys = new Component.VoiceEvent("ok");
```

(2) 如果一个 Component 的同一 VoiceEvent 中存在多个热词匹配，可以通过 addSynonyms()方法增加 eventKeys 的热词。代码如下：

```
eventKeys.addSynonyms("确定");
```

(3) 当 Component.VoiceEvent 对象操作完成后，使用 Component 的 subscribeVoiceEvents()方法来发起注册。代码如下：

```
component.subscribeVoiceEvents(eventKeys);
```

(4) 如果一个 Component 有多个事件需要响应，需要创建不同的事件来进行注册。

2) 事件响应

开发者完成热词注册后，需要关注的是对于不同热词所需要处理的事件。事件响应回调的 SpeechEvent 对象仅包含一个热词。

(1) 需要实现 SpeechEventListener 接口，代码如下：

```
private Component.SpeechEventListener speechEventListener = new
    Component.SpeechEventListener(){
    @Override
    public boolean onSpeechEvent(Component v, SpeechEvent event) {
        if (event.getActionProperty().equals("ok")) {
            ... // 检测注册的热词，进行相应的处理
        }
        return false;
  };
}
```

(2) 通过 setSpeechEventListener 方法实现回调注册，代码如下：

```
component.setSpeechEventListener(speechEventListener);
```

7.3.2 多模输入

1. 多模输入事件标准化概述

随着用户输入方式的多样化，一个应用程序需要响应多种输入事件，以支持用户使用不同的输入设备(方式)与其进行交互(例如使用遥控器、语音同时操控智慧屏)。同时，开发者针对同一输入动作的处理，存在不同的设计，这就给用户造成了体验上的差异。

多模输入在已支持的输入事件的基础上，将用户常用的输入动作定义为一组标准化事件，将不同输入设备的输入事件映射到标准化事件上，使用户在使用多种输入设备操作不同的终端设备或应用时，能够得到统一的体验。

输入事件，即用户为了控制终端设备，通过输入设备做出的一个或一组输入动作。HarmonyOS 的输入系统将事件分为原始事件、基础事件、标准化事件。

1) 原始事件

原始事件，即由输入设备产生的、未经过任何含义转换的输入事件，用于表示用户在

输入设备上操作时所做出的原始输入动作。

2)　基础事件

将手指在触屏上操作产生的原始事件被定义为基础事件。为了统一体验，简化开发，HarmonyOS 输入系统会将其他设备的输入事件映射到基础事件上。将每种基础事件进一步细化，就成为基本交互事件与高级交互事件。

(1)　基本交互事件

基本交互事件对应用户在输入设备上的一个输入动作，由输入系统上报，包括手指触摸屏幕、手指触摸后移动、手指抬起。

(2)　高级交互事件

高级交互事件则是多个基本交互事件的组合，包括单指点击、单指双击、单指长按、单指滑动、单指长按后滑动、双指缩放、双指旋转等。高级交互事件的操作对象是具体的 UI 控件，需要结合 HarmonyOS 的 UI 控件使用。

3)　标准化事件

标准化事件是用于表示用户通用意图的事件，其定义与输入设备的类型无关。标准化事件分为通用标准化事件(CommonEventHandle)、媒体类标准化事件(MediaEventHandle)、系统类标准化事件(SystemEventHandle)、通话类标准化事件(TelephoneEventHandle)。

(1)　通用标准化事件。提供标准公共事件的处理方法。常见事件包括显示菜单、发送、复制、粘贴、剪切、撤销、刷新、启动、拖曳、取消、确认、转到上一个或下一个元素、打印和返回。

(2)　媒体类标准化事件。提供处理标准媒体事件的方法。媒体事件包括播放和暂停。

(3)　系统类标准化事件。提供处理标准系统事件的方法。标准系统事件包括关闭页面和静音。

(4)　通话类标准化事件。提供处理标准通话事件的方法。通话事件包括应答、拒绝和挂断呼叫。

除了以上标准化事件外，为了获得完整的事件处理能力，多模输入还提供按键和触屏事件的回调接口类 KeyEventHandle 和 TouchEventHandle。其处理逻辑如下。

- 在收到按键、触屏等原始输入事件时，会优先判断是否需要映射为通用标准化事件(CommonEventHandle)、媒体类标准化事件(MediaEventHandle)、系统类标准化事件(SystemEventHandle)、通话类标准化事件(TelephoneEventHandle)。如果注册了以上四种标准化事件中的一种，且原始输入事件满足该标准事件中的某一场景，就会执行该标准化事件提供的回调。
- 如果不需要映射为上述四种标准化事件，则会继续判断是否需要映射为按键标准化事件(KeyEventHandle)和触摸标准化事件(TouchEventHandle)。只要注册了这两种标准化事件，就分别执行这两种标准化事件中对应的回调。
- 如果没有注册标准化事件，或者传统输入事件没有对应的标准化事件，则会由 Ability 继续分发给传统输入事件。

开发者可以根据自己的需求选择是否使用标准化事件。如果标准化事件不能满足需求，建议使用 Java UI 框架提供的监听事件进行开发。

说明：不建议开发者同时使用标准化事件、Java UI 框架提供的监听事件进行开发，避免增加开发难度。

HarmonyOS 旨在为开发者提供 NUI(Natural User Interface)的交互方式。有别于传统操作系统的输入划分方式，在 HarmonyOS 上，我们将多种维度的输入整合在一起，开发者可以借助应用程序框架、系统自带的 UI 组件或 API 接口轻松地实现具有多维、自然交互特点的应用程序。

具体来说，HarmonyOS 目前不仅支持传统的输入交互方式，例如按键、触控、键盘、鼠标等，同时提供多模输入融合框架，可以支持语音等新型的输入交互方式。

多模输入事件在不同形态产品中的支持情况如表 7-15 所示。

表 7-15　多模输入事件在不同形态产品中的支持情况

多模输入事件	手机	平板	智慧屏	车机	智能穿戴
按键输入事件	支持	支持	支持	支持	支持
触屏输入事件	支持	支持	支持	支持	支持
鼠标事件	部分支持	部分支持	部分支持	不支持	不支持
语音事件	不支持	不支持	支持	不支持	不支持

说明：手机、平板、智慧屏产品对鼠标事件只支持鼠标左键事件，鼠标右键以及滚轮等事件暂不支持。

目前，多模输入不支持注入事件(即开发者无法模拟注入事件验证应用程序功能)，仅支持 KeyEvent 事件。

使用多模输入相关功能需要获取多模输入权限：ohos.permission.MULTIMODAL_INTERACTIVE。

多模输入子系统提供多模态输入的融合框架，所融合的输入能力需要对接到输入能力感知模块上。

2. 场景介绍

多模输入使用 HarmonyOS 的 UI 组件能够响应多种输入事件，事件来源于用户的按键、点击、触屏、语音等，并且提供创建事件能力和获取输入设备信息能力。

3. 接口说明

多模输入提供了多模事件基类(MultimodalEvent)，以及其派生的操作事件类(ManipulationEvent)、按键事件类(KeyEvent)、复合事件类(CompositeEvent)等，另外提供创建事件类(EventCreator)和获取输入设备信息类(InputDevice)。

多模输入事件类示意如图 7-65 所示。

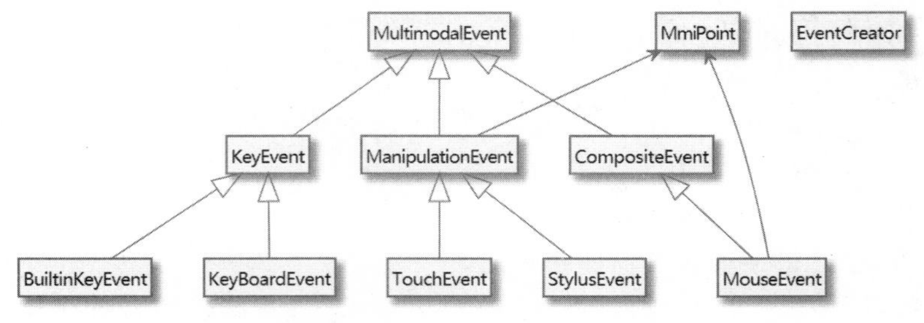

图 7-65　多模输入事件类示意

- MultimodalEvent 是所有事件的基类，该类中定义了一系列高级事件类型，这些事件类型通常是对某种行为或意图的抽象。
- CompositeEvent 处理常用设备对应的事件，当前只有 MouseEvent 事件继承该类。
- ManipulationEvent 操作类事件是对手指触摸等事件的抽象。该事件会持有事件发生的位置信息和发生的阶段信息。通常情况下，该事件主要是作为操作回调接口的入参，开发者通过回调接口捕获及处理事件。回调接口分为操作开始、操作过程和操作结束。例如对于一次手指触控，手指接触屏幕是操作开始，手指在屏幕上移动是操作过程，手指抬起是操作结束。
- KeyEvent 是对所有按键类事件的定义，该类继承 MultimodalEvent 类，并对按键类事件做了专属的 keycode 定义以及方法封装。
- TouchEvent 处理手指触控相关事件。
- KeyBoardEvent 处理键盘类设备的事件。
- MouseEvent 处理鼠标的事件。
- MmiPoint 处理在指定坐标系中的坐标。
- EventCreator 提供创建事件的方法，当前仅提供创建 KeyEvent 事件的能力。

4. 开发步骤

1)　处理按钮事件

(1)　参考 Component 的 API 创建 KeyEventListener。

(2) 重写 KeyEventListener 类中的 onKeyEvent(Component component，KeyEvent event)方法。

(3)　根据需要实现按键被按下后的处理逻辑。

2)　处理语音事件

使用多模输入的语音事件实现“可见即可说”的效果，简易开发样例参考本书 7.3.1 小节。

多模输入处理逻辑

7.4　媒 体 开 发

7.4.1　视频开发

HarmonyOS 视频模块支持视频业务的开发和生态开放，开发者通过已开放的接口可以很容易地实现视频媒体的播放、操作和新功能开发。视频媒体的常见操作有视频编解码、视频合成、视频提取、视频播放以及视频录制等。

1. 基本概念

1)　编码

编码是信息从一种形式或格式转换为另一种形式的过程，是用预先规定的方法将文字、数字或其他对象编成数码，或将信息、数据转换成规定的电脉冲信号。在本节中，编码是指编码器将原始的视频信息压缩为另一种格式的过程。

2) 解码

解码是一种用特定方法把数码还原成它所代表的内容，或将电脉冲信号、光信号、无线电波等转换成它所代表的信息、数据等的过程。在本节中，解码是指解码器将接收到的数据还原为视频信息的过程，与编码过程相对应。

3) 帧率

帧率是以帧为单位的位图图像连续出现在显示器上的频率(速率)，以赫兹(Hz)为单位。

2. 媒体编解码能力查询开发指导

本指导适用于 Java 语言。

媒体编解码能力查询主要指查询设备所支持的编解码器的 MIME(Multipurpose Internet Mail Extensions，媒体类型)列表，并判断设备是否支持指定 MIME 对应的编码器/解码器。

1) 接口说明

媒体编解码能力查询类 CodecDescriptionList 的主要接口如表 7-16 所示。

表 7-16 媒体编解码能力查询类 CodecDescriptionList 的主要接口

接口名	功能描述
getSupportedMimes()	获取某设备所支持的编解码器的 MIME 列表
isDecodeSupportedByMime(String mime)	判断某设备是否支持指定 MIME 对应的解码器
isEncodeSupportedByMime(String mime)	判断某设备是否支持指定 MIME 对应的编码器
isDecoderSupportedByFormat(Format format)	判断某设备是否支持指定媒体格式对应的解码器
isEncoderSupportedByFormat(Format format)	判断某设备是否支持指定媒体格式对应的编码器

2) 开发步骤

(1) 调用 CodecDescriptionList 类的静态 getSupportedMimes()方法，获取某设备所支持的编解码器的 MIME 列表。代码如下：

```
List<String> mimes = CodecDescriptionList.getSupportedMimes();
```

(2) 调用 CodecDescriptionList 类的静态 isDecodeSupportedByMime()方法，判断某设备是否支持指定 MIME 对应的解码器，支持返回 true，否则返回 false。代码如下：

```
boolean result = CodecDescriptionList.isDecodeSupportedByMime(Format.VIDEO_VP9);
```

(3) 调用 CodecDescriptionList 类的静态 isEncodeSupportedByMime()方法，判断某设备是否支持指定 MIME 对应的编码器，支持返回 true，否则返回 false。代码如下：

```
boolean result =
CodecDescriptionList.isEncodeSupportedByMime(Format.AUDIO_FLAC);
```

(4) 调用 CodecDescriptionList 类的静态 isDecoderSupportedByFormat()、isEncoderSupportedByFormat()方法，判断某设备是否支持指定 Format 的编解码器，支持返回 true，否则返回 false。代码如下：

```
Format format = new Format();
format.putStringValue(Format.MIME, Format.VIDEO_AVC);
format.putIntValue(Format.WIDTH, 2560);
format.putIntValue(Format.HEIGHT, 1440);
```

```
format.putIntValue(Format.FRAME_RATE, 30);
format.putIntValue(Format.FRAME_INTERVAL, 1);
boolean result = CodecDescriptionList.isDecoderSupportedByFormat(format);
result = CodecDescriptionList.isEncoderSupportedByFormat(format);
```

3. 视频编解码开发指导

视频编解码的主要工作是将视频进行编码和解码。

1)　普通模式开发步骤

在普通模式下进行编解码，应用必须持续地传输数据到 Codec 实例。编码的具体开发步骤如下。

(1)　创建编码 Codec 实例，可调用 createEncoder()方法。代码如下：

```
final Codec encoder = Codec.createEncoder();
```

(2)　构造数据源格式，并设置到 Codec 实例中，调用 setCodecFormat()，代码如下：

```
Format fmt = new Format();
fmt.putStringValue(Format.MIME, Format.VIDEO_AVC);
fmt.putIntValue(Format.WIDTH, 1920);
fmt.putIntValue(Format.HEIGHT, 1080);
fmt.putIntValue(Format.BIT_RATE, 392000);
fmt.putIntValue(Format.FRAME_RATE, 30);
fmt.putIntValue(Format.FRAME_INTERVAL, 30);
fmt.putIntValue(Format.COLOR_MODEL, 21);
encoder.setCodecFormat(fmt);
```

(3)　如果编码过程中需要检测是否读取到 Buffer 数据以及是否发生异常，可以构造 ICodecListener 对象。ICodecListener 需要实现两个方法，完成读到 Buffer 数据时、编码发生异常时的相应操作。例如，读到 Buffer 时获取 buffer 的 format 格式，编码发生异常时抛出运行时异常，代码如下：

```
private HiLogLabel TAG = new HiLogLabel(HiLog.DEBUG, 0xD000500,
    "MainAblityTest");
Codec.ICodecListener listener = new Codec.ICodecListener() {
    @Override
    public void onReadBuffer(ByteBuffer byteBuffer, BufferInfo bufferInfo,
int trackId) {
        Format fmt = codec.getBufferFormat(byteBuffer);
    }
    @Override
    public void onError(int errorCode, int act, int trackId) {
        HiLog.error(TAG, "CodeListener onError errorCode: %{public}d,
act: %{public}d", errorCode, act);
    }
};
```

(4)　调用 start()方法开始编码。

(5)　调用 getAvailableBuffer()方法取到一个可用的 ByteBuffer，把数据填入 ByteBuffer 里，然后再调用 writeBuffer()方法把 ByteBuffer 写入编码器实例。

(6)　调用 stop()方法停止编码。

(7)　编码任务结束后，调用 release()方法释放资源。

解码的具体开发步骤如下。

(1) 创建解码 Codec 实例，可调用 createDecoder()方法。

(2) 构造数据源格式，并设置到 Codec 实例中，调用 setCodecFormat()，代码如下：

```
Codec codec = Codec.createDecoder();
Format fmt = new Format();
fmt.putStringValue(Format.MIME, Format.VIDEO_AVC);
fmt.putIntValue(Format.WIDTH, 1920);
fmt.putIntValue(Format.HEIGHT, 1080);
fmt.putIntValue(Format.BIT_RATE, 392000);
fmt.putIntValue(Format.FRAME_RATE, 30);
fmt.putIntValue(Format.FRAME_INTERVAL, -1);
fmt.putIntValue(Format.COLOR_MODEL, 21);
codec.setCodecFormat(fmt);
```

(3) (可选)如果解码过程中需要检测是否读取到 Buffer 数据以及是否发生异常，可以构造 ICodecListener 对象。ICodecListener 需要实现两个方法，完成读到 Buffer 数据时、解码发生异常时的相应操作。例如，中读到 buffer 时获取 buffer 的 format 格式，编码发生异常时抛出运行时异常，代码如下：

```
Codec.ICodecListener listener = new Codec.ICodecListener() {
    @Override
    public void onReadBuffer(ByteBuffer byteBuffer, BufferInfo bufferInfo,
int trackId) {
        Format fmt = codec.getBufferFormat(byteBuffer);
    }
    @Override
    public void onError(int errorCode, int act, int trackId) {
        throw new RuntimeException();
    }
};
```

(4) 调用 start()方法开始解码。

(5) 调用 getAvailableBuffer()取到一个可用的 ByteBuffer，把数据填入 ByteBuffer 里，然后再调用 writeBuffer()把 ByteBuffer 写入解码器实例。

(6) 调用 stop()方法停止解码。

(7) 解码任务结束后，调用 release()方法释放资源。

2) 管道模式开发步骤

管道模式下应用只需要调用 Source 类的 setSource()方法，它会自动解析数据并将结果传输给 Codec 实例。管道模式编码支持视频流编码和音频流编码。

编码的具体开发步骤如下。

(1) 调用 createEncoder()方法创建编码 Codec 实例。

(2) 调用 setSource()方法设置数据源，支持设定文件路径或者文件 File Descriptor。

(3) 构造数据源格式或者从 Extractor 中读取数据源格式，并设置给 Codec 实例，调用 setSourceFormat()方法构造数据源格式，代码如下：

```
String path = "/data/data/com.example.myapplication/files/asd.mp4";
boolean ret = decoder.setSource(new Source(path), null);
final Codec encoder = Codec.createEncoder();
```

```
Format fmt = new Format();
fmt.putStringValue(Format.MIME, Format.VIDEO_AVC);
fmt.putIntValue(Format.WIDTH, 1920);
fmt.putIntValue(Format.HEIGHT, 1080);
fmt.putIntValue(Format.BIT_RATE, 392000);
fmt.putIntValue(Format.COLOR_MODEL, 21);
fmt.putIntValue(Format.FRAME_RATE, 30);
fmt.putIntValue(Format.FRAME_INTERVAL, -1);
encoder.setSourceFormat(fmt);
```

(4) (可选)如果编码过程中需要检测是否读取到 Buffer 数据以及是否发生异常，可以构造 ICodecListener 对象。ICodecListener 需要实现两个方法，完成读到 Buffer 数据时、编码发生异常时的相应操作。例如，读到 buffer 时获取 buffer 的 format 格式，编码发生异常时抛出运行时异常，代码如下：

```
Codec.ICodecListener listener = new Codec.ICodecListener() {
    @Override
    public void onReadBuffer(ByteBuffer byteBuffer, BufferInfo bufferInfo,
int trackId) {
        Format fmt = codec.getBufferFormat(byteBuffer);
    }
    @Override
    public void onError(int errorCode, int act, int trackId) {
        throw new RuntimeException();
    }
};
```

(5) 调用 start()方法开始编码。

(6) 调用 stop()方法停止编码。

(7) 编码任务结束后，调用 release()方法释放资源。

解码的具体开发步骤如下。

(1) 调用 createDecoder()方法创建解码 Codec 实例。

(2) 调用 setSource()方法设置数据源，支持设定文件路径或者文件 File Descriptor。

(3) (可选)如果解码过程中需要检测是否读取到 Buffer 数据以及是否发生异常，可以构造 ICodecListener。ICodecListener 需要实现两个方法，完成读到 Buffer 数据时、解码发生异常时的相应操作。例如，读到 buffer 时获取 buffer 的 format 格式，编码发生异常时抛出运行时异常，代码如下：

```
Codec.ICodecListener listener = new Codec.ICodecListener() {
    @Override
    public void onReadBuffer(ByteBuffer byteBuffer, BufferInfo bufferInfo,
int trackId) {
        Format fmt = codec.getBufferFormat(byteBuffer);
    }
    @Override
    public void onError(int errorCode, int act, int trackId) {
        throw new RuntimeException();
    }
};
```

(4) 调用 start()方法开始解码。

(5) 调用 stop()方法停止解码。

(6) 解码任务结束后，调用 release()方法释放资源。

4. 视频播放开发指导

本指导适用于 Java 语言。

视频播放包括播放控制、播放设置和播放查询，如播放的开始/停止、播放速度设置和是否循环播放等。

主要开发步骤如下。

(1) 创建 Player 实例，可调用 Player(Context context)方法创建本地播放器，用于在本设备播放。

(2) 构造数据源对象，并调用 Player 实例的 setSource(Source source)方法设置媒体源，代码如下：

```
private Context context = this;
private HiLogLabel TAG = new HiLogLabel(HiLog.DEBUG, 0xD000500,
    "MainAblityTest");
Player player = new Player(context);
File file = new File("/sdcard/test_audio.mp4"); // 根据实际情况设置文件路径
FileInputStream in = new FileInputStream(file);
FileDescriptor fd = in.getFD(); // 从输入流获取 FD 对象
Source source = new Source(fd);
player.setSource(source);
player.prepare();
player.setPlayerCallback(new Callback());
player.play();
player.stop();
```

(3) 调用 prepare()方法准备播放。

(4) (可选)构造 IPlayerCallback 对象。IPlayerCallback 需要实现 onPlayBackComplete()和 onError(int errorType, int errorCode)两个方法，实现播放完成和播放异常时的相应操作。

实现播放完成和播放异常

(5) 调用 play()方法，开始播放。

(6) (可选)调用 pause()方法和 play()方法，可以实现暂停和恢复播放。

(7) (可选)调用 rewindTo(long microseconds)方法实现播放中的拖曳功能。

(8) (可选)调用 getDuration()方法和 getCurrentTime()方法，可以实现获取总播放时长以及当前播放位置功能。

(9) 调用 stop()方法停止播放。

(10) 播放结束后，调用 release()方法释放资源。

7.4.2 图像开发

HarmonyOS 图像模块支持图像业务的开发，常见功能有图像解码、图像编码、基本的位图操作、图像编辑等。当然，也支持通过接口组合来实现更复杂的图像处理逻辑。

1. 基本概念

1)　图像解码

图像解码就是将不同的存档格式图片(如 JPEG、PNG 等)解码为无压缩的位图格式，以方便在应用或者系统中进行相应的处理。

2)　PixelMap

PixelMap 是图像解码后无压缩的位图格式，用于图像显示或者进一步的图像处理。

3)　渐进式解码

渐进式解码是在无法一次性提供完整图像文件数据的场景下，随着图像文件数据的增加，通过多次增量解码逐步完成图像解码的模式。

4)　预乘

预乘时，RGB 各通道的值被替换为原始值乘以 Alpha 通道不透明的比例(0～1)后的值，方便后期直接合成叠加；不预乘指 RGB 各通道的数值是图像的原始值，与 Alpha 通道的值无关。

5)　图像编码

图像编码就是将无压缩的位图格式编码成不同格式的存档格式图片(JPEG、PNG 等)，以方便在应用或者系统中进行相应的处理。

建议在使用完图像解码的 ImageSource 对象、位图图像 PixelMap 对象或图像编码的 ImagePacker 对象后，主动调用 ImageSource、PixelMap 和 ImagePacker 的 release()方法及时释放本地资源。

2. 位图操作开发指导

位图操作就是指对 PixelMap 图像进行相关的操作，比如创建、查询信息、读写像素数据等。

位图操作开发步骤如下。

(1)　创建位图对象 PixelMap，代码如下：

```
// 从像素颜色数组创建
int[] defaultColors = new int[] {5, 5, 5, 5, 6, 6, 3, 3, 3, 0};
PixelMap.InitializationOptions initializationOptions = new
   PixelMap.InitializationOptions();
initializationOptions.size = new Size(3, 2);
initializationOptions.pixelFormat = PixelFormat.ARGB_8888;
initializationOptions.editable = true;
PixelMap pixelMap = PixelMap.create(defaultColors, initializationOptions);
// 指定初始化选项创建
PixelMap pixelMap2 = PixelMap.create(initializationOptions);
// 以另外一个 PixelMap 作为数据源创建
PixelMap pixelMap3 = PixelMap.create(pixelMap2, initializationOptions);
```

(2)　从位图对象中获取信息，代码如下：

```
long capacity = pixelMap.getPixelBytesCapacity();
long bytesNumber = pixelMap.getPixelBytesNumber();
int rowBytes = pixelMap.getBytesNumberPerRow();
byte[] ninePatchData = pixelMap.getNinePatchChunk();
```

(3) 读写位图像素数据，代码如下：

```
// 读取指定位置像素
int color = pixelMap.readPixel(new Position(1, 1));
// 读取指定区域像素
int[] pixelArray = new int[50];
Rect region = new Rect(0, 0, 2, 2);
pixelMap.readPixels(pixelArray, 0, 10, region);
// 读取像素到 Buffer
IntBuffer pixelBuf = IntBuffer.allocate(50);
pixelMap.readPixels(pixelBuf);
// 在指定位置写入像素
pixelMap.writePixel(new Position(1, 1), 0xFF112233);
// 在指定区域写入像素
pixelMap.writePixels(pixelArray, 0, 10, region);
// 写入 Buffer 中的像素
pixelMap.writePixels(pixelBuf);
```

7.4.3 相机开发

HarmonyOS 相机模块支持相机业务的开发，开发者可以通过已开放的接口实现相机硬件的访问、操作和新功能开发，最常见的操作有预览、拍照、连拍和录像等。

1. 基本概念

1) 相机静态能力

用于描述相机固有能力的一系列参数，比如朝向、支持的分辨率等。

2) 物理相机

物理相机就是独立的实体摄像头设备。物理相机 ID 是用于标识每个物理摄像头的唯一字符串。

3) 逻辑相机

逻辑相机是多个物理相机组合出来的抽象设备。逻辑相机通过同时控制多个物理相机设备来完成相机某些功能，如大光圈、变焦等功能。逻辑相机 ID 是一个唯一的字符串，标识多个物理相机的抽象能力。

4) 帧捕获

相机启动后对帧的捕获动作统称为帧捕获，主要包含单帧捕获、多帧捕获、循环帧捕获等动作。

(1) 单帧捕获。指的是相机启动后，在帧数据流中捕获一帧数据，常用于普通拍照。

(2) 多帧捕获。指的是相机启动后，在帧数据流中连续捕获多帧数据，常用于连拍。

(3) 循环帧捕获。指的是相机启动后，在帧数据流中一直捕获帧数据，常用于预览和录像。

说明：在同一时刻只能有一个相机应用处于运行中。

相机模块内部有状态控制，开发者必须按照规定的流程进行接口的顺序调用，否则可能会出现调用失败等问题。

为了使开发的相机应用拥有更好的兼容性，在创建相机对象或者设置相关参数前，请务必进行能力查询。

2. 相机开发流程

相机模块的主要工作是给相机应用开发者提供基本的相机 API 接口，用于使用相机系统的功能，进行相机硬件的访问、操作和新功能开发。相机的开发流程如图 7-66 所示。

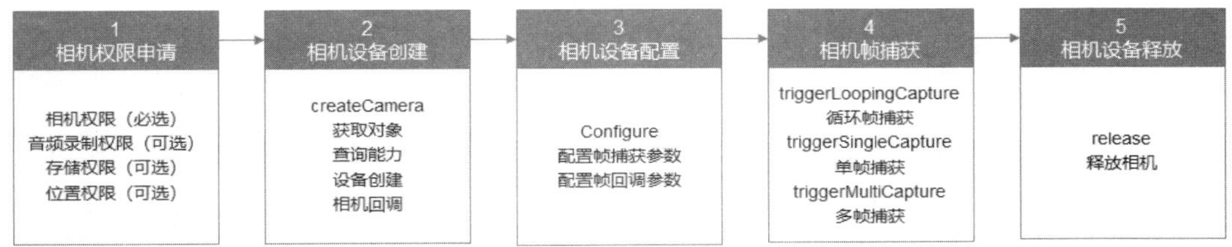

图 7-66　相机开发流程

相机模块为相机应用开发者提供了 3 个包，包括方法、枚举，以及常量/变量，方便开发者更容易地实现相机功能，相机模块的 3 个包如表 7-17 所示。

表 7-17　相机模块 3 个包的内容

包　名	功　能
ohos.media.camera.CameraKit	相机功能入口类。获取当前支持的相机列表及其静态能力信息，创建相机对象
ohos.media.camera.device	相机设备操作类。提供相机能力查询、相机配置、相机帧捕获、相机状态回调等功能
ohos.media.camera.params	相机参数类。提供相机属性、参数和操作结果的定义

1)　相机权限申请

在使用相机之前，需要申请相机的相关权限，保证应用拥有相机硬件及其他功能权限。相机权限见表 7-18。

表 7-18　相机权限

权限名称	权限属性值	是否必选
相机权限	ohos.permission.CAMERA	必选
录音权限	ohos.permission.MICROPHONE	可选(需要录像时申请)
存储权限	ohos.permission.WRITE_MEDIA	可选(需要保存图像及视频到设备的外部存储时申请)
位置权限	ohos.permission.MEDIA_LOCATION	可选(需要保存图像及视频位置信息时申请)

2)　相机设备创建

CameraKit 类是相机的入口 API 类，用于获取相机设备特性、打开相机。

在实现一个相机应用之前，必须先创建一个独立的相机设备，然后才能继续相机的其他操作。相机设备创建的步骤如下。

(1)　通过 CameraKit.getInstance(Context context)方法获取唯一的 CameraKit 对象，代码如下：

```
private void openCamera(){
    // 获取 CameraKit 对象
    CameraKit cameraKit = CameraKit.getInstance(getApplicationContext());
    if (cameraKit == null) {
        // 处理 cameraKit 获取失败的情况
    }
}
```

如果此步骤操作失败，表明相机可能被占用或无法使用。如果相机被占用，必须等到释放后才能重新获取 CameraKit 对象。

(2) 通过 getCameraIds()方法获取当前使用的设备支持的逻辑相机列表。逻辑相机列表中存储了当前设备拥有的所有逻辑相机 ID，如果列表不为空，则列表中的每个 ID 都支持独立创建相机对象；否则，说明正在使用的设备无可用的相机，不能继续后续的操作。代码如下：

```
try {
    // 获取当前设备的逻辑相机列表
    String[] cameraIds = cameraKit.getCameraIds();
    if (cameraIds.length <= 0) {
        HiLog.error(LABEL, "cameraIds size is 0");
    }
} catch (IllegalStateException e) {
    // 处理异常
}
```

还可以继续查询指定相机 ID 的静态信息。

- 调用 getDeviceLinkType(String physicalId)方法获取物理相机连接方式。
- 调用 getCameraInfo(String cameraId)方法查询相机硬件朝向等信息。
- 调用 getCameraAbility(String cameraId)方法查询相机能力信息(比如支持的分辨率列表等)。

(3) 通过 createCamera(String cameraId，CameraStateCallback callback，EventHandler handler)方法创建相机对象，此步骤执行成功意味着相机系统的硬件已经完成了上电。代码如下：

```
// 前置相机类型
int frontCamera = CameraInfo.FacingType.CAMERA_FACING_FRONT;
// 后置相机类型
int backCamera = CameraInfo.FacingType.CAMERA_FACING_BACK;
// 其他相机类型
int otherCamera = CameraInfo.FacingType.CAMERA_FACING_OTHERS;

// 选择想要创建的相机类型，如果不存在该类型相机，则返回 false
boolean isCameraCreated = openCameraByFacingType(frontCamera);
// 根据类型创建相机的方法
private boolean openCameraByFacingType(int facingType) {
    CameraKit cameraKit = CameraKit.getInstance(getApplicationContext());
    for(String cameraId : cameraKit.getCameraIds()) {
        CameraInfo cameraInfo = cameraKit.getCameraInfo(cameraId);
        if(facingType == cameraInfo.getFacingType()) {
            cameraKit.createCamera(cameraId, cameraStateCallback, eventHandler);
            return true;
```

```
        }
    }
    return false;
}
```

参数 cameraId 可以是上一步获取的逻辑相机列表中的任何一个相机 ID。

第二个参数和第三个参数负责相机创建及相机运行时的数据和状态检测，务必保证在整个相机运行周期内有效。代码如下：

```
private final class CameraStateCallbackImpl extends CameraStateCallback
{
    @Override
    public void onCreated(Camera camera) {
        // 创建相机设备
    }
    @Override
    public void onConfigured(Camera camera) {
        // 配置相机设备
    }
    @Override
    public void onPartialConfigured(Camera camera) {
        // 当使用了 addDeferredSurfaceSize 配置了相机，会接到此回调
    }
    @Override
    public void onReleased(Camera camera) {
        // 释放相机设备
    }
}
// 相机创建和相机运行时的回调
CameraStateCallbackImpl cameraStateCallback = new CameraStateCallbackImpl();
import ohos.eventhandler.EventHandler;
import ohos.eventhandler.EventRunner;
 // 执行回调的 EventHandler
EventHandler eventHandler = new
    EventHandler(EventRunner.create("CameraCb"));
```

至此，相机设备的创建已经完成。相机设备创建成功，会在 CameraStateCallback 中触发 onCreated(Camera camera)回调。在进入相机设备配置前，要确保相机设备已经创建成功，否则会触发相机设备创建失败的回调，并返回错误码，此时需要进行错误处理，然后重新执行相机设备的创建。

3)　相机设备配置

创建相机设备成功后，在 CameraStateCallback 中会触发 onCreated(Camera camera)回调，并且带回 Camera 对象，用于执行相机设备的操作。

当一个新的相机设备成功创建，首先需要对相机进行配置，方法是 configure (CameraConfig)。相机配置主要是设置预览、拍照、录像用到的 Surface (详见 ohos.agp. graphics.Surface)，若没有配置过 Surface，相应的功能不能使用。

相机设备配置

为了进行相机帧捕获结果的数据和状态检测，还需要在配置相机时调用 setFrameStateCallback(FrameStateCallback，EventHandler)方法设置帧回调。

相机配置成功后，在 CameraStateCallback 中会触发 onConfigured(Camera camera)回调，然后才可以执行相机帧捕获相关的操作。

4) 相机帧捕获

Camera 操作类包括相机预览、录像、拍照等功能接口。

(1) 启动预览(循环帧捕获)

用户一般都是先看见预览画面才执行拍照或者其他功能，所以对于一个普通的相机应用，预览是必不可少的。启动预览的步骤如下。

步骤 1：通过 getFrameConfigBuilder(FRAME_CONFIG_PREVIEW)方法获取预览配置模板。

步骤 2：通过 triggerLoopingCapture(FrameConfig)方法实现循环帧捕获(如预览/录像)。代码如下：

```
private final class CameraStateCallbackImpl extends CameraStateCallback
{
    @Override
    public void onConfigured(Camera camera) {
        // 获取预览配置模板
        frameConfigBuilder = camera.getFrameConfigBuilder
            (FRAME_CONFIG_PREVIEW);
        // 配置预览 Surface
        frameConfigBuilder.addSurface(previewSurface);
        previewFrameConfig = frameConfigBuilder.build();
        try {
            // 启动循环帧捕获
            int triggerId = camera.triggerLoopingCapture(previewFrameConfig);
        } catch (IllegalArgumentException e) {
            HiLog.error(LABEL, "Argument Exception");
        } catch (IllegalStateException e) {
            HiLog.error(LABEL, "State Exception");
        }
    }
}
```

经过以上的操作，相机应用已经可以正常进行实时预览了。在预览状态下，开发者还可以执行其他操作。比如，当预览帧配置更改时，可以通过 triggerLoopingCapture (FrameConfig)方法实现预览帧配置的更新，代码如下：

```
// 预览帧变焦值变更
frameConfigBuilder.setZoom(1.2f);
// 调用 triggerLoopingCapture 方法实现预览帧配置更新
triggerLoopingCapture(frameConfigBuilder.build());
```

通过 stopLoopingCapture()方法停止循环帧捕获(停止预览)，代码如下：

```
// 停止预览帧捕获
camera.stopLoopingCapture()
```

(2) 实现拍照(单帧捕获)

拍照功能属于相机应用的最重要功能之一，而且照片质量对用户至关重要。相机模块基于相机复杂的逻辑，从应用接口层到器件驱动层都已经默认做好了最适合用户的配置，这些默认配置能保证用户拍出的每张照片的质量。发起拍照的步骤如下。

步骤 1：通过 getFrameConfigBuilder(FRAME_CONFIG_PICTURE)方法获取拍照配置模板，并且设置拍照帧配置。

步骤 2：拍照前准备图像帧数据的接收实现。

步骤 3：通过 triggerSingleCapture(FrameConfig)方法实现单帧捕获(如拍照)，代码如下：

实现拍照-单帧捕获

```
private void capture() {
    // 获取拍照配置模板
    framePictureConfigBuilder = cameraDevice.getFrameConfigBuilder
        (FRAME_CONFIG_PICTURE);
    // 配置拍照 Surface
    framePictureConfigBuilder.addSurface(imageReceiver.getRecevingSurface());
    // 配置拍照其他参数
    framePictureConfigBuilder.setImageRotation(90);
    try {
        // 启动单帧捕获(拍照)
        cameraDevice.triggerSingleCapture(framePictureConfigBuilder.build());
    } catch (IllegalArgumentException e) {
        HiLog.error(LABEL, "Argument Exception");
    } catch (IllegalStateException e) {
        HiLog.error(LABEL, "State Exception");
    }
}
```

为了捕获到质量更高和效果更好的图片，还可以在帧结果中实时监测自动对焦和自动曝光的状态。一般而言，在自动对焦完成、自动曝光收敛后的瞬间是发起单帧捕获的最佳时机。

(3)　实现连拍(多帧捕获)

连拍功能方便用户一次拍照获取多张照片，用于捕捉精彩瞬间。它同普通拍照的实现流程一致，但连拍需要使用 triggerMultiCapture(List<FrameConfig> frameConfigs)方法。

5)　启动录像(循环帧捕获)

启动录像和启动预览类似，但需要另外配置录像 Surface 才能使用。

启动录像-循环帧捕获

(1)　录像前需要进行音视频模块的配置。

(2)　配置录像帧，启动录像，代码如下：

```
private final class CameraStateCallbackImpl extends CameraStateCallback
{
    @Override
    public void onConfigured(Camera camera) {
        // 获取录像配置模板
        frameConfigBuilder = camera.getFrameConfigBuilder
            (FRAME_CONFIG_RECORD);
        // 配置预览 Surface
        frameConfigBuilder.addSurface(previewSurface);
        // 配置录像的 Surface
        mRecorderSurface = mediaRecorder.getVideoSurface();
        frameConfigBuilder.addSurface(mRecorderSurface);
```

```
        previewFrameConfig = frameConfigBuilder.build();
        try {
            // 启动循环帧捕获
            int triggerId = camera.triggerLoopingCapture
                (previewFrameConfig);
        } catch (IllegalArgumentException e) {
            HiLog.error(LABEL, "Argument Exception");
        } catch (IllegalStateException e) {
            HiLog.error(LABEL, "State Exception");
        }
    }
}
```

(3) 通过 camera.stopLoopingCapture()方法停止循环帧捕获(录像)。

3. 相机设备释放

使用完相机后，必须通过 release()方法关闭相机和释放资源，否则可能导致其他相机应用无法启动。一旦相机被释放，它所提供的操作就不能再被调用，否则会导致不可预期的结果，或会引发状态异常。

相机设备释放的代码如下：

```
private void releaseCamera() {
    if (camera != null) {
        // 关闭相机和释放资源
        camera.release();
        camera = null;
    }
    // 拍照配置模板置空
    framePictureConfigBuilder = null;
    // 预览配置模板置空
    previewFrameConfig = null;
}
```

7.4.4 音频开发

HarmonyOS 音频模块支持音频业务的开发，提供音频相关的功能，主要包括音频播放、音频采集、音量管理和短音播放等。

1. 基本概念

1) 采样

采样是指将连续时域上的模拟信号按照一定的时间间隔采样，获取离散时域上离散信号的过程。

2) 采样率

采样率为每秒从连续信号中提取并组成离散信号的采样次数，单位为赫兹(Hz)。通常人耳能听到频率范围在 20Hz～20kHz 的声音。常用的音频采样频率有 8kHz、11.025kHz、16kHz、22.05kHz、37.8kHz、44.1kHz、48kHz、96kHz、192kHz 等。

3) 声道

声道是指在录制或播放声音时在不同空间位置采集或回放的相互独立的音频信号，所以声道数是声音录制时的音源数量或回放时相应的扬声器数量。

4)　音频帧

音频数据是流式的，本身没有明确的帧的概念。在实际应用中，为了方便音频算法处理和传输，一般取 2.5～60ms 为单位的数据量为一帧音频。这个时间被称为采样时间，其长度没有特别的标准，它是根据编解码器和具体应用的需求来决定的。

5)　PCM

PCM(Pulse Code Modulation)即脉冲编码调制，是一种将模拟信号数字化的方法，是将时间连续、取值连续的模拟信号转换成时间离散、抽样值离散的数字信号的过程。

6)　短音

指令应用程序包内的资源或者是文件系统里的文件为样本，将其解码成一个 16 位单声道或者立体声的 PCM 流并加载到内存中。这使得应用程序可以直接用压缩数据流同时摆脱 CPU 加载数据的压力和播放时重解压的延迟。

7)　tone 音

根据特定频率生成的波形，比如拨号盘的声音。

8)　系统音

系统预置的短音，比如按键音、删除音等。

2. 约束与限制

在使用完 AudioRenderer 音频播放类和 AudioCapturer 音频采集类后，需要调用 release()方法进行资源释放。

音频采集所使用的最终采样率与采样格式取决于输入设备，不同设备支持的格式及采样率范围不同，可以通过 AudioManager 类的 getDevices 接口查询。

该功能需要对应硬件的支持，且仅支持真机调试。

在进行开发之前，需要申请相关权限，保证应用使用音频相关能力的权力，涉及权限如表 7-19 所示。

表 7-19　需要申请的权限

权 限 名	说　明
ohos.permission.MICROPHONE	允许应用使用麦克风进行录音
ohos.permission.READ_MEDIA	允许应用读取用户外部存储中的媒体文件信息
ohos.permission.WRITE_MEDIA	允许应用读写用户外部存储中的媒体文件信息

3. 音频播放开发指导

音频播放的主要工作是将音频数据转码为可听见的音频模拟信号并通过输出设备进行播放，同时对播放任务进行管理。

音频播放的开发步骤如下。

(1) 构造音频流参数的数据结构 AudioStreamInfo，可使用 AudioStreamInfo.Builder 类，该模板中均为 AudioStreamInfo.Builder 类的默认值，根据音频流的具体规格来设置具体参数。代码如下：

```
AudioStreamInfo audioStreamInfo = new AudioStreamInfo.Builder()
```

```
    .sampleRate(AudioStreamInfo.SAMPLE_RATE_UNSPECIFIED)
    .audioStreamFlag(AudioStreamInfo.AudioStreamFlag.
        AUDIO_STREAM_FLAG_NONE)
    .encodingFormat(AudioStreamInfo.EncodingFormat.ENCODING_INVALID)
    .channelMask(AudioStreamInfo.ChannelMask.CHANNEL_INVALID)
    .streamUsage(AudioStreamInfo.StreamUsage.STREAM_USAGE_UNKNOWN)
    .build();
```

以真实的播放 pcm 流为例，代码如下：

```
AudioStreamInfo audioStreamInfo = new
    AudioStreamInfo.Builder().sampleRate(44100) // 44.1kHz
    .audioStreamFlag(AudioStreamInfo.AudioStreamFlag.AUDIO_STREAM_FLAG_MAY_DUCK)
                                                    // 混音
    .encodingFormat(AudioStreamInfo.EncodingFormat.ENCODING_PCM_16BIT)
                                                    // 16-bit PCM
    .channelMask(AudioStreamInfo.ChannelMask.CHANNEL_OUT_STEREO)
                                                    // 双声道输出
    .streamUsage(AudioStreamInfo.StreamUsage.STREAM_USAGE_MEDIA)
                                                    // 媒体类音频
    .build();
```

(2) 使用创建的音频流构建音频播放的参数结构 AudioRendererInfo，推荐使用 AudioRendererInfo.Builder 类来构造，该模板中均为 AudioRendererInfo.Builder 类的默认值，根据音频播放的具体规格来设置具体参数。代码如下：

```
AudioRendererInfo audioRendererInfo = new AudioRendererInfo.
    Builder().audioStreamInfo(audioStreamInfo)
    .audioStreamOutputFlag(AudioRendererInfo.AudioStreamOutputFlag.
        AUDIO_STREAM_OUTPUT_FLAG_NONE)
    .bufferSizeInBytes(0)
    .isOffload(false)
    .sessionID(AudioRendererInfo.SESSION_ID_UNSPECIFIED)
    .build();
```

以真实的播放 pcm 流为例，代码如下：

```
AudioRendererInfo audioRendererInfo = new AudioRendererInfo.
    Builder().audioStreamInfo(audioStreamInfo)
    .audioStreamOutputFlag(AudioRendererInfo.AudioStreamOutputFlag.
        AUDIO_STREAM_OUTPUT_FLAG_DIRECT_PCM)      // pcm 格式的输出流
    .bufferSizeInBytes(100)
    .isOffload(false)
    // false 表示分段传输 buffer 并播放，true 表示整个音频流一次性传输到 HAL 层播放
    .build();
```

(3) 根据要播放的音频流指定 PlayMode，不同的 PlayMode 在写数据时存在差异，其余播放流程无区别。通过构造函数获取 AudioRenderer 类的实例化对象。

(4) 使用构造函数获取 AudioRenderer 类的实例化对象，其中步骤(2)、(3)中的数据为构造函数的必选参数，指定播放设备为可选参数。根据使用场景选择不同的构造函数。

(5) (可选)构造音频播放回调，首先构造对象 AudioInterrupt，其中 setInterruptListener()方法的入参需要实现接口类 InterruptListener，setStreamInfo()方法使用步骤(1)的 AudioStreamInfo

构造音频播放回调

作为入参。然后调用 AudioManager 类的 activateAudioInterrupt (AudioInterrupt interrupt)方法进行音频播放回调注册。

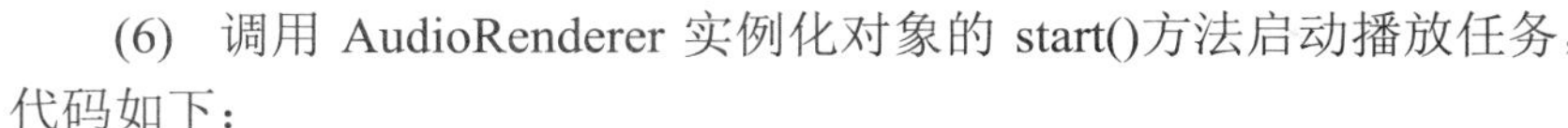

(6) 调用 AudioRenderer 实例化对象的 start()方法启动播放任务，代码如下：

```
AudioRenderer renderer = new AudioRenderer(audioRendererInfo,
AudioRenderer.PlayMode.MODE_STREAM);
renderer.start();
```

音频播放

(7) 将要播放的音频数据读取为 byte 流或 short 流。对于选择 MODE_STREAM 模式的 PlayMode，需要循环调用 write 方法进行数据写入；对于选择 MODE_STATIC 模式的 PlayMode，只能通过调用一次 write 方法将要播放的音频数据全部写入。因此该模式在文件规格较小的音频数据播放场景下才能使用。

(8) (可选)当需要对音频播放进行暂停或停止时，调用 AudioRenderer 实例化对象的 pause()或 stop()方法进行暂停或停止播放。代码如下：

```
AudioRenderer renderer = new AudioRenderer(audioRendererInfo,
    AudioRenderer.PlayMode.MODE_STREAM);
renderer.pause();
```

(9) (可选)调用 AudioRenderer 实例化对象的 setSpeed 方法调节播放速度，调用 setVolume()方法调节播放音量。

```
renderer.setSpeed(0.5f);
renderer.setVolume(0.5f);
renderer.stop();
```

(10) 播放任务结束后，调用 AudioRenderer 实例化对象的 release()方法释放资源。代码如下：

```
renderer.release();
```

7.5 安全相关

7.5.1 权限开发

1. 基本概念

1) 应用沙盒

系统是利用内核保护机制来识别和隔离应用资源，将不同的应用隔离开，来保护应用自身和系统免受恶意应用的攻击。默认情况下，应用间不能彼此交互，而且对系统的访问会受到限制。例如，如果应用 A(一个单独的应用)尝试在没有权限的情况下读取应用 B 的数据或者调用系统的能力拨打电话，操作系统会阻止此类行为，因为应用 A 没有被授予相应的权限。

2) 应用权限

由于系统通过沙盒机制管理各个应用，在默认规则下，应用只能访问有限的系统资

源。但应用为了扩展功能，需要访问自身沙盒之外的系统或其他应用的数据(包括用户个人数据)或能力；系统或应用也必须以明确的方式对外提供接口来共享其数据或能力。为了保证这些数据或能力不会被不当或恶意使用，就需要有一种访问控制机制，这就是应用权限。

应用权限是程序访问操作某种对象的许可。权限在应用层面要求明确定义且经用户授权，以便系统化地规范各类应用程序的行为准则与权限许可。

3) 权限保护的对象

权限保护的对象可以分为数据和能力。数据包含个人数据(如照片、通讯录、日历、位置等)、设备数据(如设备标识、相机、麦克风等)、应用数据；能力包括设备能力(如打电话、发短信、联网等)、应用能力(如弹出悬浮框、创建快捷方式等)等。

4) 权限开放范围

权限开放范围指一个权限能被哪些应用申请。按可信程度从高到低的顺序，不同权限开放范围对应的应用可分为系统服务、系统应用、系统预置特权应用、同签名应用、系统预置普通应用、持有权限证书的后装应用、其他普通应用，开放范围依次扩大。

5) 敏感权限

指涉及访问个人数据(如照片、通讯录、日历、本机号码、短信等)和操作敏感能力(如相机、麦克风等)的权限。

6) 应用核心功能

一个应用可能提供了多种功能，其中应用为满足用户的关键需求而提供的功能，称为应用的核心功能。这是一个相对宽泛的概念，可用来辅助描述用户权限授权的预期。用户选择安装一个应用，通常是被应用的核心功能所吸引。比如导航类应用，定位导航就是这种应用的核心功能；比如媒体类应用，媒体资源播放以及管理就是核心功能。这些功能所需要的权限，用户在安装时内心已经倾向于授予(否则就不会去安装)。与核心功能相对应的是辅助功能，这些功能所需要的权限，需要向用户清晰说明目的、场景等信息，由用户授权。既不属于核心功能，也不是支撑核心功能的辅助功能，就是多余功能。不少应用存在并非为用户服务的功能，这些功能所需要的权限通常被用户禁止。

7) 最小必要权限

指保障某一服务类型正常运行所需要的应用权限的最小集，一旦缺少将导致该类型服务无法实现或无法正常运行的应用权限。

2. 运作机制

系统所有应用均在应用沙盒内运行。默认情况下，应用只能访问有限的系统资源，系统负责管理应用对资源的访问权限。这些限制是通过 DAC(Discretionary Access Control)、MAC(Mandatory Access Control)以及应用权限机制等多种不同的形式实现的。因应用需要实现其某些功能而必须访问系统或其他应用的数据或操作某些器件，此时就需要系统或其他应用能提供接口，考虑到安全，就需要对这些接口采用一种限制措施，这就是称为“应用权限”的安全机制。

接口的提供涉及其权限的命名和分组、对外开放的范围、被授予的应用，以及用户的

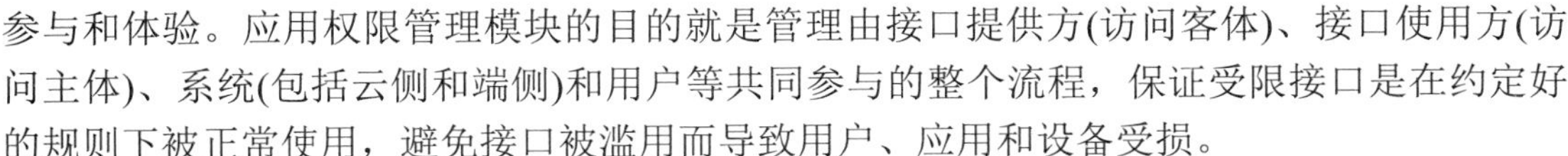

参与和体验。应用权限管理模块的目的就是管理由接口提供方(访问客体)、接口使用方(访问主体)、系统(包括云侧和端侧)和用户等共同参与的整个流程，保证受限接口是在约定好的规则下被正常使用，避免接口被滥用而导致用户、应用和设备受损。

3. 权限声明

应用需要在 config.json 中使用 reqPermissions 属性对需要的权限逐个进行声明。若用到的三方库也涉及权限使用，也需统一在应用的 config.json 中逐个声明。没有在 config.json 中声明的权限，应用就无法获得此权限的授权。

4. 动态申请敏感权限

动态申请敏感权限基于用户可知可控的原则，需要应用在运行时主动调用系统动态申请权限的接口，系统弹窗后由用户授权。用户结合应用运行场景的上下文，识别出应用申请相应敏感权限的合理性，从而做出正确的选择。

即使用户向应用授予了请求的权限，应用在调用受此权限管控的接口前，也应该先检查自己有无此权限，而不能把之前授予的状态持久化，因为用户在动态授予后还可以通过设置取消应用的权限。

5. 自定义权限

HarmonyOS 为了保证应用对外提供的接口不被恶意调用，需要对调用接口的调用者进行鉴权。

大多情况下，系统已定义的权限满足了应用的基本需要，若有特殊的访问控制需要，应用可在 config.json 中用 defPermissions 属性来定义新的权限，并通过 availableScope 和 grantMode 两个属性分别确定权限的开放范围和授权方式，使得权限定义更加灵活且易于理解。

为了避免应用自定义新权限出现重名的情况，建议新权限名称以包名的前两个字段开头，这样可以防止不同开发者的应用出现自定义权限重名的情况。

6. 权限保护方法

- 保护 Ability：通过在 config.json 里对应的 Ability 中配置 permissions 属性，即可实现保护整个 Ability 的目的，无指定权限的应用不能访问此 Ability。
- 保护 API：若 Ability 对外提供的数据或能力有多种，且开放范围或保护级别也不同，可以针对不同的数据或能力在接口代码实现中通过 verifyPermission(String permissionName，int pid，int uid)来对 uid 标识的调用者进行鉴权。

7. 约束与限制

同一应用自定义权限个数不能超过 1024 个，同一应用申请权限个数不能超过 1024 个。

为避免与系统权限名冲突，应用自定义权限名不能以 ohos 开头，且权限名长度不能超过 256 字符。

自定义权限授予方式不能为 user_grant，自定义权限开放范围不能为 restricted。

8. 权限开发指导

权限申请

HarmonyOS 支持开发者自定义权限来保护能力或接口，同时开发者也可申请权限来访问受权限保护的对象。

1) 权限申请

开发者需要在 config.json 文件的 reqPermissions 字段中声明所需要的权限。

权限申请要采用数组格式，支持同时申请多个权限，权限个数最多不能超过 1024 个。

如果声明使用权限的 grantMode 是 system_grant，则权限会在安装应用的时候被自动授予。

如果声明使用权限的 grantMode 是 user_grant，则必须经用户手动授权(用户在弹窗中授权或进入权限设置界面授权)才可使用。用户会看到 reason 字段中填写的理由，以决定是否给予授权。

说明：对于授权方式为 user_grant 的权限，每次执行需要这一权限的操作时，都要检查自身是否有该权限。当自身具有该权限时，才可继续执行，否则应用需要请求用户授予权限。

2) 自定义权限

开发者需要在 config.json 文件的 defPermissions 字段中自定义所需的权限，代码如下：

```
"module": {
    "defPermissions": [
        {
            "name": "com.myability.permission.MYPERMISSION",
            "grantMode": "system_grant",
            "availableScope": ["signature"]
        }, {
        ...
```

权限定义采用数组格式，支持同时定义多个权限，自定义的权限个数最多不能超过 1024 个。

3) 访问权限控制

(1) Ability 的访问权限控制。在 config.json 中填写 abilities 的 permissions 字段，即只有拥有该权限的应用可访问此 Ability。例如，只有拥有 ohos.permission.CAMERA 权限的应用可以访问此 ability，代码如下：

```
"abilities": [
    {
        "name": ".MainAbility",
        "description": "$string:description_main_ability",
        "icon": "$media:hiworld",
        "label": "HiCamera",
        "launchType": "standard",
        "orientation": "portrait",
        "visible": false,
        "permissions": [
            "ohos.permission.CAMERA"
        ],
    }
]
```

(2) Ability 接口的访问权限控制。在 Ability 实现中，如需要对特定接口的调用者做访问控制，可在服务侧的接口实现中，主动通过 verifyCallingPermission、verifyCallingOrSelfPermission 来检查访问者是否拥有所需要的权限。代码如下：

```
if (verifyCallingPermission("ohos.permission.CAMERA") !=
    IBundleManager.PERMISSION_GRANTED) {
    // 调用者无权限，做错误处理
}
    // 调用者权限校验通过，开始提供服务
```

4) 动态申请权限开发步骤

(1) 在 config.json 文件中声明所需要的权限，代码如下：

```
{
    "module": {
        "reqPermissions": [
            {
                "name": "ohos.permission.CAMERA",
                "reason": "$string:permreason_camera",
                "usedScene": {
                    "ability": ["com.mycamera.Ability",
                         "com.mycamera.AbilityBackground"],
                    "when": "always"}
            }, {
            ...
            }
        ]
    }
}
```

(2) 使用 ohos.app.Context.verifySelfPermission 接口查询应用是否已被授予该权限。如果已被授予权限，可以结束权限申请流程。如果未被授予权限，继续执行下一步。

(3) 使用 canRequestPermission 查询是否可动态申请。如果不可动态申请，说明已被用户或系统永久禁止授权，结束权限申请流程。如果可动态申请，使用 requestPermissionFromUser 动态申请权限。代码如下：

```
if (verifySelfPermission("ohos.permission.CAMERA") != IBundleManager.
    PERMISSION_GRANTED) {
    // 应用未被授予权限
    if (canRequestPermission("ohos.permission.CAMERA")) {
        // 是否可以申请弹窗授权(首次申请或者用户未选择禁止且不再提示)
        requestPermissionsFromUser(
                new String[] { "ohos.permission.CAMERA" } ,
                    MY_PERMISSIONS_REQUEST_CAMERA);
    } else {
        // 显示应用需要权限的理由，提示用户进入设置授权
    }
} else {
    // 权限已被授予
}
```

(4) 通过重写 ohos.aafwk.ability.Ability 的回调函数 onRequestPermissionsFromUserResult()

接收授权结果。代码如下：

```
@Override
public void onRequestPermissionsFromUserResult (int requestCode, String[]
permissions, int[] grantResults) {
    switch (requestCode) {
        case MY_PERMISSIONS_REQUEST_CAMERA: {
            // 匹配 requestPermissions 的 requestCode
            if (grantResults.length > 0
                && grantResults[0] == IBundleManager.PERMISSION_GRANTED) {
                // 权限被授予 // 注意：因时间差导致接口权限检查时有无权限，所以对那些
                // 因无权限而抛异常的接口进行异常捕获处理
            } else {
                // 权限被拒绝
            }
            return;
        }
    }
}
```

9. 应用权限列表

1) 权限分类

HarmonyOS 根据接口所涉数据的敏感程度或所涉能力的安全威胁影响，定义了不同开放范围与授权方式的权限来保护数据。

当前权限的开放范围如下。

- all：所有应用可用。
- signature：平台签名应用可用。
- privileged：预制特权应用可用。
- restricted：证书可控应用可用。

应用在使用对应服务的能力或数据时，需要申请对应权限。

已在 config.json 文件中声明的非敏感权限，会在安装应用时自动授予，该类权限的授权方式为系统授权(system_grant)。

敏感权限需要应用动态申请，通过运行时发送弹窗的方式请求用户授权。该类权限的授权方式为用户授权(user_grant)。

当应用调用服务时，服务会对应用进行权限检查，如果没有对应权限则无法使用该服务。

2) 敏感权限

敏感权限的申请需要按照动态申请流程向用户申请授权。

3) 非敏感权限

非敏感权限不涉及用户的敏感数据或危险操作，仅需在 config.json 中声明，应用安装后即被授权。

4) 受限开放的权限

受限开放的权限通常是不允许三方应用申请的。如果有特殊场景需要使用，要提供相关申请材料到应用市场申请相应权限证书。如果应用未申请相应的权限证书，却试图在 config.json 文件中声明此类权限，将会导致应用安装失败。另外，由于此类权限涉及用户

敏感数据或危险操作，当应用申请到权限证书后，还需按照动态申请权限的流程向用户申请授权。

7.5.2　生物特征识别开发

1. 生物特征识别开发概述

生物特征识别认证能力可应用于设备解锁、支付、应用登录等身份认证场景。

当前生物特征识别能力提供 2D 人脸识别、3D 人脸识别两种人脸识别能力，设备具备哪种识别能力，取决于设备的硬件能力和技术实现。3D 人脸识别技术的识别率、防伪能力都优于 2D 人脸识别技术，但具有 3D 人脸能力(比如 3D 结构光、3D TOF 等)的设备才可以使用 3D 人脸识别技术。

1)　基本概念

生物特征识别(又叫生物认证)是通过计算机与光学、声学、生物传感器和生物统计学原理等高科技手段密切结合，来进行个人身份的鉴定。

人脸识别是基于人的脸部特征信息进行身份识别的一种生物特征识别技术，用摄像机或摄像头采集含有人脸的图像或视频流，并自动在图像中检测和跟踪人脸，进而对检测到的人脸进行脸部识别，通常也叫作人像识别、面部识别、人脸认证。

2)　运作机制

人脸识别会在摄像头和 TEE(Trusted Execution Environment)之间建立安全通道，人脸图像信息通过安全通道传递到 TEE 中，由于人脸图像信息从 REE(Rich Execution Environment)侧无法获取，从而避免了恶意软件从 REE 侧进行攻击。对人脸图像采集、特征提取、活体检测、特征比对等处理完全在 TEE 中完成，基于 TrustZone 进行安全隔离；外部的人脸框架只负责人脸的认证发起和处理认证结果等功能，不涉及人脸数据本身。

人脸特征数据通过 TEE 的安全存储区进行存储，采用高强度的密码算法对人脸特征数据进行加密和完整性保护，外部无法获取到加密人脸特征数据的密钥，可保证用户的人脸特征数据不会泄露。采集和存储的人脸特征数据不会在用户未授权的情况下被传出 TEE，这意味着，用户未授权时，无论是系统应用还是三方应用都无法获得人脸特征数据，也无法将人脸特征数据传送或备份到任何外部存储介质。

3)　约束与限制

当前系统提供的生物特征识别能力只包含人脸识别，且只支持本地认证，不提供认证界面。

要求设备上具备摄像器件，且人脸图像像素大于 100×100。

要求设备上具有 TEE 安全环境，人脸特征信息高强度加密后保存在 TEE 中。

对于面部特征相似的人、面部特征不断发育的儿童，人脸特征匹配率有所不同。如果对此有疑虑，可考虑其他认证方式。

2. 生物特征识别开发指导

当前生物特征识别支持 2D 人脸识别、3D 人脸识别，可应用于设备解锁、应用登录、支付等身份认证场景。

BiometricAuthentication 类提供了生物认证的相关方法，包括检测认证能力、认证和取消认证等，用户可以通过人脸等生物特征信息进行认证操作。在执行认证前，需要检查设备是否支持该认证能力，具体指认证类型、安全级别和是否本地认证。如果不支持，需要考虑使用其他认证能力。

生物特征识别开发步骤如下。

1) 开发前请完成以下准备工作

- 在应用配置权限文件中增加 ohos.permission.ACCESS_BIOMETRIC 的权限声明。
- 在使用生物特征识别认证能力的文件中增加代码 import ohos.biometrics.authentication.BiometricAuthentication。

2) 开发过程

(1) 获取 BiometricAuthentication 的实例对象，代码如下：

```
BiometricAuthentication  biometricAuthentication =
BiometricAuthentication. getInstance (MainAbility.mAbility);
```

(2) 检测设备是否具有生物认证能力。

2D 人脸识别建议使用 SECURE_LEVEL_S2，3D 人脸识别建议使用 SECURE_LEVEL_S3。代码如下：

```
int retChkAuthAvb =
biometricAuthentication.checkAuthenticationAvailability(
    BiometricAuthentication.AuthType.AUTH_TYPE_BIOMETRIC_FACE_ONLY,
    BiometricAuthentication.SecureLevel.SECURE_LEVEL_S2, true);
```

(3) (可选)设置需要关联认证结果的 Signature 对象、Cipher 对象或 Mac 对象，代码如下：

```
// 定义一个 Signature 对象 sign;
biometricAuthentication.setSecureObjectSignature(sign);
// 定义一个 Cipher 对象 cipher;
biometricAuthentication.setSecureObjectCipher(cipher);
// 定义一个 Mac 对象 mac;
biometricAuthentication.setSecureObjectMac(mac);
```

(4) 在新线程里面执行认证操作，避免阻塞其他操作，代码如下：

```
new Thread(new Runnable() {
    @Override
    public void run() {
        int retExcAuthretExcAuth = biometricAuthentication.
            execAuthenticationAction(
            BiometricAuthentication.AuthType.AUTH_TYPE_BIOMETRIC_FACE_ONLY,
            BiometricAuthentication.SecureLevel.SECURE_LEVEL_S2, true,
                false, null);
    }
}).start();
```

(5) 获得认证过程中的提示信息，代码如下：

```
AuthenticationTips tips =
    biometricAuthentication.getAuthenticationTips();
```

(6) (可选)认证成功后，获取已设置的 Signature 对象、Cipher 对象或 Mac 对象，代码如下：

```
Signature sign = biometricAuthentication.getSecureObjectSignature();
Cipher cipher = biometricAuthentication.getSecureObjectCipher();
Mac mac = biometricAuthentication.getSecureObjectMac();
```

(7) 认证过程中取消认证，代码如下：

```
int ret = biometricAuthentication.cancelAuthenticationAction();
```

7.6 AI 开 发

鸿蒙系统为应用提供了丰富的 AI(Artificial Intelligence)能力，支持开箱即用。开发者可以灵活、便捷地选择 AI 能力，让应用变得更加智能。

目前，二维码生成能力支持智能穿戴设备和手机，其他 AI 能力仅支持手机设备。

7.6.1 码生成

码生成能够根据开发者给定的字符串信息和二维码图片尺寸，返回相应的二维码图片字节流。调用方可以通过二维码字节流生成二维码图片。

1. 约束与限制

当前仅支持在中国区发售的华为终端设备。

当前仅支持生成 QR 二维码(Quick Response Code)。由于 QR 二维码算法的限制，用 Java 语言开发时字符串信息的长度不能超过 2953 个字符，用 JS 语言开发时字符串信息的长度不能超过 256 个字符。

- 用 Java 语言开发时，生成的二维码图片的宽度不能超过 1920 像素，高度不能超过 1680 像素。由于 QR 二维码是通过正方形阵列承载信息的，建议二维码图片采用正方形；当二维码图片采用长方形时，会在 QR 二维码信息的周边区域留白。
- 用 JS 语言开发时，生成的二维码图片的宽高最小值为 200 像素；当宽高不一致时，以二者最小值作为二维码的边长，且最终生成的二维码居中显示。支持矩形、圆形两种二维码类型(默认是矩形)。

2. 码生成开发指导

码生成能够根据给定的字符串信息，生成相应的二维码图片。常见应用场景如下。

- 社交或通信类应用：根据输入的联系人信息，生成联系人二维码。
- 购物或支付类应用：根据输入的支付链接，生成收款或付款二维码。

3. 接口说明

码生成提供了 IBarcodeDetector 接口，常用方法的功能描述如表 7-20 所示。

表 7-20 接口说明

接口名	方 法	功能描述
IBarcodeDetector	int detect(String barcodeInput, byte[] bitmapOutput, int width, int height);	根据给定的信息和二维码图片尺寸，生成二维码图片字节流
IBarcodeDetector	int release();	停止 QR 码生成服务，释放资源

4. 开发步骤

(1) 在使用码生成 SDK 时，需要先将相关的类添加至工程。代码如下：

```
import ohos.ai.cv.common.ConnectionCallback;
import ohos.ai.cv.common.VisionManager;
import ohos.ai.cv.qrcode.IBarcodeDetector;
```

(2) 定义 ConnectionCallback 回调，实现连接能力引擎成功与否后的操作。代码如下：

```
ConnectionCallback connectionCallback = new ConnectionCallback() {
    @Override
    public void onServiceConnect() {
        // Do something when service connects successfully
    }
    @Override
    public void onServiceDisconnect() {
        // Do something when service connects unsuccessfully
    }
};
```

(3) 调用 VisionManager.init()方法，将此工程的 context 和 connectionCallback 作为入参，建立与能力引擎的连接，context 应为 ohos.aafwk.ability.Ability 或 ohos.aafwk.ability.AbilitySlice 的实例或子类实例。代码如下：

```
int result = VisionManager.init(context, connectionCallback);
```

(4) 在收到 onServiceConnect 回调，连接服务成功后，实例化 IBarcodeDetector 接口，将此工程的 context 作为入参。代码如下：

```
IBarcodeDetector barcodeDetector = VisionManager.
    getBarcodeDetector(context);
```

(5) 定义码生成图像的尺寸，并根据图像大小分配字节流数组空间。代码如下：

```
final int SAMPLE_LENGTH = 152;
byte[] byteArray = new byte[SAMPLE_LENGTH * SAMPLE_LENGTH * 4];
```

(6) 调用 IBarcodeDetector 的 detect()方法，根据输入的字符串信息生成相应的二维码图片字节流。代码如下：

```
int result = barcodeDetector.detect("This is a TestCase of
    IBarcodeDetector", byteArray, SAMPLE_LENGTH, SAMPLE_LENGTH);
```

如果返回值为 0，表明调用成功，后续可以利用 API 将解码流转换为图片源，代码如下：

```
InputStream inputStream = new ByteArrayInputStream(byteArray);
ImageSource imageSource = ImageSource.create(inputStream, null);
```

(7) 当码生成能力使用完毕，调用 IBarcodeDetector 的 release()方法释放资源。代码如下：

```
result = barcodeDetector.release();
```

(8) 调用 VisionManager.destroy()方法，断开与能力引擎的连接。代码如下：

```
VisionManager.destroy();
```

7.6.2 通用文字识别

通用文字识别的核心技术是 OCR(optical character recognition，光学字符识别)。OCR 是一种通过拍照、扫描等光学输入方式，把各种票据、卡证、表格、报刊、书籍等印刷品文字转化为图像信息，再利用文字识别技术将图像信息转化为计算机等设备可以使用的字符信息的技术。

1. 约束与限制

通用文字识别支持处理的图片格式包括 JPEG、JPG、PNG。

通用文字识别目前支持的语言有中文、英文、日语、韩语、俄语、意大利语、西班牙语、葡萄牙语、德语，以及法语。

通用文字识别目前支持文档印刷体识别，不支持手写字体识别。

为获得较理想的识别结果，调用通用文字识别功能时，应尽可能保证输入图像具有合适的成像质量(建议 720P 以上)和高宽比例(建议 2:1 以下，接近手机屏幕高宽比例为宜)。当输入图像为非建议图片尺寸时，文字识别的准确度可能会受到影响。

为获得较理想的识别结果，建议文本与拍摄角度夹角在±30°范围内。

2. 通用文字识别开发指导

通用文字识别适用于如下场景。

- 可以进行文档翻拍、街景翻拍等图片来源的文字检测和识别，也可以集成于其他应用中，提供文字检测、识别的功能，并根据识别结果提供翻译、搜索等相关服务。
- 可以处理来自相机、图库等多种来源的图像数据，提供了一个自动检测文本、识别图像中文本位置以及文本内容功能的开放接口。
- 能在一定程度上支持文本倾斜、拍摄角度倾斜、复杂光照条件以及复杂文本背景等场景的文字识别。

1) 接口说明

通用文字识别提供了 setVisionConfiguration()和 detect()两个函数接口。

(1) 调用 ITextDetector 的 setVisionConfiguration()方法，通过传入的 TextConfiguration 选择需要调用的 OCR 类型。代码如下：

```
void setVisionConfiguration(TextConfiguration textConfiguration);
```

表 7-21 列出了 TextConfiguration 的常用设置。

表 7-21 TextConfiguration 的常用设置

接口名称	参数名	类型	参数说明
setDetectType()	detectType	int	OCR 引擎类型定义： TextDetectType.TYPE_TEXT_DETECT_FOCUS_SHOOT(自然场景 OCR)
setLanguage()	language	int	识别语种定义： TextConfiguration.AUTO(不指定语种，会进行语种检测操作)； TextConfiguration.CHINESE(中文)
setProcessMode()	mode	int	进程模式定义： VisionConfiguration.MODE_IN(同进程调用)； VisionConfiguration.MODE_OUT(跨进程调用)； 默认值为 VisionConfiguration.MODE_OUT

(2) 调用 ITextDetector 的 detect()方法，获取识别结果。代码如下：

```
int detect(VisionImage image, Text result,
    VisionCallback<Text> visionCallBack);
```

其中，image 为待 OCR 检测识别的输入图片。

如果 visionCallback 为 null，执行同步调用，结果码由方法返回，检测及识别结果由 result 返回。如果 visionCallback 为有效的回调函数，则该函数为异步调用，函数返回时 result 中的值无效，实际识别结果由回调函数返回。

同步模式调用成功时，该函数返回结果码 0。异步模式调用请求发送成功时，该函数返回结果码 700。

2) 开发步骤

(1) 在使用通用文字识别 SDK 时，将实现文字识别的相关类添加至工程。代码如下：

```
import ohos.ai.cv.common.ConnectionCallback;
import ohos.ai.cv.common.VisionCallback;
import ohos.ai.cv.common.VisionConfiguration;
import ohos.ai.cv.common.VisionImage;
import ohos.ai.cv.common.VisionManager;
import ohos.ai.cv.text.ITextDetector;
import ohos.ai.cv.text.Text;
import ohos.ai.cv.text.TextConfiguration;
import ohos.ai.cv.text.TextDetectType;
import ohos.app.Context;
import ohos.media.image.PixelMap;
```

(2) 定义 ConnectionCallback 回调，实现连接能力引擎成功与否后的操作。代码如下：

```
ConnectionCallback connectionCallback = new ConnectionCallback() {
    @Override
    public void onServiceConnect() {
        // 定义连接能力引擎成功后的操作。
    }
    @Override
```

```
    public void onServiceDisconnect() {
        // 定义连接能力引擎失败后的操作。
    }
};
```

(3) 调用 VisionManager.init()方法，将此工程的 context 和已经定义的 connectionCallback 回调作为入参，建立与能力引擎的连接。context 应为 ohos.aafwk.ability.Ability 或 ohos.aafwk.ability.AbilitySlice 的实例或子类实例。代码如下：

```
int result = VisionManager.init(context, connectionCallback);
```

(4) 在收到 onServiceConnect 回调，连接服务成功后，实例化 ITextDetector 接口，将此工程的 context 作为入参。代码如下：

```
ITextDetector textDetector = VisionManager.getTextDetector(context);
```

(5) 实例化 VisionImage 对象 image，并传入待检测图片 pixelMap。代码如下：

```
VisionImage image = VisionImage.fromPixelMap(pixelMap);
```

(6) 实例化 Text 对象 text，该对象在同步模式下用于存放调用 textDetector.detect()方法的结果返回码及文字识别结果。代码如下：

```
Text text = new Text();
```

(7) (可选) 定义 VisionCallback<Text>回调。代码如下：

```
VisionCallback<Text> callback= new VisionCallback<Text>() {
    @Override
    public void onResult(Text text) {
        // 对正确获得文字识别结果进行处理。
    }
    @Override
    public void onError(int i) {
        // 处理错误返回码。
    }
    @Override
    public void onProcessing(float v) {
        // 返回处理进度。
    }
};
```

说明： *在异步模式下，该类的 onResult()方法用于获得文字识别结果 Text，onError()方法用于处理错误返回码，onProcessing()方法用于返回处理进度。*

同步与异步模式区别在于 detect()的最后一个参数 VisionCallback<Text>是否为空。若非空则为异步模式，此时会忽略自定义的 Text 输入(效果与传入 null 相同)，接口调用结果一律从 VisionCallback<Text>获得，自定义的 Text 输入不做更新。

(8) 通过 TextConfiguration 配置 textDetector()方法的运行参数，可选择识别场景、语言类型、调用模式等。跨进程模式(MODE_OUT)下，调用方与能力引擎处于不同进程；同进程模式(MODE_IN)下，能力引擎在调用方进程中实例化，调用方通过反射的方式调用引擎里的通用文字识别能力。以聚焦通用文字识别，同进程英文语种检测为例，代码如下：

```
TextConfiguration.Builder builder = new TextConfiguration.Builder();
```

```
builder.setProcessMode(VisionConfiguration.MODE_IN);
builder.setDetectType(TextDetectType.TYPE_TEXT_DETECT_FOCUS_SHOOT);
builder.setLanguage(TextConfiguration.ENGLISH);
TextConfiguration config = builder.build();
textDetector.setVisionConfiguration(config);
```

(9) (可选)调用 ITextDetector 的 prepare()方法，代码如下：

```
result = textDetector.prepare();
```

说明：如果返回的 result 不为 0，说明当前 OCR 能力准备失败，需要处理错误，不再执行之后的动作。在 detect()方法中会首先调用 prepare()启动引擎，如果引擎已经启动则不会再次启动。

(10) 调用 ITextDetector 的 detect()方法。代码如下：

```
result = textDetector.detect(image, text, null); // 同步
```

或者：

```
result = textDetector.detect(image, null, visionCallback); // 异步
```

同步模式调用完成时，该函数立即返回结果码。

- 异步模式调用请求发送成功时，该函数返回结果码 700。如果返回其他的结果码，说明异步调用请求不成功，需要先处理错误，此时回调函数不会被调用。
- 如果异步模式调用请求发送成功，则 OCR 完成后，相应的回调函数会被自动调用。
- 如果 onResult()回调被调用，说明 OCR 检测识别成功，相当于同步模式结果码为 0 的情况。
- 如果 onError()方法被调用，则说明 OCR 发生了错误，具体的调用结果码将由 onError()方法的参数接收。

(11) 调用 ITextDetector 的 release()方法，释放资源。调用 pixelMap 的 release()方法，释放图片内存。代码如下：

```
textDetector.release();
if (pixelMap != null) {
    pixelMap.release();
    pixelMap = null;
}
```

说明：不再使用通用文字识别能力时，需调用 release()方法释放资源。

7.6.3 语音识别

语音识别功能提供面向移动终端的语音识别能力。它基于华为智慧引擎(HUAWEI HiAI Engine)中的语音识别引擎，向开发者提供人工智能应用层 API。该技术可以将语音文件、实时语音数据流转换为汉字序列，准确率达到 90%以上(本地识别达 95%)。

1. 基本概念

语音识别技术，也称为自动语音识别(Automatic Speech Recognition，ASR)，可以基于

机器识别和理解将语音信号转变为文本或命令。

2. 约束与限制

- 支持的输入文件格式有 wav 或 pcm。
- 当前仅支持对普通话的识别。
- 输入时长不能超过 20s。
- 采样要求：采样率 16000Hz，单声道。
- 引擎必须经过初始化和释放处理，且必须在 UI 的主线程中进行调用。
- 多线程调用：HUAWEI HiAI Engine 不支持同一应用使用多线程调用同一接口，这样会使某一线程调用 release()方法后卸载模型，导致正在运行的另一些线程出错。但是引擎支持使用多线程调用不同接口，如开启两个线程同时用文档矫正和 ASR 接口。

3. 语音识别开发指导

鸿蒙系统支持开发具有语音识别需求的第三方应用，如语音输入法、语音搜索、实时字幕、游戏娱乐、社交聊天、人机交互(如驾驶模式)等。

- 语音输入法：将需要输入的文字，直接用语音的方式输入，即用户说话的时候，语音识别引擎返回识别的汉字序列，让输入更加便捷，解放双手。
- 语音搜索：搜索内容直接以语音的方式输入，可以用于客服系统的关键词搜索；同时转录成文本，让搜索更加高效。
- 实时字幕：将直播、视频、现场演讲等音频进行实时的字幕转换，降低理解成本，提升用户体验。
- 驾驶模式：在开车过程中，手握方向盘，无法分神去操作手机来选择音乐、拨打电话。使用语音识别，只要向手机说出命令，例如听音乐的时候说“上一首”“下一首”进行切歌或调节音量，即可被手机识别并执行相应操作。

语音识别开发步骤如下。

(1) 在使用语音识别 API 时，将实现 ASR 的相关类添加至工程。代码如下：

```
// 提供 ASR 引擎执行时所需要传入的参数类
import ohos.ai.asr.AsrIntent;
// 错误码的定义类
import ohos.ai.asr.util.AsrError;
// 加载语音识别 Listener
import ohos.ai.asr.AsrListener;
// 提供调用 ASR 引擎服务接口的类
import ohos.ai.asr.AsrClient;
// ASR 回调结果中的关键字封装类
import ohos.ai.asr.util.AsrResultKey;
```

(2) 调用 API 接口。

创建一个 AsrClient 对象，其中 context 为应用上下文信息，应为 ohos.aafwk.ability.Ability 或 ohos.aafwk.ability.AbilitySlice 的实例或子类实例。代码如下：

```
AsrClient asrClient = AsrClient.createAsrClient(context).orElse(null);
```

设置引擎参数。如果希望识别文件，音频文件需满足约束与限制，并设置音频类型为 ASR_SRC_TYPE_FILE；如果希望识别音频流，则设置音频类型为 ASR_SRC_TYPE_PCM。代码如下：

```
AsrIntent initIntent = new AsrIntent();
initIntent.setAudioSourceType(AsrIntent.AsrAudioSrcType.ASR_SRC_TYPE_PCM);
```

初始化 ASR 服务，其中 mMyAsrListener 为实现了 AsrListener 接口的实例对象。代码如下：

```
asrClient.init(initIntent, mMyAsrListener);
```

开始识别。可以不设置参数，使用默认参数。代码如下：

```
AsrIntent asrIntent = new AsrIntent();
// 设置后置的端点检测(VAD)时间
asrIntent.setVadEndWaitMs(2000);
// 设置前置的端点检测(VAD)时间
asrIntent.setVadFrontWaitMs(4800);
// 设置语音识别的超时时间
asrIntent.setTimeoutThresholdMs(20000);
asrClient.startListening(asrIntent);
// buffer 需要替换为真实的音频数据
byte[] buffer = new byte[]{0, 1, 0, 10, 1};
// 对于长度大于 1280 的音频，需要多次调用 writePcm 分段传输
asrClient.writePcm(buffer, 1280);
```

需要注意的是，startListening()或 writePcm()方法建议放在 mMyAsrListener 中 onInit()方法内调用，保证初始化引擎成功之后再调用识别接口。如果希望识别音频文件，则不需要调用 writePcm 接口。代码如下：

```
AsrIntent asrIntent = new AsrIntent();
//将 FilePath 修改为正确的地址，且需要给 com.huawei.hiai 进程授予文件路径可访问权限
asrIntent.setFilePath("FilePath");
asrClient.startListening(asrIntent);
```

取消或停止识别，代码如下：

```
asrClient.stopListening(); // 停止识别
asrClient.cancel(); // 取消识别
```

释放引擎，代码如下：

```
asrClient.destroy();
```

7.6.4 语音播报

语音播报(Text to Speech，TTS)是基于华为智慧引擎(HUAWEI HiAI Engine)中的语音

播报引擎，向开发者提供的人工智能应用层 API。该技术提供将文本转换为语音并进行播报的能力。

1. 约束与限制

语音播报支持超长文本播报，最大文本长度为 100 000 个字符。

语音播报不支持多线程调用。

2. 场景介绍

- 实时语音交互：生成音频信息用于语音交互。例如，与智能音箱或手机智能助手交互，后台会将回答信息以音频方式进行语音播报。
- 超长文本播报：用于小说、新闻等较长文本的自动朗读。

3. 开发步骤

(1) 导入相关的类，代码如下：

```
import ohos.ai.tts.TtsClient; // TTS 接口
import ohos.ai.tts.TtsListener; // TTS 回调
import ohos.ai.tts.TtsParams; // TTS 参数
import ohos.ai.tts.constants.TtsEvent; // TTS 事件
import ohos.utils.PacMap; // TTS 依赖
```

(2) 创建与 TTS 服务的连接。其中 context 为应用上下文信息，应为 ohos.aafwk.ability.Ability 或 ohos.aafwk.ability.AbilitySlice 的实例或子类实例。

创建与 TTS 服务的连接

(3) 在 TTS 接口创建成功后初始化 TTS 引擎，代码如下：

```
TtsParams ttsParams = new TtsParams();
ttsParams.setDeviceId("your device id");
boolean initResult =
   TtsClient.getInstance().init(ttsParams);
```

(4) 初始化 TTS 引擎成功后调用音频转换并播放接口，代码如下：

```
if (initResult) {
   TtsClient.getInstance().speakText("欢迎使用语音播报！", null);
}
```

(5) 使用完成后销毁 TTS 客户端，代码如下：

```
TtsClient.getInstance().destroy();
```

7.7　网络与连接

7.7.1　NFC 开发

NFC(Near Field Communication，近距离无线通信技术) 是一种非接触式识别和互联技术，让移动设备、消费类电子产品、PC 和智能设备之间可以进行近距离无线通信。

HarmonyOS 的 NFC 提供的功能如下。

- NFC 基础查询：在进行 NFC 功能开发之前，开发者应该先确认设备是否支持 NFC 功能、NFC 是否打开。
- 访问安全单元(Secure Element，SE)：SE 可用于保存重要信息。应用可以访问指定 SE，并发送数据到 SE 上。
- 卡模拟功能：设备可以模拟卡片，替代卡片完成对应操作，如模拟门禁卡、公交卡等。
- NFC 消息通知：通过这个模块，开发者可以获取 NFC 开关状态改变的消息以及 NFC 的场强消息。

1. NFC 基础查询

要进行 NFC 功能开发，需要设备支持 NFC 功能。

开发者可以通过 NfcController 类的方法 isNfcAvailable()来确认设备是否支持 NFC 功能。如果设备支持 NFC 功能，可通过 isNfcOpen()来查询 NFC 的开关状态。代码如下：

```
// 查询本机是否支持 NFC
if (context != null) {
    NfcController nfcController = NfcController.getInstance(context);
} else {
    return;
}
boolean isAvailable = nfcController.isNfcAvailable();
if (isAvailable) {
    // 调用查询 NFC 是否打开接口，返回值为 NFC 是不是打开的状态
    boolean isOpen = nfcController.isNfcOpen();
}
```

2. 访问安全单元

安全单元(Secure Element，SE)可用于保存重要信息，应用或者其他模块可以通过接口完成以下功能。

- 获取安全单元的个数和名称。
- 判断安全单元是否在位。
- 在指定安全单元上打开基础通道。
- 在指定安全单元上打开逻辑通道。
- 发送 APDU(Application Protocol Data Unit)数据到安全单元上。

安全单元开发步骤如下。

(1) 调用 SEService 类的构造函数，创建一个安全单元服务的实例，用于访问安全单元。

(2) 调用 isConnected()接口，查询安全单元服务的连接状态。

(3) 调用 getReaders()接口，获取本机的全部安全单元。

(4) 调用 Reader 类的 openSession()接口打开 Session，返回一个打开的 Session 实例。

(5) 调用 Session 类的 openBasicChannel(Aid aid)接口打开基础通道，或者调用 openLogicalChannel(Aid aid)接口打开逻辑通道，返回一个打开通道 Channel 实例。

(6) 调用 Channel 类的 transmit(byte[] command)接口，发送 APDU 到安全单元。

(7)　调用 Channel 类的 closeChannel()接口，关闭通道。

(8)　调用 Session 类的 closeSessionChannels()接口，关闭 Session 的所有通道。

(9)　调用 Reader 类的 closeSessions()接口，关闭安全单元的所有 Session。

(10) 调用 SEService 类的 shutdown()接口，关闭安全单元服务。

NFC 安全单元开发

3. 卡模拟功能

设备可以模拟卡片，替代卡片完成对应操作，如模拟门禁卡、公交卡等。应用或者其他模块可以通过接口完成以下功能。

- 查询是否支持指定安全单元的卡模拟功能，安全单元包括 HCE(Host Card Emulation)、ESE(Embedded Secure Element)和 SIM(Subscriber Identity Module)卡。
- 打开或关闭指定技术类型的卡模拟，并查询卡模拟状态。
- 获取 NFC 信息，包括当前激活的安全单元、Hisee 上电状态、是否支持 RSSI(Received Signal Strength Indication)查询等。
- 根据 NFC 服务的类型获取刷卡时选择服务的方式，包括支付(Payment)类型和非支付(Other)类型。
- 动态设置和注销前台优先应用。
- NFC 应用的 AID(Application Identifier，应用标识)相关操作，包括注册和删除应用的 AID、查询应用是不是指定 AID 的默认应用、获取应用的 AID 等。
- 定义 Host 和 OffHost 服务的抽象类，应用可以通过继承抽象类来实现 NFC 卡模拟功能。

1)　查询是否支持卡模拟功能

(1)　调用 NfcController 类的 getInstance(Context context)接口，获取 NfcController 实例。

(2)　调用 CardEmulation 类的 getInstance(NfcController controller)接口，获取 CardEmulation 实例，去管理本机卡模拟模块操作。

(3)　调用 isSupported(int feature)接口，查询是否支持 HCE、UICC、ESE 卡模拟。代码如下：

```
// 获取 NFC 控制对象
NfcController nfcController = NfcController.getInstance(context);
// 获取卡模拟控制对象
CardEmulation cardEmulation = CardEmulation.getInstance(nfcController);
// 查询是否支持 HCE、UICC、ESE 卡模拟，返回值表示是否支持对应安全单元的卡模拟
boolean isSupportedHce =
cardEmulation.isSupported(CardEmulation.FEATURE_HCE);
boolean isSupportedUicc =
cardEmulation.isSupported(CardEmulation.FEATURE_UICC);
boolean isSupportedEse =
cardEmulation.isSupported(CardEmulation.FEATURE_ESE);
```

2)　开关卡模拟及查询卡模拟状态

(1)　调用 NfcController 类的 getInstance(Context context)接口，获取 NfcController

实例。

(2) 调用 CardEmulation 类的 getInstance(NfcController controller)接口，获取 CardEmulation 实例，去管理本机卡模拟模块操作。

(3) 调用 setListenMode(int mode)接口打开或者关闭卡模拟。

(4) 调用 isListenModeEnabled()接口查询卡模拟是否打开。代码如下：

```
// 获取 NFC 控制对象
NfcController nfcController = NfcController.getInstance(context);
// 获取卡模拟控制对象
CardEmulation cardEmulation = CardEmulation.getInstance(nfcController);
// 打开卡模拟
cardEmulation.setListenMode(CardEmulation.ENABLE_MODE_ALL);
// 调用查询卡模拟开关状态的接口，返回值为卡模拟是不是打开的状态
boolean isEnabled = cardEmulation.isListenModeEnabled();
// 关闭卡模拟
cardEmulation.setListenMode(CardEmulation.DISABLE_MODE_A_B);
// 调用查询卡模拟开关状态的接口，返回值为卡模拟是不是打开的状态
isEnabled = cardEmulation.isListenModeEnabled();
```

3) 获取 NFC 信息

(1) 调用 NfcController 类的 getInstance(Context context)接口，获取 NfcController 实例。

(2) 调用 CardEmulation 类的 getInstance(NfcController controller)接口，获取 CardEmulation 实例，去管理本机卡模拟模块操作。

(3) 调用 getNfcInfo(String key)接口去获取 NFC 信息。代码如下：

```
// 获取 NFC 控制对象
NfcController nfcController = NfcController.getInstance(context);
// 获取卡模拟控制对象
CardEmulation cardEmulation = CardEmulation.getInstance(nfcController);
// 查询本机当前使能的安全单元类型
String seType = cardEmulation.getNfcInfo
    (CardEmulation.KEY_ENABLED_SE_TYPE);
// ENABLED_SE_TYPE_ESE
// 查询 Hisee 上电状态
String hiseeState = cardEmulation.getNfcInfo
    (CardEmulation.KEY_HISEE_READY);
// 查询是否支持 RSSI 的查询
String rssiAbility = cardEmulation.getNfcInfo
    (CardEmulation.KEY_RSSI_SUPPORTED);
```

4) 根据 NFC 服务的类型获取刷卡时选择服务的方式

(1) 调用 NfcController 类的 getInstance(Context context)接口，获取 NfcController 实例。

(2) 调用 CardEmulation 类的 getInstance(NfcController controller)接口，获取 CardEmulation 实例，去管理本机卡模拟模块操作。

(3) 调用 getSelectionType(Sring category)接口，获取选择服务的方式。代码如下：

```
// 获取 NFC 控制对象
```

```
NfcController nfcController = NfcController.getInstance(context);
// 获取卡模拟控制对象
CardEmulation cardEmulation = CardEmulation.getInstance(nfcController);
// 获取选择服务的方式
int result = cardEmulation.getSelectionType
    (CardEmulation.CATEGORY_PAYMENT);
// SELECTION_TYPE_PREFER_DEFAULT
result = cardEmulation.getSelectionType(CardEmulation.CATEGORY_OTHER);
// SELECTION_TYPE_ASK_IF_CONFLICT
```

5)　动态设置和注销前台优先应用

(1)　调用 NfcController 类的 getInstance(Context context)接口，获取 NfcController 实例。

(2)　调用 CardEmulation 类的 getInstance(NfcController controller)接口，获取 CardEmulation 实例，去管理本机卡模拟模块操作。

(3)　调用 registerForegroundPreferred(Ability appAbility，ElementName appName)接口去动态设置前台优先应用。

(4)　调用 unregisterForegroundPreferred(Ability appAbility)接口去取消设置前台优先应用。代码如下：

```
// 获取 NFC 控制对象
NfcController nfcController = NfcController.getInstance(context);
// 获取卡模拟控制对象
CardEmulation cardEmulation = CardEmulation.getInstance(nfcController);
// 动态设置前台优先应用
Ability ability = new Ability();
cardEmulation.registerForegroundPreferred(ability, new ElementName());
// 注销前台优先应用
cardEmulation.unregisterForegroundPreferred(ability);
```

6)　静态注册 AID

(1)　在配置文件 config.json 中注册 HCE 服务。

(2)　在配置文件 module 中添加 metaData 对象，并配置 customizeData。

- 使用 paymentAid 字段静态注册支付类型的 AID，多个支付类型的 AID 使用‘|’符号隔开。
- 使用 otherAid 字段静态注册其他类型的 AID，多个其他类型的 AID 使用‘|’符号隔开。

代码如下：

```
"metaData": {
  "customizeData": [
    {
      "name": "paymentAid",
      "value": "325041592E5359532E4444463031"
    },
    {
      "name": "otherAid",
      "value": "0123456789|535558494E2E4D46|1234567890"
    }
```

```
  ]
}
```

7) 动态注册 AID

(1) 调用 NfcController 类的 getInstance(Context context)接口，获取 NfcController 实例。

(2) 调用 CardEmulation 类的 getInstance(NfcController controller)接口，获取 CardEmulation 实例，去管理本机卡模拟模块操作。

(3) 调用 registerAids(ElementName appName, String type, List<String> aids)接口去给应用注册指定类型的 AID。

(4) 调用 removeAids(ElementName appName，String type)接口去删除应用的指定类型的 AID。代码如下：

```
// 获取 NFC 控制对象
NfcController nfcController = NfcController.getInstance(context);
// 获取卡模拟控制对象
CardEmulation cardEmulation = CardEmulation.getInstance(nfcController);
// 给应用注册指定类型的 AID
List<String> aids = new ArrayList<String>();
aids.add(0, "A0028321901280");
aids.add(1, "A0028321901281");
Element element = new ElementName();
try {
    cardEmulation.registerAids(element, CardEmulation.CATEGORY_PAYMENT,
aids);
} catch (IllegalArgumentException e) {
    HiLog.error(TAG, "IllegalArgumentException when registerAids");
}
// 删除应用的指定类型的 AID
cardEmulation.removeAids(element, CardEmulation.CATEGORY_PAYMENT);
cardEmulation.removeAids(element, CardEmulation.CATEGORY_OTHER);
```

8) AID 查询

调用 isDefaultForAid(ElementName appName，String aid)接口，可判断应用是不是指定 AID 的默认处理应用。代码如下：

```
// 判断应用是不是指定 AID 的默认处理应用
String aid = "A0028321901280";
cardEmulation.isDefaultForAid(element, aid);
```

调用 getAids(ElementName appName, String type)接口去获取应用中指定类型的 AID 列表。代码如下：

```
// 获取应用中指定类型的 AID 列表
try {
    cardEmulation.getAids(element, CardEmulation.CATEGORY_PAYMENT);
} catch (IllegalArgumentException e) {
    HiLog.error(TAG, "IllegalArgumentException when getAids");
}
```

9)　Host 服务的抽象类

(1)　应用的服务继承 HostService，实现 HCE 卡模拟功能。

(2)　应用自定义实现抽象方法 handleRemoteCommand(byte[] cmd, IntentParams params)和 disabledCallback()。

(3)　应用自定义功能。

NFC 有关 Host 服务

4. NFC 消息通知

NFC 消息通知是 HarmonyOS 内部或者与应用之间跨进程通信的机制，注册者在注册消息通知后，一旦符合条件的消息被发出，注册者即可接收到该消息。

1)　注册并获取 NFC 状态改变消息

(1)　构建消息通知接收者 NfcStateEventSubscriber。

(2)　注册 NFC 状态改变消息。

(3)　NfcStateEventSubscriber 接收并处理 NFC 状态改变消息。

注册并获取 NFC 状态改变消息

2)　注册并获取 NFC 场强消息

(1)　构建消息通知接收者 NfcFieldOnAndOffEventSubscriber。

(2)　注册 NFC 场强消息。

(3)　NfcFieldOnAndOffEventSubscriber 接收并处理 NFC 场强消息。

注册并获取 NFC 场强消息

7.7.2　蓝牙开发

1. 蓝牙开发概述

蓝牙是短距离无线通信的一种方式，支持蓝牙的两个设备必须配对后才能通信。HarmonyOS 蓝牙主要分为传统蓝牙和低功耗蓝牙(通常称为 BLE，Bluetooth Low Energy)。传统蓝牙指的是版本 3.0 以下的蓝牙，低功耗蓝牙指的是版本 4.0 以上的蓝牙。

当前蓝牙的配对方式有两种：蓝牙协议 2.0 以下支持 PIN 码(Personal Identification Number，个人识别码)配对，蓝牙协议 2.1 以上支持简单配对。

1)　传统蓝牙

HarmonyOS 传统蓝牙提供的功能如下。

- 传统蓝牙本机管理：打开和关闭蓝牙，设置和获取本机蓝牙名称，扫描和取消扫描周边蓝牙设备，获取本机蓝牙 profile 对其他设备的连接状态，获取本机蓝牙已配对的蓝牙设备列表。
- 传统蓝牙远端设备操作：查询远端蓝牙设备名称和 MAC 地址、设备类型和配对状态，以及向远端蓝牙设备发起配对。

2)　BLE

BLE 设备交互时会分为不同的角色。

- 中心设备和外围设备：中心设备负责扫描外围设备、发现广播。外围设备负责发送广播。

- GAP(Generic Attribute Profile，通用属性配置文件)服务端与 GATT 客户端：两台设备建立连接后，其中一台作为 GAP 服务端，另一台作为 GATT 客户端。通常发送广播的外围设备作为服务端，负责扫描的中心设备作为客户端。

HarmonyOS 低功耗蓝牙提供的功能有如下。

- BLE 扫描和广播：根据指定状态获取外围设备，启动或停止 BLE 扫描、广播。
- BLE 中心设备与外围设备进行数据交互：BLE 外围设备和中心设备建立 GATT 连接后，中心设备可以查询外围设备支持的各种数据，向外围设备发起数据请求，并向其写入特征值数据。
- BLE 外围设备数据管理：BLE 外围设备作为服务端，可以接收来自中心设备(客户端)的 GATT 连接请求，应答来自中心设备的特征值内容读取和写入请求，并向中心设备提供数据。同时外围设备还可以主动向中心设备发送数据。

3) 约束与限制

调用蓝牙打开接口需要 ohos.permission.USE_BLUETOOTH 权限，调用蓝牙扫描接口需要 ohos.permission.LOCATION 权限和 ohos.permission.DISCOVER_BLUETOOTH 权限。

2. 传统蓝牙本机管理

传统蓝牙本机管理主要是针对蓝牙本机的基本操作，包括打开和关闭蓝牙、设置和获取本机蓝牙名称、扫描和取消扫描周边蓝牙设备、获取本机蓝牙 profile 对其他设备的连接状态、获取本机蓝牙已配对的蓝牙设备列表。

1) 打开蓝牙

(1) 调用 BluetoothHost 的 getDefaultHost(Context context)接口，获取 BluetoothHost 实例，管理本机蓝牙操作。

(2) 调用 enableBt()接口，打开蓝牙。

(3) 调用 getBtState()，查询蓝牙是否打开。代码如下：

```
// 获取蓝牙本机管理对象
BluetoothHost bluetoothHost = BluetoothHost.getDefaultHost(context);
// 用打开接口
bluetoothHost.enableBt();
// 获取蓝牙开关状态接口
int state = bluetoothHost.getBtState();
```

2) 蓝牙扫描

(1) 开始蓝牙扫描前，要先注册广播 BluetoothRemoteDevice.EVENT_DEVICE_DISCOVERED。

(2) 调用 startBtDiscovery()接口，开始进行扫描外围设备。

(3) 如果想要获取扫描到的设备，必须在注册广播时继承实现 CommonEventSubscriber 类的 onReceiveEvent(CommonEventData data)方法，并接收 EVENT_DEVICE_ DISCOVERED 广播。

蓝牙扫描

3. 传统蓝牙远端管理操作

传统蓝牙远端管理操作主要是针对远端蓝牙设备的基本操作，包括获取远端蓝牙设备地址、类型、名称和配对状态，以及向远端设备发起配对。

1)　接口说明

蓝牙远端设备管理类 BluetoothRemoteDevice 的主要接口如表 7-22 所示。

表 7-22　蓝牙远端设备管理类 BluetoothRemoteDevice 的主要接口

接口名	功能描述
getDeviceAddr()	获取远端蓝牙设备地址
getDeviceClass()	获取远端蓝牙设备类型
getDeviceName()	获取远端蓝牙设备名称
getPairState()	获取远端设备配对状态
startPair()	向远端设备发起配对

2)　开发步骤

(1)　调用 BluetoothHost 的 getDefaultHost(Context context)接口，获取 BluetoothHost 实例，管理本机蓝牙操作。

(2)　调用 enableBt()接口，打开蓝牙。

(3)　调用 startBtDiscovery()，扫描设备。

(4)　调用 startPair()，发起配对。

(5)　调用 getDeviceAddr()，获取远端蓝牙设备地址。代码如下：

```
// 获取蓝牙本机管理对象
BluetoothHost bluetoothHost = BluetoothHost.getDefaultHost(context);
// 调用打开接口
bluetoothHost.enableBt();
// 调用扫描接口
bluetoothHost.startBtDiscovery();
// 设置界面会显示出扫描结果列表，点击蓝牙设备去配对
BluetoothRemoteDevice device = bluetoothHost.getRemoteDev(TEST_ADDRESS);
device.startPair();
// 调用接口获取远端蓝牙设备地址
String deviceAddr = device.getDeviceAddr();
```

4. BLE 扫描和广播

通过 BLE 扫描和广播提供的开放能力，可以根据指定状态获取外围设备，启动或停止 BLE 扫描、广播。

1)　中心设备进行 BLE 扫描

(1)　进行 BLE 扫描之前，先要继承 BleCentralManagerCallback 类，实现 scanResultEvent 和 scanFailedEvent 回调函数，用于接收扫描结果。

(2)　调用 BleCentralManager(BleCentralManagerCallback callback)接口，获取中心设备管理对象。

(3)　获取扫描过滤器，过滤器为空时为不使用过滤器扫描。然后调用 startScan()开始扫描 BLE 设备，在回调中获取扫描到的 BLE 设备。

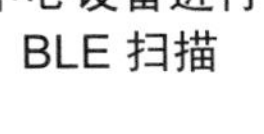

中心设备进行 BLE 扫描

2)　外围设备进行 BLE 广播

(1)　进行 BLE 广播前，需要先继承 advertiseCallback 类，实现 startResultEvent 回调，用于获取广播结果。

(2) 调用接口 BleAdvertiser(Context context，BleAdvertiseCallback callback)获取广播对象，构造广播参数和广播数据。

(3) 调用 startAdvertising(BleAdvertiseSettings settings，BleAdvertiseData advData，BleAdvertise Data scanResponse)接口，开始 BLE 广播。

外围设备进行BLE 广播

5. BLE 中心设备与外围设备进行数据交互

BLE 外围设备和中心设备建立 GATT 连接，通过该连接，中心设备可以获取外围设备支持的 Service、Characteristic、Descriptor、RSSI 等数据。同时，中心设备可以向外围设备进行数据请求，并向外围设备写入 Characteristic、Descriptor 等特征值数据。

开发步骤如下。

(1) 调用 startScan()接口，启动 BLE 扫描来获取外围设备。

(2) 获取到外围设备后，调用 connect(boolean isAutoConnect，BlePeripheraCallback callback)建立与外围 BLE 设备的 GATT 连接，boolean 参数 isAutoConnect 用于设置是否允许设备在可发现距离内自动建立 GATT 连接。

(3) 启动 GATT 连接后，会触发 connectionStateChangeEvent(int connectionState)回调，根据回调结果判断是否连接 GATT 成功。

(4) 在 GATT 连接成功时，中心设备可以调用 discoverServices()接口获取外围设备支持的 Services、Characteristics 等特征值，在回调 servicesDiscoveredEvent(int status)中获取外围设备支持的服务和特征值，并根据 UUID 判断是什么服务。

(5) 根据获取到的服务和特征值，调用 read 和 write 方法读取或者写入对应特征值数据。

BLE 中心设备与外围设备进行数据交互

6. BLE 外围设备数据管理

BLE 外围设备作为服务端，可以接收来自中心设备(客户端)的 GATT 连接请求，应答来自中心设备的特征值内容读取和写入请求，并向中心设备提供数据，从而实现信息交互和消息同步。同时外围设备还可以主动向中心设备发送数据。

开发步骤如下。

(1) 调用 BlePeripheralManager(Context context，BlePeripheralManagerCallback callback，int transport)接口，创建外围设备服务端并开启服务。

(2) 调用 GattService(UUID uuid，boolean isPrimary)接口，创建服务对象，向外围设备添加服务。

(3) 从回调接口 onCharacteristicWriteRequest 中获取中心设备发送来的消息，调用 notifyCharacteristicChanged 接口向中心设备发送通知。

BLE 外围设备数据管理

7.7.3 WLAN 开发

无线局域网(Wireless Local Area Networks，WLAN)是通过无线电、红外光信号或者其他技术发送和接收数据的局域网，用户可以通过 WLAN 实现结点之间无物理连接的网络通信，常用于用户携带可移动终端的办公、公众环境中。

HarmonyOS WLAN 服务系统为用户提供 WLAN 基础功能、P2P(peer-to-peer)功能和 WLAN 消息通知的相应服务，让应用可以通过 WLAN 和其他设备互联互通。

本节提供多个开发场景的指导，涉及多个 API 接口的调用。在调用 API 前，应用需要先申请对应的访问权限。

1. WLAN 基础功能

应用或者其他模块可以通过接口完成以下功能。

- 获取 WLAN 状态，查询 WLAN 是否打开。
- 发起扫描并获取扫描结果。
- 获取连接态详细信息，包括连接信息、IP 信息等。
- 获取设备国家码。
- 判断设备是否支持指定的能力。

1) 获取 WLAN 状态，查询 WLAN 是否打开

(1) 调用 WifiDevice 的 getInstance(Context context)接口，获取 WifiDevice 实例，用于管理本机 WLAN 操作。

(2) 调用 isWifiActive()接口查询 WLAN 是否打开。代码如下：

```
// 获取 WLAN 管理对象
WifiDevice wifiDevice = WifiDevice.getInstance(context);
// 调用获取 WLAN 开关状态接口
boolean isWifiActive = wifiDevice.isWifiActive();
// 若 WLAN 打开，则返回 true，否则返回 false
```

2) 发起扫描并获取扫描结果

(1) 调用 WifiDevice 的 getInstance(Context context)接口，获取 WifiDevice 实例，用于管理本机 WLAN 操作。

(2) 调用 scan()接口发起扫描。

(3) 调用 getScanInfoList()接口获取扫描结果。代码如下：

```
// 获取 WLAN 管理对象
WifiDevice wifiDevice = WifiDevice.getInstance(context);
// 调用 WLAN 扫描接口
boolean isScanSuccess = wifiDevice.scan();
// 调用获取扫描结果
 List<WifiScanInfo> scanInfos = wifiDevice.getScanInfoList();
```

3) 获取连接态详细信息

(1) 调用 WifiDevice 的 getInstance(Context context)接口，获取 WifiDevice 实例，用于管理本机 WLAN 操作。

(2) 调用 isConnected()接口获取当前连接状态。

(3) 调用 getLinkedInfo()接口获取连接信息。

(4) 调用 getIpInfo()接口获取 IP 信息。代码如下：

```
// 获取 WLAN 管理对象
WifiDevice wifiDevice = WifiDevice.getInstance(context);
```

```
// 调用 WLAN 连接状态接口,确定当前设备是否连接 WLAN
boolean isConnected = wifiDevice.isConnected();
if (isConnected) {
    // 获取 WLAN 连接信息
    Optional<WifiLinkedInfo> linkedInfo = wifiDevice.getLinkedInfo();
    // 获取连接信息中的 SSID
    String ssid = linkedInfo.get().getSsid();
    // 获取 WLAN 的 IP 信息
    Optional<IpInfo> ipInfo = wifiDevice.getIpInfo();
    // 获取 IP 信息中的 IP 地址与网关
    int ipAddress = ipInfo.get().getIpAddress();
    int gateway = ipInfo.get().getGateway();
}
```

4) 获取设备国家码

(1) 调用 WifiDevice 的 getInstance(Context context)接口，获取 WifiDevice 实例，用于管理本机 WLAN 操作。

(2) 调用 getCountryCode()接口获取设备的国家码。代码如下：

```
// 获取 WLAN 管理对象
WifiDevice wifiDevice = WifiDevice.getInstance(context);
// 获取当前设备的国家码
String countryCode = wifiDevice.getCountryCode();
```

5) 判断设备是否支持指定的能力

(1) 调用 WifiDevice 的 getInstance(Context context)接口，获取 WifiDevice 实例，用于管理本机 WLAN 操作。

(2) 调用 isFeatureSupported(long featureId)接口判断设备是否支持指定的能力。代码如下：

```
// 获取 WLAN 管理对象
WifiDevice wifiDevice = WifiDevice.getInstance(context);
// 获取当前设备是否支持指定的能力
boolean isSupportInfra =
wifiDevice.isFeatureSupported(WifiUtils.WIFI_FEATURE_INFRA);
isSupportInfra5g =
wifiDevice.isFeatureSupported(WifiUtils.WIFI_FEATURE_INFRA_5G);
isSupportPasspoint =
wifiDevice.isFeatureSupported(WifiUtils.WIFI_FEATURE_PASSPOINT);
isSupportP2p = wifiDevice.isFeatureSupported(WifiUtils.WIFI_FEATURE_P2P);
isSupportHotspot =
wifiDevice.isFeatureSupported(WifiUtils.WIFI_FEATURE_MOBILE_HOTSPOT);
isSupportAware =
wifiDevice.isFeatureSupported(WifiUtils.WIFI_FEATURE_AWARE);
isSupportApSta =
wifiDevice.isFeatureSupported(WifiUtils.WIFI_FEATURE_AP_STA);
isSupportWpa3Sae =
wifiDevice.isFeatureSupported(WifiUtils.WIFI_FEATURE_WPA3_SAE);
isSupportWpa3SuiteB =
wifiDevice.isFeatureSupported(WifiUtils.WIFI_FEATURE_WPA3_SUITE_B);
isSupportOwe = wifiDevice.isFeatureSupported(WifiUtils.WIFI_FEATURE_OWE);
```

2. P2P 功能

WLAN P2P 功能用于设备与设备之间的点对点数据传输，应用可以通过接口完成以下功能。

- 启动与停止 P2P 搜索。
- 创建与移除群组。
- 向对端设备发起连接。
- 获取 P2P 相关信息。

1) 启动与停止 P2P 搜索

(1) 调用 WifiP2pController 的 getInstance(Context context)接口，获取 P2P 控制器实例，用于管理 P2P 操作。

(2) 调用 init(EventRunner eventRunner，WifiP2pCallback callback)，初始化 P2P 控制器实例。

(3) 发起 P2P 搜索。

(4) 获取 P2P 搜索回调信息。

(5) 停止 P2P 搜索。

P2P 功能

2) 创建与移除群组

(1) 调用 WifiP2pController 的 getInstance(Context context)接口，获取 P2P 控制器实例，用于管理 P2P 操作。

(2) 调用 init(EventRunner eventRunner，WifiP2pCallback callback)，初始化 P2P 控制器实例。

P2P 创建与移除群组

(3) 创建 P2P 群组。

(4) 移除 P2P 群组。

3) 向对端设备发起连接

(1) 调用 WifiP2pController 的 getInstance(Context context)接口，获取 P2P 控制器实例，用于管理 P2P 操作。

(2) 调用 init(EventRunner eventRunner，WifiP2pCallback callback)，初始化 P2P 控制器实例。

发起 P2P 连接

(3) 调用 requestP2pInfo()查询 P2P 可用设备信息。

(4) 根据场景不同，从可用设备信息中选择目标设备。

(5) 调用 connect 接口发起连接。

4) 请求 P2P 相关信息

(1) 调用 WifiP2pController 的 getInstance()接口，获取 P2P 控制器实例，用于管理 P2P 操作。

请求 P2P 相关信息

(2) 调用 init()，初始化 P2P 控制器实例。

(3) 调用 requestP2pInfo()，查询 P2P 群组信息。

(4) 调用 requestP2pInfo()，查询 P2P 设备信息。

(5) 根据场景不同，可以调用 requestP2pInfo 获取需要的信息。

3. WLAN 消息通知

WLAN 消息通知(Notification)是 HarmonyOS 内部或者与应用之间跨进程通信的机制。注册者在注册消息通知后，一旦符合条件的消息被发出，注册者即可接收到该消息并获取消息中附带的信息。

WLAN 消息通知

WLAN 消息通知开发步骤如下。

(1) 构建消息通知接收者 WifiEventSubscriber。

(2) 注册 WLAN 变化消息。

(3) WifiEventSubscriber 接收并处理 WLAN 广播消息。

7.8 设备管理

7.8.1 传感器开发

1. 传感器开发概述

1) 基本概念

HarmonyOS 传感器是应用访问底层硬件传感器的一种设备抽象概念。开发者根据传感器提供的 Sensor API，可以查询设备上的传感器，订阅传感器的数据，并根据传感器数据定制相应的算法，开发各类应用，比如指南针、运动健康、游戏等。

根据用途，可以将传感器分为六大类：运动类传感器、环境类传感器、方向类传感器、光线类传感器、健康类传感器、其他类传感器(如霍尔传感器)。每一大类传感器又包含不同类型的传感器。某种类型的传感器可能是单一的物理传感器，也可能是由多个物理传感器复合而成。传感器部分分类如表 7-23 所示。

表 7-23 传感器部分分类

分类	API 类名	传感器类型	中文描述	说明	主要用途
运动类	ohos.sensor.agent.CategoryMotionAgent	SENSOR_TYPE_PEDOMETER_DETECTION	计步器检测传感器	检测用户的计步动作；如果取值为 1，则代表用户产生了计步行走的动作；取值为 0，则代表用户没有发生运动	用于检测用户是否有计步的动作
		SENSOR_TYPE_PEDOMETER	计步器传感器	统计用户的行走步数	用于提供用户行走的步数数据
		SENSOR_TYPE_GRAVITY	重力传感器	测量三个物理轴(x、y 和 z)上，施加在设备上的重力加速度，单位为 m/s^2	测量重力大小
环境类	ohos.sensor.agent.CategoryEnvironmentAgent	SENSOR_TYPE_AMBIENT_TEMPERATURE	环境温度传感器	测量环境温度，单位为摄氏度(℃)	测量环境温度
		SENSOR_TYPE_MAGNETIC_FIELD	磁场传感器	测量三个物理轴向(x、y、z)上，环境地磁场，单位为μT	创建指南针
		SENSOR_TYPE_HUMIDITY	湿度传感器	测量环境的相对湿度，以百分比(%)表示	监测绝对湿度和相对湿度
		SENSOR_TYPE_BAROMETER	气压计传感器	测量环境气压，单位为 hPa 或 mbar	测量环境气压
健康类	ohos.sensor.agent.CategoryBodyAgent	SENSOR_TYPE_HEART_RATE	心率传感器	测量用户的心率数值	用于提供用户的心率健康数据
		SENSOR_TYPE_WEAR_DETECTION	佩戴检测传感器	检测用户是否佩戴传感器	用于检测用户是否佩戴智能穿戴

2) 运作机制

HarmonyOS 传感器包含四个模块：Sensor API、Sensor Framework、Sensor Service、HD_IDL 层，如图 7-67 所示。

- Sensor API：提供传感器的基础 API，主要包含查询传感器的列表、订阅/取消传感器的数据、执行控制命令等，可简化应用开发。
- Sensor Framework：主要实现传感器的订阅管理，数据通道的创建、销毁、订阅与取消订阅，实现与 SensorService 的通信。
- Sensor Service：主要实现 HD_IDL 层数据接收、解析、分发，前后台的策略管控，对该设备 Sensor 的管理，Sensor 权限管控等。
- HD_IDL 层：对不同的 FIFO、频率进行策略选择，以及对不同设备的适配。

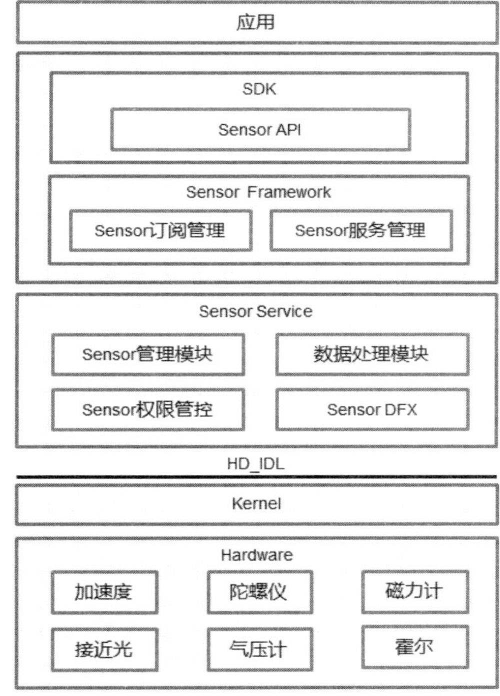

图 7-67 HarmonyOS 传感器

3) 约束与限制

- 针对某些传感器，开发者需要请求相应的权限，才能获取到相应传感器的数据。
- 传感器数据订阅和取消订阅接口成对调用，当不再需要订阅传感器数据时，开发者需要调用取消订阅接口进行资源释放。

2. 传感器开发指导

- 通过方向传感器数据，可以感知用户设备当前的朝向，从而达到为用户指明方位的目的。
- 通过重力和陀螺仪传感器数据，能感知设备倾斜和旋转量，提高用户在游戏场景中的体验。

- 通过接近光传感器数据，感知距离遮挡物的距离，使设备能够自动亮灭屏，达到防误触目的。
- 通过气压计传感器数据，可以准确判断设备当前所处的海拔。
- 通过环境光传感器数据，设备能够实现背光自动调节。
- 通过霍尔传感器数据，设备可以实现皮套功能等。

HarmonyOS 传感器提供的功能有：查询传感器的列表、订阅/取消订阅传感器数据、查询传感器的最小采样时间间隔、执行控制命令。

1) 权限配置

如果设备上使用了传感器权限列表中的传感器，需要请求相应的权限，开发者才能获取到传感器数据。

开发者需要在 config.json 里面配置权限。

(1) 开发者如果要获取加速度的数据，需进行如下权限配置：

```
"reqPermissions": [
    {
        "name": "ohos.permission.ACCELEROMETER",
        "reason": "",
        "usedScene": {
            "ability": [
                ".MainAbility"
            ],
            "when": "inuse"
        }
    }
]
```

(2) 对于需用户授权的权限，如计步器传感器，要进行如下权限配置：

```
"reqPermissions": [
    {
        "name": "ohos.permission.ACTIVITY_MOTION",
        "reason": "",
        "usedScene": {
            "ability": [
                ".MainAbility"
            ],
            "when": "inuse"
        }
    }
]
```

(3) 由于敏感权限需用户授权，因此开发者在应用启动时或者调用订阅数据接口前，要调用权限检查和请求权限接口。例如：

```
@Override
public void onStart(Intent intent) {
    super.onStart(intent);
    if (verifySelfPermission("ohos.permission.ACTIVITY_MOTION") != 0) {
```

```
        if (canRequestPermission("ohos.permission.ACTIVITY_MOTION")) {
            requestPermissionsFromUser(new String[]
                {"ohos.permission.ACTIVITY_MOTION"}, 1);
        }
    }
    // ...
}
@Override
public void onRequestPermissionsFromUserResult(int requestCode, String[]
    permissions, int[] grantResults) {
    // 匹配 requestPermissionsFromUser 的 requestCode
    if (requestCode == 1) {
        if (grantResults.length > 0 && grantResults[0] == 0) {
            // 权限被授予
        } else {
            // 权限被拒绝
        }
    }
}
```

2)　使用传感器

下面以使用方向类别的传感器为例介绍使用方法，运动类、环境类、健康类等类别的传感器类似。

(1)　获取待订阅数据的传感器。

(2)　创建传感器回调。

(3)　订阅传感器数据。

(4)　接收并处理传感器数据。

(5)　取消订阅传感器数据。

使用传感器

7.8.2　控制类小器件开发

1. 控制类小器件开发概述

1)　基本概念

控制类小器件指的是设备上的 LED 灯和振动器。其中，LED 灯主要用作指示(如充电状态)、闪烁功能(如三色灯)等场景；振动器主要用于闹钟、开关机振动、来电振动等场景。

2)　运作机制

控制类小器件主要包含四个模块：控制类小器件 SDK、控制类小器件 Framework、控制类小器件 Service、HD_IDL 层，如图 7-68 所示。

- 控制类小器件 SDK：提供灯和振动器基础的 API，主要包含灯的列表查询、打开灯、关闭灯等接口，振动器的列表查询、振动器的振动器效果查询、触发/关闭振动器等接口。
- 控制类小器件 Framework：主要实现灯和振动器的框架层管理，实现与控制类小器件 Service 的通信。

- 控制类小器件 Service：实现灯和振动器的服务管理。
- HD_IDL 层：对不同设备的适配。

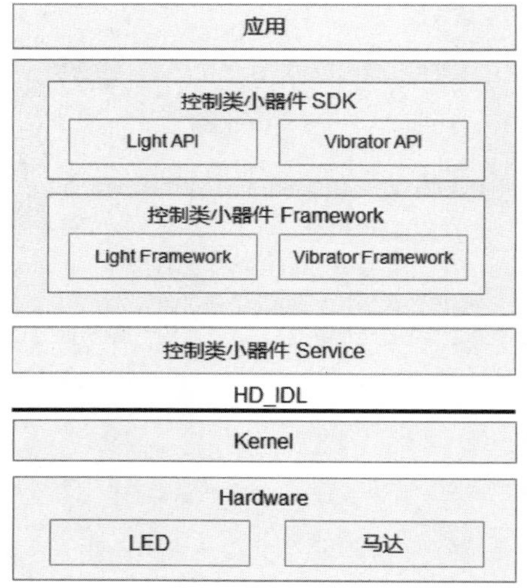

图 7-68　控制类小器件

3) 约束与限制

- 在调用 Light API 时，先通过 getLightIdList 接口查询设备所支持的灯的 ID 列表，以免调用打开接口异常。
- 在调用 Vibrator API 时，先通过 getVibratorIdList 接口查询设备所支持的振动器 ID 列表，以免调用振动接口异常。
- 在使用振动器时，开发者需要配置请求振动器的权限 ohos.permission.VIBRATE，才能控制振动器振动。

2. Light 开发指导

当设备需要设置不同的闪烁效果时，可以调用 Light 模块，例如 LED 灯能够设置灯颜色、灯亮和灯灭时长的闪烁效果。

说明：使用该功能依赖于硬件设备是否具有 LED 灯。

灯模块主要提供的功能有：查询设备上灯的列表，查询某个灯设备支持的效果，打开和关闭灯设备。

开发步骤如下。

(1) 查询硬件设备上灯的列表。

(2) 查询指定的灯是否支持指定的闪烁效果。

(3) 创建不同的闪烁效果。

(4) 关闭指定的灯。代码如下：

```
private LightAgent lightAgent = new LightAgent();
@Override
public void onStart(Intent intent) {
    super.onStart(intent);
```

```
    super.setUIContent(ResourceTable.Layout_light_layout);
    // ...
    // 查询硬件设备上的灯列表
    List<Integer> myLightList = lightAgent.getLightIdList();
    if (myLightList.isEmpty()) {
        return;
    }
    int lightId = myLightList.get(0);
    // 查询指定的灯是否支持指定的闪烁效果
    boolean isSupport = lightAgent.isEffectSupport(lightId,
        LightEffect.LIGHT_ID_KEYBOARD);
    // 创建指定效果的一次性闪烁
    boolean turnOnResult = lightAgent.turnOn(lightId,
        LightEffect.LIGHT_ID_KEYBOARD);
    // 创建自定义效果的一次性闪烁
    LightBrightness lightBrightness = new LightBrightness(255, 255, 255);
    LightEffect lightEffect = new LightEffect(lightBrightness, 1000,
        1000);
    boolean turnOnEffectResult = lightAgent.turnOn(lightId, lightEffect);
    // 关闭指定的灯
    boolean turnOffResult = lightAgent.turnOff(lightId);
}
```

3. Vibrator 开发指导

当设备需要设置不同的振动效果时，可以调用 Vibrator 模块，例如，设备的按键可以设置不同强度和时长的振动，闹钟和来电可以设置不同强度和时长的单次或周期性振动。

振动器模块主要提供的功能有：查询设备上振动器的列表，查询某个振动器是否支持某种振动效果，触发和关闭振动器。

开发步骤如下。

(1) 控制设备上的振动器，需要在 config.json 中进行配置请求权限，具体如下：

```
"reqPermissions": [
    {
        "name": "ohos.permission.VIBRATE",
        "reason": "",
        "usedScene": {
            "ability": [
                ".MainAbility"
            ],
            "when": "inuse"
        }
    }
]
```

(2) 查询硬件设备上的振动器列表。

(3) 查询指定的振动器是否支持指定的振动效果。

(4) 创建不同效果的振动。

(5) 关闭指定的振动器指定模式的振动。

Vibrator 开发

习　题

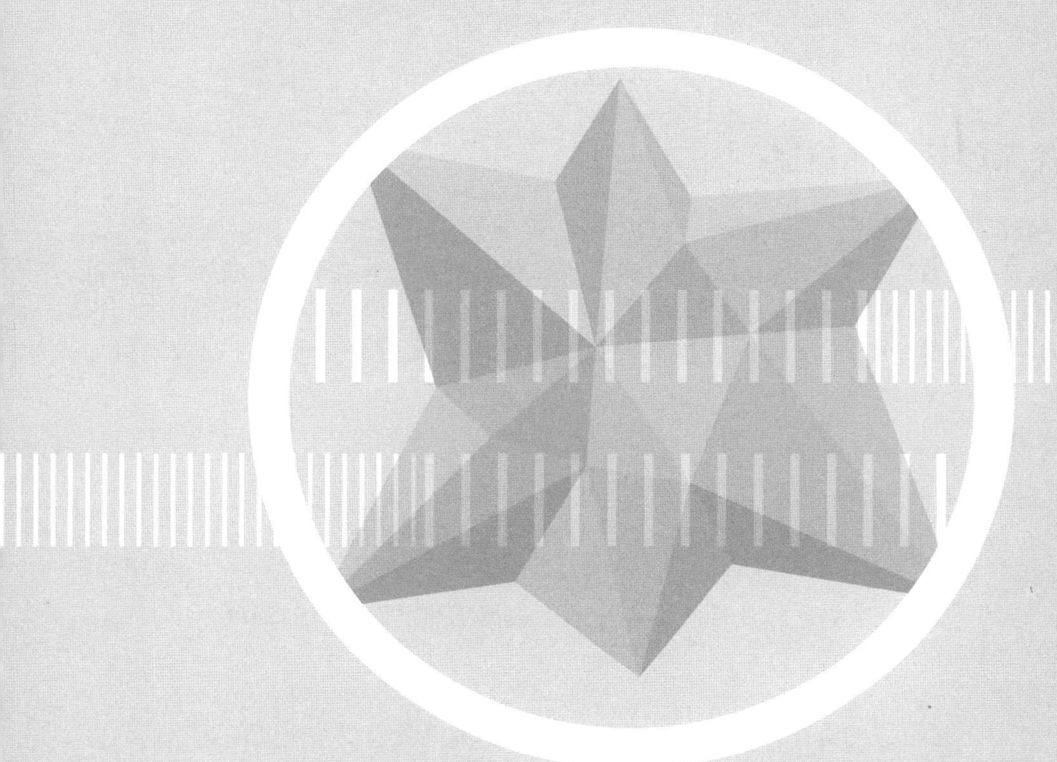

第 8 章

鸿蒙 OS 数据库开发

8.1 关系型数据库

8.1.1 关系型数据库概述

关系型数据库(Relational DataBase，RDB)是一种基于关系模型管理数据的数据库。HarmonyOS 关系型数据库基于 SQLite 组件提供了一套完整的对本地数据库进行管理的机制，对外提供了一系列的增、删、改、查等接口，也可以直接运行用户输入的 SQL 语句来满足复杂的场景需要。HarmonyOS 提供的关系型数据库功能更加完善，查询效率更加高效。

1. 基本概念

1) 关系型数据库

指基于关系模型来管理数据的数据库，以行和列的形式存储数据。

2) 谓词

指数据库中用来代表数据实体的性质、特征或者数据实体之间关系的词项，主要用来定义数据库的操作条件。

3) 结果集

指用户查询之后的结果集合，可以对数据进行访问。结果集提供了灵活的数据访问方式，可以更方便地获得用户想要的数据。

4) SQLite 数据库

一款轻型的数据库，是遵守 ACID 的关系型数据库管理系统，是一个开源的项目。

2. 运作机制

HarmonyOS 关系型数据库对外提供通用的操作接口，底层使用 SQLite 作为持久化存储引擎，支持 SQLite 的所有数据库特性，包括但不限于事务、索引、视图、触发器、外键、参数化查询和预编译 SQL 语句。

3. 默认配置

- 如果不指定数据库的日志模式，那么系统默认日志方式是 WAL(Write Ahead Log)模式。
- 如果不指定数据库的落盘模式，那么系统默认落盘方式是 FULL 模式。
- HarmonyOS 数据库使用的共享内存默认大小是 2MB。

4. 约束与限制

- 数据库中连接池的最大数量是 4 个，用于管理用户的读写操作。
- 为保证数据的准确性，数据库同一时间只支持一个写操作。

8.1.2 关系型数据库开发

关系型数据库是在 SQLite 基础上实现的本地数据操作机制，提供无须编写原生 SQL

语句就能进行数据增、删、改、查的方法，同时也支持原生 SQL 语句操作。

关系型数据库运作机制如图 8-1 所示。

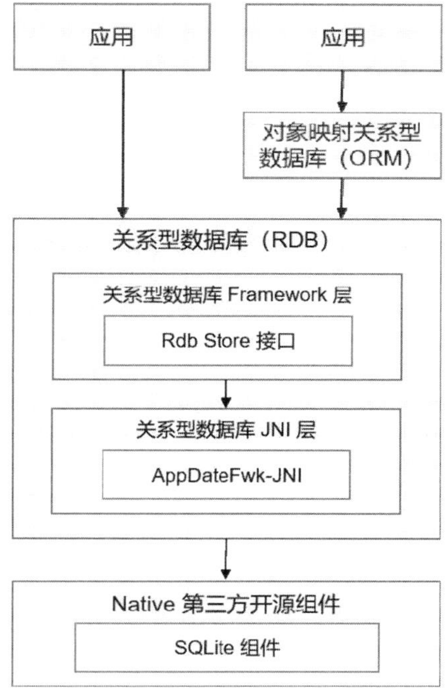

图 8-1　关系型数据库运作机制

关系型数据库开发步骤如下。

1. 创建数据库

(1) 配置数据库相关信息，包括数据库的名称、存储模式、是否为只读模式等。

(2) 初始化数据库表结构和相关数据。

(3) 创建数据库。

代码如下：

```
DatabaseHelper helper = new DatabaseHelper(context);
StoreConfig config = StoreConfig.newDefaultConfig("RdbStoreTest.db");
RdbOpenCallback callback = new RdbOpenCallback() {
    @Override
    public void onCreate(RdbStore store) {
        store.executeSql("CREATE TABLE IF NOT EXISTS test (id INTEGER
            PRIMARY KEY AUTOINCREMENT, name TEXT NOT NULL, age INTEGER,
            salary REAL, blobType BLOB)");
    }
    @Override
    public void onUpgrade(RdbStore store, int oldVersion, int newVersion) {
    }
};
RdbStore store = helper.getRdbStore(config, 1, callback, null);
```

2. 插入数据

(1) 构造要插入的数据，以 ValuesBucket 形式存储。

(2) 调用关系型数据库提供的插入接口。

代码如下：

```
ValuesBucket values = new ValuesBucket();
values.putInteger("id", 1);
values.putString("name", "zhangsan");
values.putInteger("age", 18);
values.putDouble("salary", 100.5);
values.putByteArray("blobType", new byte[] {1, 2, 3});
long id = store.insert("test", values);
```

3. 查询数据

(1) 构造用于查询的谓词对象，设置查询条件。

(2) 指定查询返回的数据列。

(3) 调用查询接口查询数据。

(4) 调用结果集接口，遍历返回结果。

代码如下：

```
String[] columns = new String[] {"id", "name", "age", "salary"};
RdbPredicates rdbPredicates = new RdbPredicates("test").equalTo("age",
    25).orderByAsc("salary");
ResultSet resultSet = store.query(rdbPredicates, columns);
resultSet.goToNextRow();
```

4. 注册结果集观察者

(1) 注册观察者，类型为 DataObserverAsyncWrapper。

(2) 设置受影响的 URI。

代码如下：

```
resultSet.registerObserver(dataObserverAsyncWrapper);
List<Uri> uris = new ArrayList<>();
uris.add(Uri.parse(String.format((Const.BASE_URI + Const.DATA_PATH), "")));
resultSet.setAffectedByUris(this, uris);
```

8.2 对象关系映射数据库

8.2.1 对象关系映射数据库概述

HarmonyOS 对象关系映射(object relational mapping，ORM)数据库是一款基于 SQLite 的数据库框架，屏蔽了底层 SQLite 数据库的 SQL 操作，针对实体和关系提供了增、删、改、查等一系列的面向对象接口。应用开发者不必再去编写复杂的 SQL 语句，以操作对象的形式来操作数据库，在提升效率的同时也能聚焦于业务开发。

1. 基本概念

1)　对象关系映射数据库的三个主要组件

- 数据库：被开发者用@Database 注解，且继承了 OrmDatabase 类，对应关系型数据库。
- 实体对象：被开发者用@Entity 注解，且继承了 OrmObject 类，对应关系型数据库中的表。
- 对象数据操作接口：包括数据库操作的入口 OrmContext 类和谓词接口(OrmPredicate)等。

2)　谓词

谓词指数据库中用来代表数据实体的性质、特征或者数据实体之间关系的词项，主要用来定义数据库的操作条件。对象关系映射数据库将 SQLite 数据库中的谓词封装成了接口方法供开发者调用。开发者通过对象数据操作接口，可以访问应用持久化的关系型数据。

3)　对象关系映射数据库

对象关系映射数据库是指通过将实例对象映射到关系上，实现操作实例对象的语法，以操作关系型数据库。它是在 SQLite 数据库的基础上提供的一个抽象层。

4)　SQLite 数据库

SQLite 数据库是指一款轻型的数据库，是遵守 ACID 的关系型数据库管理系统。

2. 运作机制

对象关系映射数据库操作是基于关系型数据库操作接口完成的，是在关系型数据库操作的基础上又实现了对象关系映射等特性。对象关系映射数据库跟关系型数据库一样，都使用 SQLite 作为持久化引擎，底层使用的是同一套数据库连接池和数据库连接机制。

使用对象关系映射数据库的开发者，需要先配置实体模型与关系映射文件。应用数据管理框架提供的类生成工具会解析这些文件，生成数据库帮助类，这样应用数据管理框架就能在运行时根据开发者的配置创建好数据库，并在存储过程中自动完成对象关系映射。开发者再通过对象数据操作接口，如 OrmContext 接口和谓词接口等操作持久化数据库。

对象数据操作接口提供一组基于对象映射的数据操作接口，实现了基于 SQL 的关系模型数据到对象的映射，让用户不需要再和复杂的 SQL 语句打交道，只需简单地操作实体对象的属性和方法。对象数据操作接口支持对象的增、删、改、查操作，同时支持事务操作等。

对象关系映射数据库运作机制如图 8-2 所示。

3. 默认配置

- 如果不指定数据库的日志模式，那么系统默认日志方式是 WAL(Write Ahead Log)模式。
- 如果不指定数据库的落盘模式，那么系统默认落盘方式是 FULL 模式。
- HarmonyOS 数据库使用的共享内存默认大小是 2MB。

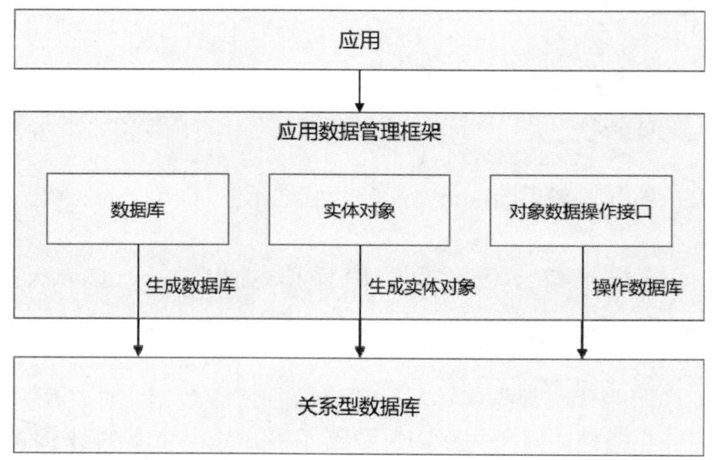

图 8-2　对象关系映射数据库运作机制

4. 约束与限制

- 当应用使用对象关系映射数据库接口时，应用包和类的命名需要遵循典型的 Java 风格(小写包名，大驼峰类名)。
- HarmonyOS 对象关系映射数据库是建立在 HarmonyOS 关系型数据库基础之上的。
- 当开发者建立实体对象类时，对象属性不支持使用自定义类型。

8.2.2　对象关系映射数据库开发

对象关系映射数据库适用于开发者使用的数据可以分解为一个或多个对象，且需要对数据进行增、删、改、查等操作，但是不希望编写过于复杂的 SQL 语句的场景。

对象关系映射数据库的实现基于关系型数据库，除了数据库版本升降级等场景外，操作对象关系映射数据库一般不需要编写 SQL 语句，但是仍然要求使用者对关系型数据库的基本概念有一定的了解。

1. 开发能力介绍

对象关系映射数据库目前可以支持数据库和表的创建、对象数据的增/删/改/查、对象数据变化回调、数据库升降级和备份等功能。

1)　数据库和表的创建

(1)　创建数据库。开发者需要定义一个表示数据库的类，继承 OrmDatabase，再通过@Database 注解内的 entities 属性指定哪些数据模型类属于这个数据库。主要设置属性如下。

- version：数据库版本号。
- entities：数据库内包含的表。

(2)　创建数据表。开发者可通过创建一个继承了 OrmObject 并用@Entity 注解的类，获取数据库实体对象，也就是表的对象。主要设置属性如下。

- tableName：表名。

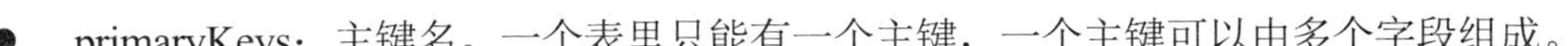

- primaryKeys：主键名。一个表里只能有一个主键，一个主键可以由多个字段组成。
- foreignKeys：外键列表。
- indices：索引列表。

2)　打开数据库和数据库加密

(1)　打开数据库。开发者通过 getOrmContext 打开数据库。

(2)　数据库加密。对象关系映射数据库提供数据库加密的功能，创建加密数据库时传入指定密钥，打开加密数据库时需要传入正确密钥。

3)　对象数据的增/删/改/查

通过对象数据操作接口，开发者可以对对象数据进行增、删、改、查操作。

4)　事务提交和回滚

对象关系型数据库提供事务机制来保证用户操作的原子性。对单条数据进行数据库操作时，无须开启事务；插入大量数据时，开启事务可以保证数据的准确性。如果中途操作出现失败，会自动执行回滚操作。

5)　数据变化观察者设置

通过使用对象数据操作接口，开发者可以在某些数据上设置观察者，接收数据变化的通知。

6)　数据库的升降级

通过调用数据库升降级接口，开发者可以将数据库切换到不同的版本。

7)　数据库的备份恢复

开发者可以将当前数据库的数据进行备份，在必要的时候进行数据恢复。

2. 开发步骤

(1)　配置 build.gradle 文件。

- 如果使用注解处理器的模块为 com.huawei.ohos.hap，则需要在模块的 build.gradle 文件 ohos 节点中添加以下配置：

```
compileOptions{
   annotationEnabled true
}
```

- 如果使用注解处理器的模块为 com.huawei.ohos.library，则需要在模块的 build.gradle 文件 dependencies 节点中配置注解处理器。
- 查看 orm_annotations_java.jar、orm_annotations_processor_java.jar、javapoet_java.jar 这 3 个 jar 包(在 HUAWEI SDK 中的 Sdk/java/x.x.x.xx/build-tools/lib/目录)，并将这三个 jar 包导进来。例如：

```
dependencies {
   compile files("orm_annotations_java.jar 的路径",
"orm_annotations_processor_java.jar 的路径", "javapoet_java.jar 的路径")
   annotationProcessor files("orm_annotations_java.jar 的路径",
"orm_annotations_processor_java.jar 的路径", "javapoet_java.jar 的路径")
}
```

- 如果使用注解处理器的模块为 java-library，则需要在模块的 build.gradle 文件 dependencies 节点中配置注解处理器，并导入 ohos.jar。例如：

```
dependencies {
    compile files("ohos.jar 的路径","orm_annotations_java.jar 的路径",
"orm_annotations_processor_java.jar 的路径","javapoet_java.jar 的路径")
    annotationProcessor files("orm_annotations_java.jar 的路径
","orm_annotations_processor_java.jar 的路径","javapoet_java.jar 的路径")
}
```

(2) 构造数据库，即创建数据库类并配置对应的属性。

例如，定义了一个数据库类 BookStore.java，数据库包含了 User、Book、AllDataType 三个表，版本号为 1。数据库类的 getVersion 方法和 getHelper 方法不需要实现，直接将数据库类设为虚类即可。例如：

```
@Database(entities = {User.class, Book.class, AllDataType.class},
    version = 1)
public abstract class BookStore extends OrmDatabase {
}
```

(3) 构造数据表，即创建数据库实体类并配置对应的属性(如对应表的主键、外键等)。数据表必须与其所在的数据库位于同一个模块中。

例如，定义了一个实体类 User.java，对应数据库内的表名为 user；indices 为 firstName 和 lastName 两个字段建立了复合索引 name_index，并且设置索引值是唯一的；ignoredColumns 表示该字段不需要添加到 user 表的属性中。代码如下：

```
@Entity(tableName = "user", ignoredColumns = {"ignoredColumn1",
    "ignoredColumn2"}, indices = {@Index(value = {"firstName", "lastName"},
    name = "name_index", unique = true)})
public class User extends OrmObject {
    // 此处将 userId 设为了自增的主键。注意只有在数据类型为包装类型时，自增主键才能生效
    @PrimaryKey(autoGenerate = true)
    private Integer userId;
    private String firstName;
    private String lastName;
    private int age;
    private double balance;
    private int ignoredColumn1;
    private int ignoredColumn2;

    // 需添加各字段的 getter 和 setter 方法
}
```

(4) 使用对象数据操作接口 OrmContext 创建数据库。

例如，通过对象数据操作接口 OrmContext 创建一个别名为 BookStore、数据库文件名为 BookStore.db 的数据库。如果数据库已经存在，执行以下代码不会重复创建：

```
// context 入参类型为 ohos.app.Context，注意不要使用 slice.getContext()来获取
// context，请直接传入 slice，否则会出现找不到类的报错
DatabaseHelper helper = new DatabaseHelper(this);
OrmContext context = helper.getOrmContext("BookStore", "BookStore.db",
    BookStore.class);
```

通过 context.getDatabaseDir()可以获取创建的数据库文件所在的目录。

(5) 使用对象数据操作接口 OrmContext 对数据库进行增/删/改/查、注册观察者、备份数据库等。

① 更新或删除数据，分为两种情况。

- 通过直接传入 OrmObject 对象的接口来更新数据，需要先从表中查到需要更新的 User 对象列表，然后修改对象的值，再调用更新接口将值持久化到数据库中。删除数据与更新数据的方法类似，只是不需要更新对象的值。例如，更新 user 表中 age 为 29 的行，需要先查找 user 表中的对应数据，得到一个 User 列表。然后选择列表中需要更新的 User 对象(如第 0 个对象)，设置需要更新的值，并调用 update 接口传入被更新的 User 对象。最后调用 flush 接口持久化到数据库中。代码如下：

```
// 更新数据
OrmPredicates predicates = context.where(User.class);
predicates.equalTo("age", 29);
List<User> users = context.query(predicates);
User user = users.get(0);
user.setFirstName("Li");
context.update(user);
context.flush();
// 删除数据
OrmPredicates predicates = context.where(User.class);
predicates.equalTo("age", 29);
List<User> users = context.query(predicates);
User user = users.get(0);
context.delete(user);
context.flush();
```

- 通过传入谓词的接口来更新和删除数据，方法与 OrmObject 对象的接口类似，只是无须 flush 就可以将值持久化到数据库中。

```
ValuesBucket valuesBucket = new ValuesBucket();
valuesBucket.putInteger("age", 31);
valuesBucket.putString("firstName", "ZhangU");
valuesBucket.putString("lastName", "SanU");
valuesBucket.putDouble("balance", 300.51);
OrmPredicates update = context.where(User.class).equalTo("userId", 1);
context.update(update, valuesBucket);
```

② 查询数据。在数据库的 user 表中查询 lastName 为 San 的 User 对象列表，代码如下：

```
OrmPredicates query = context.where(User.class).equalTo("lastName", "San");
List<User> users = context.query(query);
```

③ 注册观察者。代码如下：

```
// 定义一个观察者类
private class CustomedOrmObjectObserver implements OrmObjectObserver {
    @Override
    public void onChange(OrmContext changeContext, AllChangeToTarget
subAllChange) {
        // 用户可以在此处定义观察者行为
```

```
    }
}
// 调用 registerEntityObserver 方法注册一个观察者 observer。
CustomedOrmObjectObserver observer = new CustomedOrmObjectObserver();
context.registerEntityObserver("user", observer);
// 当以下方法被调用，并 flush 成功时，观察者 observer 的 onChange 方法会被触发。其中，
// 方法的入参必须为 User 类的对象
public <T extends OrmObject> boolean insert(T object)
public <T extends OrmObject> boolean update(T object)
public <T extends OrmObject> boolean delete(T object)
```

④ 备份数据库。其中原数据库名为 OrmTest.db，备份数据库名为 OrmBackup.db。代码如下：

```
OrmContext context = helper.getObjectContext("OrmTest", "OrmTest.db",
    BookStore.class);
context.backup("OrmBackup.db");
context.close();
```

(6) 删除数据库，例如删除 OrmTest.db，代码如下：

```
helper.deleteRdbStore("OrmTest.db");
```

8.3 轻量级数据存储

8.3.1 轻量级数据存储概述

轻量级数据存储适用于对 Key-Value 结构的数据进行存取和持久化操作。应用获取某个轻量级存储对象后，该存储对象中的数据将会被缓存在内存中，以便应用获得更快的数据存取速度。应用也可以将缓存的数据再次写回文件中进行持久化存储。由于文件读写将产生不可避免的系统资源开销，建议应用减少对持久化文件的读写频率。

1. 基本概念

1) Key-Value 数据结构

指一种键值结构数据类型。Key 是不重复的关键字，Value 是数据值。

2) 非关系型数据库

区别于关系数据库，不保证遵循 ACID(Atomic、Consistency、Isolation 及 Durability)特性，不采用关系模型来组织数据，数据之间无关系。

2. 运作机制

- 应用通过指定 Preferences 文件将其中的数据加载到 Preferences 实例，系统会通过静态容器将该实例存储在内存中。同一应用或进程中每个文件仅存在一个 Preferences 实例，直到应用主动从内存中移除该实例或者删除该 Preferences 文件。
- 应用获取到 Preferences 文件对应的实例后，可以从 Preferences 实例中读取数据，或者将数据存入 Preferences 实例中。通过调用 flush 或者 flushSync 方法，可以将 Preferences 实例中的数据回写到文件里。

轻量级数据存储运作机制如图 8-3 所示。

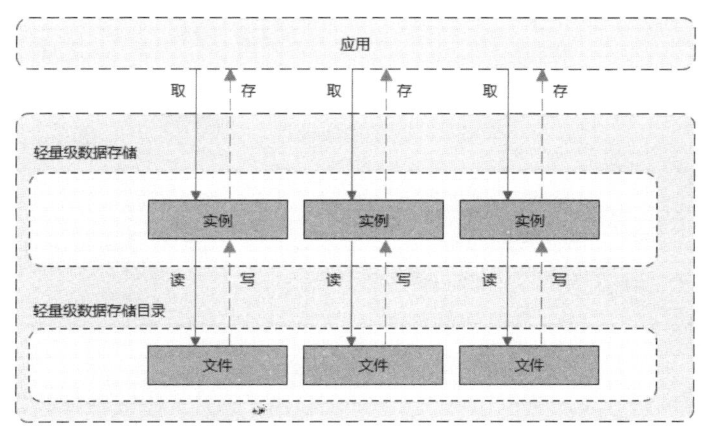

图 8-3　轻量级数据存储运作机制

3. 约束与限制

- 因 Preferences 实例会加载到内存中，建议存储的数据不超过一万条，并及时清理不再使用的实例，以便减少非内存开销。
- 数据中的 key 为 String 类型，要求非空且字符长度不超过 80 个。
- 当数据中的 value 为 String 类型时，允许为空，字符长度不超过 8192 个。
- 当 value 值为字符串型 Set 集合时，要求集合元素非空且字符长度不超过 8192 个。

8.3.2　轻量级数据存储开发

轻量级数据存储功能通常用于保存应用的一些常用配置信息，并不适合需要存储大量数据和频繁改变数据的场景。应用的数据保存在文件中，这些文件可以持久化地存储在设备上。需要注意的是，应用访问的实例包含文件所有数据，这些数据会一直加载在设备的内存中，在应用主动从内存中将其移除前，应用可以通过 Preferences 的 API 进行数据操作。

1. 接口说明

轻量级存储为应用提供 Key-Value(键值)型的文件数据处理能力，支持应用对数据进行轻量级存储及查询。数据存储形式为键值对，键的类型为字符串型，值的存储数据类型包括整型、字符串型、布尔型、浮点型、长整型、字符串型 Set 集合。

1)　创建存储实例

读取指定文件，将数据加载到 Preferences 实例，即可创建一个存储实例，用于数据操作。存储实例创建接口如表 8-1 所示。

表 8-1　轻量级数据存储实例创建接口

类　名	接口名	描　述
DatabaseHelper	DatabaseHelper(Context context)	DatabaseHelper 是数据操作的辅助类
DatabaseHelper	Preferences getPreferences(String name)	获取数据存储文件对应的 Preferences 单实例，用于数据操作。数据文件存放在由上下文指定的目录里，该路径会因指定不同的上下文存在差异

2) 存入数据

通过 Put 系列方法，可以增加或修改 Preferences 实例中的数据。存入接口如表 8-2 所示。

表 8-2 轻量级数据存入接口

类 名	接口名	描 述
Preferences	Preferences putInt(String key, int value)	设置 Preferences 实例中键对应的 int 类型的值
Preferences	Preferences putString(String key, String value)	设置 Preferences 实例中键对应的 String 类型的值

3) 读取数据

通过调用 Get 系列方法，可以读取 Preferences 中的数据。读取数据接口如表 8-3 所示。

表 8-3 轻量级数据读取接口

类 名	接口名	描 述
Preferences	int getInt(String key, int defValue)	获取键对应的 int 类型的值
Preferences	float getFloat(String key, float defValue)	获取键对应的 float 类型的值

4) 数据持久化

通过执行 flush 方法，应用可以将缓存的数据再次写回文件中进行持久化存储。数据持久化接口如表 8-4 所示。

表 8-4 轻量级数据持久化接口

类 名	接口名	描 述
Preferences	void flush()	将 Preferences 实例异步写入文件
Preferences	boolean flushSync()	将 Preferences 实例同步写入文件

5) 订阅数据变化

订阅数据变化需要指定 PreferencesObserver 作为回调方法。订阅的 key 值发生变更后，当执行 flush 方法时，PreferencesObserver 被回调。订阅数据变化接口如表 8-5 所示。

表 8-5 轻量级订阅数据变化接口

类 名	接口名	描 述
Preferences	void registerObserver(PreferencesObserver preferencesObserver)	订阅数据变化
Preferences	void unRegisterObserver(PreferencesObserver preferencesObserver)	注销订阅

6) 删除数据文件

通过调用删除接口，可以删除数据实例或对应的文件。数据删除接口如表 8-6 所示。

表 8-6 轻量级数据删除接口

类 名	接口名	描 述
DatabaseHelper	boolean deletePreferences(String name)	将 Preferences 实例从内存中移除，同时删除其在设备上的持久化文件
DatabaseHelper	void removePreferencesFromCache(String name)	仅将 Preferences 实例从内存中移除

2. 开发步骤

(1) 获取 Preferences 实例。读取指定文件，将数据加载到 Preferences 实例，用于数据操作。代码如下：

```
Context context = getContext();
// 数据文件存储路径：/data/data/{PackageName}/{AbilityName}/preferences
// Context context = getApplicationContext();
// 数据文件存储路径：/data/data/{PackageName}/preferences
DatabaseHelper databaseHelper = new DatabaseHelper(context);
// context 入参类型为 ohos.app.Context
String fileName = "test_pref";
// fileName 表示文件名，其取值不能为空，也不能包含路径，默认存储目录可以通过
// context.getPreferencesDir()获取
Preferences preferences = databaseHelper.getPreferences(fileName);
```

(2) 存入数据。

使用 Preferences 的 put 方法保存数据到缓存的实例中。代码如下：

```
preferences.putInt("intKey", 3);
preferences.putString("StringKey", "String value");
```

(3) 读取数据。

使用 Preferences 的 get 方法读取数据。代码如下：

```
int value = preferences.getInt("intKey", 0);
```

(4) 数据持久化。

应用存入数据到 Preferences 实例后，可以通过 flush 或者 flushSync 方法将 Preferences 实例回写到文件中。代码如下：

```
preferences.flush();  // 异步方法
bool result = preferences.flushSync();  // 同步方法
```

(5) 订阅数据变化。应用订阅数据变化，需要指定 PreferencesObserver 作为回调方法。订阅的 key 值发生变更后，当执行 flush 方法时，PreferencesObserver 被触发回调。不再需要 PreferencesObserver 时，要将其注销。代码如下：

```
private class PreferencesObserverImpl implements
Preferences.PreferencesObserver {
    @Override
    public void onChange(Preferences preferences, String key) {
        if ("intKey".equals(key)) {
           HiLog.info(LABLE, "Change Received: [key=value]");
        }
    }
}
// 订阅数据变化
PreferencesObserverImpl observer = new PreferencesObserverImpl();
preferences.registerObserver(observer);
// 修改数据
preferences.putInt("intKey", 3);
// 触发订阅者回调方法
preferences.flush();
```

```
// 修改数据后，observer 的 onChange 方法会被回调
// 注销订阅
preferences.unRegisterObserver(observer);
```

(6) 移除 Preferences 实例。从内存中移除指定文件对应的 Preferences 单实例。移除 Preferences 单实例时，应用不允许再使用该实例进行数据操作，否则会出现数据一致性问题。代码如下：

```
DatabaseHelper databaseHelper = new DatabaseHelper(context);
String fileName = "name"; // fileName 表示文件名，其取值不能为空，也不能包含路径
databaseHelper.removePreferencesFromCache(fileName);
```

(7) 删除指定文件。使用 deletePreferences 方法从内存中移除指定文件对应的 Preferences 单实例，并删除指定文件及其备份文件、损坏文件。删除指定文件时，应用不允许再使用该实例进行数据操作，否则会出现数据一致性问题。删除后，数据及文件将不可恢复。代码如下：

```
DatabaseHelper databaseHelper = new DatabaseHelper(context);
String fileName = "name"; // fileName 表示文件名，其取值不能为空，也不能包含路径
boolean result = databaseHelper.deletePreferences(fileName);
```

(8) 移动指定文件。从源路径移动文件到目标路径。移动文件时，应用不允许再操作该文件数据，否则会出现数据一致性问题。代码如下：

```
Context targetContext = getContext();
DatabaseHelper databaseHelper = new DatabaseHelper(targetContext);
String srcFile = "srcFile"; // srcFile 表示源文件名或者源文件的绝对路径，不能为
    //相对路径，其取值不能为空。当 srcFile 只传入文件名时，srcContext 不能为空
String targetFile = "targetFile"; // targetFile 表示目标文件名，其取值不能为
    //空，也不能包含路径
Context srcContext = getApplicationContext();
boolean result = databaseHelper.movePreferences(srcContext, srcFile,
    targetFile);
```

习　　题

第 9 章

嵌入式系统设计开发案例

9.1　基于 HarmonyOS 获取设备位置

详细开发介绍请扫描二维码：基于 HarmonyOS 获取设备位置。

基于 HarmonyOS 获取设备位置

9.2　基于 HarmonyOS 的人脸识别

详细开发介绍请扫描二维码：基于 HarmonyOS 的人脸识别。

基于 HarmonyOS 的人脸识别

参考书目及相关网站

[1] 吕京建，嵌入式处理器分类与现状. https://www.docin.com/p-1441676335.html.

[2] 戴敏，DSP 发展应用纵横谈. https://wenku.baidu.com/view/f17c3bd8ad51f01dc281f119.html.

[3] Liefyuan，ARM 基础：ARM 汇编的五个特点. https://blog.csdn.net/qq_28877125/article/details/116671030.

[4] 百度文库. https://wenku.baidu.com.

[5] HarmonyOS 应用开发官网. https://developer.harmonyos.com/.

[6] 鸿蒙——文档中心. https://developer.harmonyos.com/cn/docs/documentation/doc-guides/.

[7] CSDN——专业开发者社区. https://www.csdn.net/.

[8] 沈建华，嵌入式系统原理与实践[M]，北京：清华大学出版社，2018.

参 考 答 案

第 1 章参考答案

第 2 章参考答案

第 3 章参考答案

第 4 章参考答案

第 5 章参考答案

第 6 章参考答案

第 7 章参考答案

第 8 章参考答案